Stephan Scholtissek

DIE MAGIE DER INNOVATION

Stephan Scholtissek

DIE MAGIE DER INNOVATION

Erfolgsgeschichten von Audi bis Zara

Bibliografische Information der Deutschen Nationalbibliothek
Die Deutsche Nationalbibliothek verzeichnet diese Publikation in der Deutschen Nationalbibliografie. Detaillierte bibliografische Daten sind im Internet über http://dnb.d-nb.de abrufbar.

ISBN 978-3-86880-014-2

www.mi-wirtschaftsbuch.de

Lektorat: Michael Schickerling, München
Umschlaggestaltung: Jarzina Kommunikations-Design, Holzkirchen
Umschlagabbildung: istockphoto.com (Ideenschmiede)
Layout: Julia Walch, Bad Soden
Grafik: Mone Schliephack, Niedernhausen
Printed in Germany

INHALT

VORWORT

»Wie kann unser Unternehmen ohne Zukäufe wachsen?« Und: »Wie kann ich in der globalisierten Welt erfolgreich sein?« So ähnlich lauten die zwei Fragen, die mir Vorstände und Geschäftsführer im Lauf meines Beraterlebens am häufigsten gestellt haben. Nach dem Platzen der Dotcom-Blase 2001/2002 und der aktuellen Finanzkrise ist eine dritte hinzugekommen: »Wie bereite ich mich vor, damit mich die nächste Krise nicht mehr so hart trifft?« Meine Antwort ist bis heute: »Durch Innovation.« In der Regel entsteht sofort eine lebhafte Diskussion. »Ich muss Ihrer Meinung nach also mehr Forscher einstellen«, wird oft entgegnet. Etwas später: »Dann machen Sie mir doch bitte ein Angebot für ein dreimonatiges Innovationsprojekt.« Oder: »Wir sind Dienstleister, kein Produktunternehmen.«

In habe erfahren, dass es oft Missverständnisse darüber gibt, was Innovationen sind und wie sie systematisch auf den Weg gebracht werden. Sie werden eben nicht in Forschungslaboren gemacht, sie lassen sich nicht in einem Vierteljahr abhandeln und sie sind auch nicht nur bei Produkten möglich. Als besonders wichtig können hingegen diese drei Dinge gelten: Erfindungen sind nicht etwa dasselbe wie Innovationen, sondern nur oftmals deren Grundlage und Ausgangspunkt; es ist ein langer Weg von der Idee bis zum Erfolg im Markt, und: Neben Produktinnovationen gibt es auch höchst lukrative Service-, Marketing-, Prozess-, Organisations- oder Geschäftsmodellinnovationen.

Das Thema »Innovation« hat mich mein gesamtes berufliches Leben begleitet, und zwar immer bewusster und drängender. In den Achtzigerjahren, als ich Biochemie studierte, gelang es der Wissenschaft erstmals, die Wirkungsweise der Natur nicht nur zu verstehen, sondern auf ihre Prozesse Einfluss zu nehmen. Gentechnologie und Molekularbiologie schickten sich an, dem Welthungerproblem, altbekannten Krankheiten wie Krebs und neuen Menschheitsgeißeln wie Aids mit neuen, schlagkräftigeren Waffen zu begegnen. Für mich war das eine elektrisierende Zeit. Als junger Wissenschaftler musste ich aber bereits damals mit ansehen, wie die wirtschaftlichen Erfolge aus deutschen Erfindungen von anderen Staaten, Unternehmen und Personen eingefahren wurden – weil die deutsche Bürokratie blockierte, weil in blanker Unkenntnis geführte öffentliche Debatten die Vermarktung erschwerten und/oder weil Unternehmen die sich ihnen bietenden Chancen nicht nutzten.

Eine Lektion hatte ich schon damals gelernt: Erfindungen verhelfen zu Titeln, Orden und Ehrenzeichen, bringen aber dem Erfinder finanziell wenig. Erst wenn es gelingt, sie am Markt zu erfolgreichen Produkten – und damit überhaupt erst zu Innovationen – zu machen, zahlen sich Erfindungen für den Erfinder und dessen Unternehmen aus.

Konsequenterweise verließ ich die Wissenschaft und ging in die Wirtschaft, zu dem Lübecker Medizin- und Sicherheitstechnikunternehmen Dräger. Ende der Achtzigerjahre gelang es uns dort in intensiver Arbeit, ein preisgünstiges, schnelles und leicht bedienbares Formaldehyd-Messmittel auf biochemischer Basis zu entwickeln. Unsere Erfindung war dem damaligen Stand der Technik – der chemischen Gasmesstechnik – weit überlegen. Da in der bundesdeutschen Gesellschaft gerade die Formaldehyd-Hysterie grassierte, bestanden recht gute Marktchancen für unseren laientauglichen Sensor. Nach erfolgter Patent- und Geschmacksmusteranmeldung fragte ich den zuständigen Vorstand, wo denn »meine« Produktion und »mein« Vertrieb nun blieben. »Gehen Sie zurück in Ihr Labor und entwickeln Sie etwas Neues«, wurde ich beschieden – eine Antwort, mit der ich wenig anfangen konnte. (Von »unserem« Formaldehydsensor »Biocheck F« wurden übrigens über 540000 Stück bis Ende 2008 verkauft.)

Ich zog wiederum meine Konsequenzen – und sprach mit vielen wesentlichen deutschen Medizin-, Chemie- und Pharmaunternehmen. Überall jedoch traf ich mehr oder weniger auf dieselbe Misere: Keines dieser Unternehmen besaß (und besitzt übrigens bis heute) einen wirklich durchgängigen Innovationsprozess mit allen notwendigen unterstützenden Rahmenbedingungen; einen Prozess also, der dafür sorgt, dass werthaltige Erfindungen so schnell und effizient wie möglich in erfolgreiche Produkte und Services umgesetzt und auf den Markt gebracht werden. Jedes Mal wurde ich gefragt: »Was wollen Sie denn nun bei uns machen – Strategie, Forschung, Entwicklung, Produktion, Marketing oder Vertrieb? Sie müssen sich schon entscheiden!« Und jedes Mal erntete ich Unverständnis mit meiner Antwort: »Alles zusammen.« Wenn ich dann noch hinzufügte, dass ich damit auch richtig Geld verdienen wolle, gaben meine Gesprächspartner auf: Einen Job, wie ich ihn suchte, hatte »die Industrie« einfach nicht zu bieten.

Doch damit wollte ich mich nicht abfinden: Den Job, der internes Wachstum ermöglicht, der ein Unternehmen in der globalisierten Welt krisenfest und zum Gewinner macht – einen solchen Job gab es in »der Industrie« nicht? Dann musste ich ihn wohl oder übel erfinden. Also wurde ich Unternehmensberater, denn hierin sah ich zumindest die Chance, Innovationen gesamthaft zu begleiten – von der Erfindung bis zum Markterfolg. Überflüssig zu erwähnen, dass ich auch in der Beraterbranche zunächst einmal das alte Spiel erlebte: Worauf wollen Sie sich spezialisieren – auf welche Branche, welche Funktionalität, welche Art von Arbeit?

Mit zunehmendem Lebensalter hatte ich dann doch noch das Glück, diejenigen zu treffen, denen es gelungen war, Ideen erfolgreich in den Markt zu bringen: die Innovatoren, die wirklichen Stars des Wirtschaftslebens. Jeder von ihnen hat seinen eigenen Weg gefunden, um eine Idee optimal im Markt zu positionieren: als Start-up-Unternehmer, als Owner-Operator eines Familienunternehmens oder als Manager, der durch persönlichen Einsatz andere mitgezogen hat – unabhängig von seiner Position und weit über die Grenzen seines Jobs hinaus.

Auch aus diesen Begegnungen und Erfahrungen konnte ich mitnehmen, dass es nicht das eine Patentrezept für erfolgreiche Innovationen gibt – »there is no silver bullet«, wie es im Englischen heißt. Doch nach und nach erkannte ich auch, dass Innovationen auf Prozessen beruhen, die immer ähnliche Muster aufweisen und die es nachzuvollziehen lohnt – gleichgültig, ob man einer Erfindung, einer neuartigen Marketingidee oder einer neuen Dienstleistung zum Markterfolg verhelfen will. Überdies gibt es eine Reihe von Faktoren, die in erheblichem Maß beeinflussen, wie gut die Markteinführung einer neuen Idee gelingen wird.

Um diesen Innovationsprozess und diese Erfolgsfaktoren, letztlich um ein ganzheitliches Verständnis des Phänomens Innovation geht es mir in diesem Buch. Schlagen Sie es auf, wo Sie möchten, und lesen Sie das, was Sie am meisten fasziniert. Vielleicht die Erfolgsgeschichten von Bionade, Zara oder MAN Diesel? Vielleicht das Kapitel über den so wichtigen durchgängigen Innovationsprozess und die Erfolgsfaktoren? Vielleicht die Zukunft der Innovation? Jedes Kapitel ist für sich lesbar, und jede Seite ist – ungewöhnlich für ein solches Buch – individuell gestaltet. Lassen Sie sich auf diese Weise umso mehr fesseln von der Magie, die von wirklichen Innovationen ausgeht. Sie bereitet sinnliches Vergnügen – vor allem aber will sie die Motivation zum Handeln schaffen.

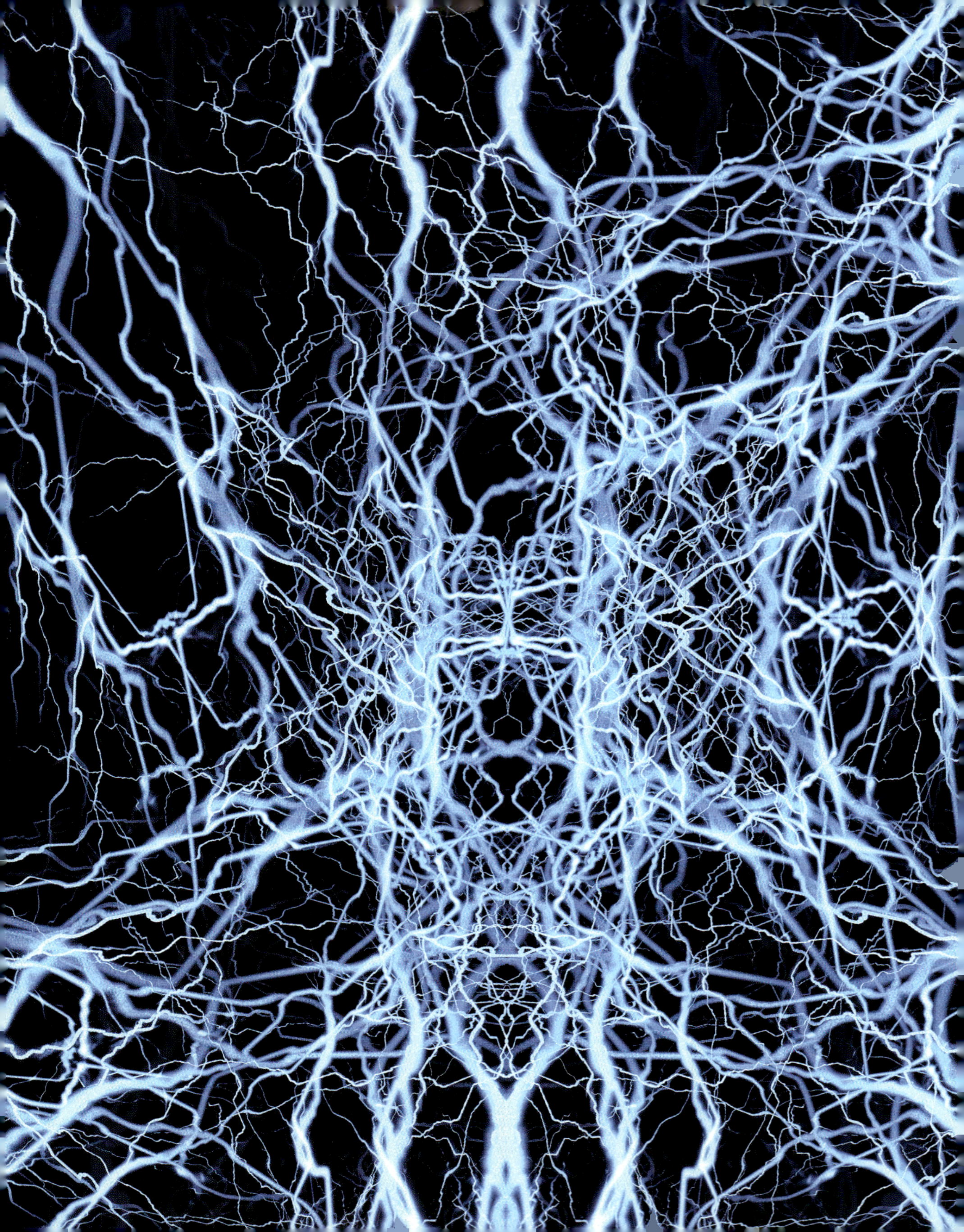

EINLEITUNG

Die Magie der Innovation

Das Neue zieht uns magisch an. Neugierig sind wir nicht nur im Kindesalter – auch später im Leben schüttet unser Gehirn häufig Glückshormone aus, wenn wir mit dem Zauber des Neuen in Berührung kommen. Erfolgreiche Unternehmen machen sich diese Magie zunutze. Unermüdlich suchen sie nach neuen Ideen, und unablässig arbeiten sie daran, die neuen Produkte und Dienstleistungen nachhaltig erfolgreich im Markt zu platzieren. Bildlich gesprochen: Sie wollen, dass ihre Kunden angesichts innovativer Produkte und Services in Jubelschreie ausbrechen.

Dass dies gelingt, wird heute gerade für die westliche Welt zur Überlebensfrage. Denn die Globalisierung ist in eine neue Phase eingetreten. Nicht mehr Europa, die USA und Japan allein dominieren die Weltwirtschaft. Neue Player wie China und Indien, Russland und Brasilien sind auf den Plan getreten und fordern die erfolgsverwöhnten Champions von gestern heraus: Die Welt wird multipolar, Märkte und Konsumenten rund um dem Globus sind härter umkämpft denn je. Damit wächst auch der Druck, mit innovativen Produkten und Dienstleistungen erfolgreich zu sein. Innovation wird zum entscheidenden Wettbewerbsfaktor.

Wie aber werden Unternehmen innovativ und bleiben es? Worauf kommt es dabei an? Vielen Unternehmen ist nicht bewusst, wie breit die Palette möglicher Innovationen ist.

BEISPIEL PUMA: Mit dem Speed Cat bringt der Herzogenauracher Konzern Anfang der Neunzigerjahre erstmals einen Freizeitschuh mit sportlich-jugendlicher Optik in die Läden. Die neuartige Kreation ist ein Volltreffer, der dem Sportartikelhersteller mit dem Lifestyle-Segment einen gigantischen weiteren Markt erschließt – und Puma nach verlustreichen Jahren zurück in die Erfolgsspur trägt. Die konsolidierten Umsätze des Unternehmens versechsfachen sich von 210 Millionen Euro im Jahr 1993 auf 1274 Millionen zehn Jahre später.

Der Speed Cat von Puma: ein Crossover von Sportschuh und Freizeit-Sneaker.

DIE FLIESSBANDFERTIGUNG BEI FORD, REVOLUTION IM AUTOMOBILBAU: DAS HISTORISCHE BEISPIEL EINER PROZESSINNOVATION

Anfang des 20. Jahrhunderts revolutioniert Henry Ford die Automobilfertigung: Die »Tin Lizzy« wird im Jahr 1913 weltweit als erstes Kraftfahrzeug im Fließbandverfahren hergestellt. Die Idee selbst ist bereits damals nicht mehr neu: Schon 1862 wurde der Prozess der Zerlegung geschlachteter Schweine in amerikanischen Schlachthöfen automatisiert. Auch in der Automobilindustrie war Henry Ford nicht der Erste, der die Fertigung in automatisierte Einzelschritte zerlegte: Bereits 1901 ließ Erfinder Ransom Eli Olds die Autos hierfür auf Holzgestellen zu den einzelnen Fertigungsstellen ziehen.

Doch erst Henry Ford führt für die Fertigung seines Model T Montagefließbänder ein. Er standardisiert die einzelnen Fertigungsschritte und treibt die Arbeitsteilung weiter voran. Damit schafft er eine Fertigungstechnologie, die die Produktionsprozesse in der Automobilindustrie (und in der Folge auch in zahlreichen weiteren Branchen) revolutioniert. Die Arbeiter in seinen Fabriken werden auf einzelne Arbeitsschritte spezialisiert. Im Takt einer Dampfmaschine, die das Fließband voranbewegt, bauen sie das Model T aus Komponenten zusammen.

Die Produktionszeit pro Einheit sinkt hierdurch in nur zehn Jahren auf ein Fünftel. Im gleichen Zeitraum explodiert die produzierte Stückzahl – von nicht einmal 19000 auf 1,25 Millionen Autos pro Jahr. Entsprechend sinkt der Preis für einen Ford T von 950 US-Dollar im Jahr 1908 auf nur noch 265 US-Dollar knapp zwei Jahrzehnte später. Der Lohn für die Arbeiter an den Fließbändern dagegen steigt deutlich: Statt der üblichen 2,30 US-Dollar erhalten die Ford-Mitarbeiter 5 US-Dollar pro Stunde.

Den Nachteilen des Fließbandverfahrens – eintönige Arbeit an den Fließbändern und geringere Modellvielfalt als Folge der Standardisierung – stehen Vorteile entgegen, die letztlich weit schwerer wiegen: Das Auto wird von einem Luxusgut für die Oberschicht zum Massenverkehrsmittel für alle.

Auf diesem dampfgetriebenen Montagefließband ließ Henry Ford ab 1913 sein Model T produzieren.

BEISPIEL VODAFONE: Wer einen Vertrag mit der kenianischen Vodafone-Tochter Safaricom abschließt, kann seit Kurzem mit seinem Handy kleinere Geldbeträge auf ein virtuelles Konto überweisen und in allen Safaricom-Niederlassungen auf sein Guthaben zugreifen. Die Kenianer nehmen das neuartige Angebot mit Begeisterung an und haben im Fiskaljahr 2008 umgerechnet etwa 955 Millionen US-Dollar Umsatz in die Kassen von Safaricom gespült. Im April 2008 betrug der Marktwert des Unternehmens, an dem Vodafone 40 Prozent der Aktien besitzt, umgerechnet mindestens 3,3 Milliarden US-Dollar – kein Wunder, dass der britische Telekommunikationskonzern diesen Service künftig weltweit anbieten will.

BEISPIEL JÄGERMEISTER: Das schnörkelreiche Logo bleibt ebenso unverändert wie die kantige Flaschenform und der bitter schmeckende Inhalt – Image und Zielgruppe der Traditionsmarke Jägermeister aber werden Ende der Neunzigerjahre mit einer frechen Marketingkampagne vollständig neu justiert. Der piefige Kräuterlikör für Ruheständler mit Verdauungsbeschwerden mutiert zum Wellness-Drink für trendbewusste junge Diskogänger – nicht lauwarm zu trinken bei Magenleiden, sondern als Highlight in heißen Nächten eiskalt serviert. Der Erfolg der Neupositionierung lässt sich an den Umsatzzahlen ablesen: Obwohl die traditionelle Zielgruppe des Kräuterlikörs schrumpft, entwickelt sich der Jägermeister-Umsatz seit der Jahrtausendwende deutlich nach oben: von 222 Millionen Euro im Jahr 2002 auf nahezu 312 Millionen Euro nur vier Jahre später.

BEISPIEL PROCTER & GAMBLE (P & G): Der amerikanische Konsumgüterkonzern hat sich nicht nur eine virtuelle Organisationsstruktur gegeben, sondern hat auch in einem weiteren Schritt begonnen, seine Forschung und Entwicklung weitgehend nach außen zu verlagern. Künftig soll ein Großteil der neuen Produkte von Procter & Gamble auf Ideen externer Quellen beruhen beziehungsweise mit Externen zusammen entwickelt werden. Auf einer eigens hierfür geschaffenen Internet-Plattform (www.pgconnectdevelop.com) gibt das Unternehmen seinen Forschungsbedarf bekannt. Externe Forscher aus aller Welt können ihre Lösungsvorschläge und Forschungsergebnisse an P & G senden. Unter dem Motto »proudly found elsewhere« werden solche außerhalb des Konzerns gefundenen Lösungen ausdrücklich begrüßt, während sich traditionell organisierte Unternehmen mit extern entwickelten Neuerungen häufig schwer tun (»not invented here«). Bereits 2006 konnte Procter & Gamble mit dieser neuen Organisationsstruktur beachtliche Erfolge erzielen: Die Produktivität des Bereichs Forschung und Entwicklung stieg gegenüber dem Jahr 2000 um nahezu 60 Prozent, und die Quote erfolgreicher Innovationen verdoppelte sich im gleichen Zeitraum, während hingegen die Kosten deutlich nach unten gingen.

Vom ältlichen Magenbitter zum hippen Wellness-Drink:
Der Jägermeister-Hirsch erfindet sich neu.

BEISPIEL EBAY: Im Jahr 1995 gründet der iranischstämmige US-Amerikaner Pierre Omidyar die virtuelle Versteigerungsplattform Ebay. Das Handelsvolumen lag 2007 nach Angaben von Ebay bei 40,8 Milliarden Euro, und 84 Millionen Menschen sind als Mitglieder registriert: Wäre Ebay ein Staat, so hätte er mehr Einwohner als Deutschland.

BEISPIEL SIEMENS: 2004 ließ der deutsche Siemens-Konzern durch ein Entwicklerteam in Shanghai einen konkurrenzlos preisgünstigen Computer-Tomographen entwerfen. Der Spirit ist ein einfach zu handhabendes, unverwüstliches Gerät, aber technisch auf dem neuesten Stand. Die chinesischen Entwickler reduzierten die Zahl der benötigten Komponenten radikal und achteten darauf, dass möglichst viele der verbliebenen Module auf dem lokalen Markt verfügbar sind. Auf diese Weise gelang es, die Kosten dramatisch zu senken: Der Spirit kostet nur rund ein Achtel der teuersten Tomographen von Siemens. 500 Geräte pro Jahr werden inzwischen bereits im Siemens-Werk in Shanghai hergestellt – anfangs nur für die Provinzkrankenhäuser in Asien, aber mittlerweile auch für Volkswirtschaften in aller Welt, die unter den hohen Gesundheitskosten ächzen.

Faszinierende Erfolgsgeschichten allesamt. Und warum? Nie blieb es nur bei einer Idee, immer wurde aus dem Einfall oder der Erfindung eine auf dem Markt erfolgreiche innovative Anwendung. Die aber kann viele unterschiedliche Formen annehmen. Unternehmen können also in vielerlei Hinsicht innovativ sein. Der Speed Cat von Puma ist ein *innovatives Produkt,* desgleichen der Computer-Tomograph Spirit von Siemens: Obwohl er seinem Vorläufer äußerlich ähnelt, handelt es sich technologisch gesehen um ein völlig neues Produkt. Die Fließbandfertigung des Models T bei Ford ist das wohl bekannteste Beispiel einer *Prozessinnovation*. Dagegen verdankt die Likörmarke Jägermeister ihre Renaissance einer *Marketinginnovation*, die auch neue Medien wie die Videoplattform YouTube einbezieht und sich an ganz neue, hippe Zielgruppen wendet. Der kenianische Handy-Provider Safaricom punktet mit einer *Serviceinnovation*, während Procter & Gamble die *Organisation von Unternehmen* revolutioniert. Das Internetauktionshaus Ebay stellt eine der erfolgreichsten *Geschäftsmodellinnovationen* der jüngeren Vergangenheit dar. Innovationen gibt es aber nicht nur in der Wirtschaft, sondern ebenso in Staat und Gesellschaft. Eine besonders erfolgreiche Innovation auf diesem Gebiet war die Sozialversicherung, die in Deutschland erfunden und erstmals umgesetzt wurde.

Der Innovationspionier
Joseph A. Schumpeter.

Der legendäre Joseph A. Schumpeter erkannte Anfang des 20. Jahrhunderts, dass Erfindung (Invention) und Innovation keineswegs ein und dasselbe sind. Innovation war für ihn der »Prozess der Entwicklung ökonomischer Anwendungen für Erfindungen«. Jede Innovation besteht also aus zwei Teilen: einer Neuerung – und ihrer erfolgreichen Um- und Durchsetzung im Markt. Auf einen einfachen Nenner gebracht: Innovation = Erfindung + Markterfolg.

SOZIALE SICHERUNGSSYSTEME ALS HISTORISCHES BEISPIEL EINER GESELLSCHAFTLICHEN INNOVATION: WIE OTTO VON BISMARCK ZUM INNOVATOR WIDER WILLEN WURDE

In den Siebzigerjahren des 19. Jahrhunderts stürzt die industrielle Revolution Millionen deutsche Lohnarbeiter und Arbeitslose in Not und Elend. Die Arbeitsbedingungen in den neuen Fabriken sind miserabel. Die krassen sozialen Unterschiede entladen sich immer wieder in Unruhen und Streiks. In dieser explosiven Lage versucht Reichskanzler Otto von Bismarck zunächst, Ruhe und Ordnung durch eine rigide Verbotspolitik wiederherzustellen – und löst im Gegenteil Unruhen und eine Auswanderungswelle aus.

Zur Absicherung gegen die finanziellen Folgen von Krankheit und Unfällen, Streik und Arbeitslosigkeit entstehen im ganzen Land »freie«, also selbstorganisierte Kranken-, Sterbe- und Wanderunterstützungskassen. Diese bilden die wichtigste Basis von Sozialdemokraten und Gewerkschaften – und Otto von Bismarck wird klar, dass er die »soziale Frage« durch Verbot und Unterdrückung nicht lösen kann. So wird er zum gesellschaftlichen Innovator wider Willen: Aus politischem Kalkül macht er sich zum Anwalt der Arbeiter – und nimmt damit den »Sozialisten« ihr wichtigstes Thema weg. In der »Kaiserlichen Botschaft« von 1881 fordert er den Deutschen Reichstag auf, Gesetze zum Schutz der Arbeiter gegen Krankheit, Unfall, Invalidität und im Alter zu beschließen.

Reichskanzler Otto von Bismarck.

Der Reichstag von 1881.

Ab 1883 sind die deutschen Arbeiter gegen Krankheit gesetzlich versichert. 1884 gelangen sie in den Genuss einer staatlichen Unfallversicherung, fünf Jahre später kommt auch die Bismarcksche Rentenversicherung als staatlich verordnete Wohltat. Der Sozialdemokratie macht der kaisertreue Junker damit zwar nicht wie erhofft den Garaus – aber seine Erfindung und Durchsetzung der sozialen Sicherungsgesetze ist eine gesellschaftspolitische Großtat: Als erster Staat überhaupt versucht der deutsche unter Bismarck, die »soziale Frage« zu lösen, das explosivste gesellschaftliche Problem im Gefolge der Industrialisierung.

Dass sich diese Unterscheidung nicht als weltfremde Wortklauberei abtun lässt, mussten schon zahlreiche Tüftler schmerzlich erfahren. Gerade die Liste deutscher Inventionen, die erst jenseits der Landesgrenzen in Innovationen umgewandelt wurden, ist verblüffend lang – und enthält einige der bahnbrechendsten Erfindungen der letzten hundert Jahre. Sie ist so lang, dass sie wehtut, denn eine nicht in Markterfolg umgemünzte potenzielle Innovation bedeutet nicht nur entgangenen unternehmerischen Erfolg, sondern auch fehlendes Wachstum, fehlende Steuern und fehlende Beschäftigung in Deutschland.

DEUTSCHE ERFINDUNGEN – IM AUSLAND REALISIERT

— Der Gelnhäuser Physiker Philipp Reis erfand 1856 das Telefon. Doch erst der US-Amerikaner Graham Bell meldete die revolutionäre Technologie 1876 zum Patent an – und gründete kurz darauf die erste Telefongesellschaft AT&T.

— Siegmund Loewe und Manfred von Ardenne entwickelten 1931 die Fernsehtechnologie. Doch der globale Siegeszug des Fernsehgeräts begann erst nach dem Zweiten Weltkrieg – in den USA.

— Im Jahre 1956 entwickelte der deutsche Erfinder Rudolf Hell das weltweit erste Faxgerät. Die Firma Siemens, der er die neue Technologie vorstellte, winkte ab – und verlor Milliarden. Der »Hellschreiber«, das Fax, wurde derweil in Japan gebaut und vermarktet.

— Der Aachener Tüftler Andreas Pavel erfand 1977 die Walkman-Technologie – doch produziert wurde der erste Walkman 1979 von Sony.

BEISPIEL HYBRIDANTRIEB: Beim Hybridantrieb denkt man heute zuerst an den japanischen Autobauer Toyota. Doch auch diese Technologie wurde in Deutschland erfunden: 1973 bauen Ingenieure der Technischen Hochschule Aachen eine Kombination aus Elektro- und Benzinmotor in einen VW-Bus ein. Ihre bahnbrechende Entwicklung stößt bei deutschen Herstellern allerdings auf blanke Ablehnung – obwohl Ölkrise und Benzinpreisschock schon damals keine Fremdwörter mehr sind. Mittlerweile bemühen sich die deutschen Autobauer verzweifelt, ihren Rückstand wieder wettzumachen – während Toyota dank deutschem Erfindergeist den weltweiten Markt für hybridgetriebene Autos eindeutig dominiert.

Immer mehr Hybrid-Autos der Marke Toyota/Lexus werden von einem Doppelherz angetrieben – von einem Elektro- und einem konventionellen Verbrennungsmotor.

BEISPIEL IPOD: Mit dem weltweit erfolgreichsten MP3-Player hat der US-Computerhersteller Apple allein im Jahr 2008 über 2 Milliarden Euro verdient – so weit, so schön. Oder auch nicht. Denn die zugrundeliegende Technologie zur Komprimierung von Audiodaten haben Ingenieure des Erlanger Fraunhofer-Instituts erfunden.

Der iPod nano von Apple.

DER MP3-PLAYER: IN DEUTSCHLAND ERFUNDEN, IN DEN USA VERMARKTET

Bereits ab 1982 entwickelte Prof. Dr. Karl-Heinz Brandenburg am Erlanger Fraunhofer-Institut für Integrierte Schaltungen in Zusammenarbeit mit Partnern aus Wissenschaft und Industrie die MP3-Technologie – ein Dateiformat zur Kompression von Audiodateien, das die benötigte Speicherkapazität von Audiosignalen erheblich reduziert. Die MP3-Technologie macht umfangreiche Musiksammlungen mobil verfügbar und minimiert die Downloadzeiten von Musikdateien im Internet.

Doch mit dem MP3-Player wurde einmal mehr eine bahnbrechende deutsche Erfindung nicht hierzulande, sondern im Ausland vermarktet: 2001 brachte der amerikanische Computerhersteller Apple den iPod heraus. Rund fünfeinhalb Jahre später hat der Konzern mehr als 100 Millionen Stück davon verkauft – nach Konzernangaben der rasanteste Absatzerfolg aller Zeiten im Bereich der Musikabspielgeräte.

Im Fiskaljahr 2008 hat Apple mit seinem iPod mehr als 2 Milliarden Euro an Gewinn erzielt – während sich das Fraunhofer-Institut, das in Sachen Patentverwertung führend ist, mit Lizenzzahlungen in zweistelliger Millionenhöhe begnügen musste. Dabei ist die MP3-Technologie mittlerweile zum Standard für mobiles Musikhören geworden: Die Mehrzahl der heutigen Handys verfügt bereits über eine MP3-Funktion, und aufgrund der steigenden Speicherkapazität von Mobiltelefonen wird ihr Anteil noch weiter wachsen.

MP3-Erfinder Brandenburg, heute Direktor des Fraunhofer-Instituts für Digitale Medientechnologie in Ilmenau, wurde nach eigener Erinnerung »müde belächelt«, als er deutschen Unternehmen Ende der Achtzigerjahre vorschlug, die revolutionäre Technologie zu vermarkten. Er bemängelt, damals wie heute herrsche in Deutschland die Ansicht vor, dass Neuerungen »aus den USA kommen« müssten. »Tatsächlich war man zu der Zeit aber in Europa und speziell in Deutschland im Video- und Audiobereich den Amerikanern voraus.«

Innovation als wichtiger Bestandteil der Unternehmensstrategie

In welchem Ausmaß hängt die Strategie Ihres Unternehmens für den langfristigen Erfolg von Innovationen ab?

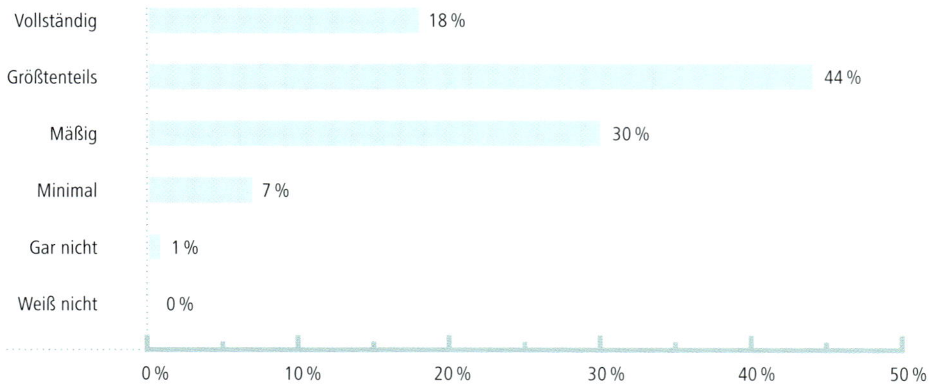

Innovationen waren immer wichtig. Heute aber, in der entstehenden multipolaren, hochkompetitiven Welt, sind sie wichtiger denn je. Das gilt auch und besonders für deutsche Unternehmen – geradezu beängstigend, dass sich laut einer aktuellen Studie 38 Prozent der teilnehmenden Unternehmen der Bedeutung von Innovationen nicht bewusst sind.

Warum sind Innovationen heute so wichtig? Im Gegensatz zu früher treten Unternehmen aus den alten Industrieregionen und aus den neuen Boom-Regionen heutzutage auf Augenhöhe gegeneinander an. Der indische Automobilhersteller Tata kaufte unlängst die britischen Premiummarken Jaguar und Land Rover auf – und brachte mit dem Nano das billigste Auto der Welt auf den Markt. Ein anderes Beispiel: Ende 2004 schluckte das chinesische Unternehmen Lenovo die Personal-Computer-Sparte von IBM – und wurde über Nacht zum drittgrößten PC-Produzenten der Welt.

Die Botschaft ist unmissverständlich: Der Westen hat seine Vormachtstellung verloren. Die neuen Konkurrenten aus China oder Indien, Mexiko oder Brasilien, den arabischen Golfstaaten, der Türkei oder Russland greifen die bisherigen Platzhirsche an allen Fronten an – in ihren eigenen Heimatmärkten sowieso, aber zunehmend auch im Herzland der früher so übermächtigen »Triade«, in Nordamerika, Japan und Westeuropa.

Dieser Konkurrenzkampf wird vor allem in fünf Disziplinen ausgetragen: als Wetteifern um die weltweit besten Mitarbeiter, um Rohstoffe, Kapital, Konsumentenmärkte – und um Erfindungen! In vier von fünf Disziplinen dieses globalen Fünfkampfs haben deutsche Unternehmen und insgesamt der Standort Deutschland keine Chance, auf vorderen Plätzen zu landen: Die Bevölkerung ist überaltert, schon heute herrscht in einigen Branchen Mangel an qualifiziertem Personal, und die Löhne sind so hoch wie kaum irgendwo auf der Welt. Dagegen stehen in Ländern wie China oder Indien Hunderttausende gut ausgebildeter Arbeitskräfte zu konkurrenzlos niedrigen Kosten zur Verfügung. Auch beim sicheren und kostengünstigen Zugang zu Energie und Rohstoffen haben deutsche Unternehmen gegenüber russischen oder chinesischen Mitbewerbern das Nachsehen. Und das Kapital fließt nur noch zu einem geringen Teil in die alten Industrieregionen mit ihren weithin gesättigten Konsumentenmärkten – von milliardenschweren Investitionen profitieren heute sehr viel eher Südostasien oder die Golfregion mit ihren im Ölzeitalter gehorteten Milliardenvermögen.

Anders sieht es in der fünften Disziplin – den Erfindungen – aus: Im Bereich Forschung und Entwicklung zählen deutsche Unternehmen und insgesamt der Industrie- und Hochschulstandort Deutschland traditionell zu den Topfavoriten. Diese deutsche Stärke, die sich im unverändert hohen Ansehen der Premiummarke »Made in Germany« verdichtet, gilt es gerade heute entschlossen zu nutzen – umso mehr, als der Markterfolgsteil der Innovationen der einzige Baustein in der Wertschöpfungskette ist, den die Unternehmen nicht kaufen können, sondern selbst produzieren müssen. Zugleich handelt es sich um den rentabelsten Abschnitt des gesamten Wertschöpfungsprozesses.

Doch Invention beziehungsweise Idee einerseits und Innovation andererseits sind eben zweierlei. Erfindertradition und Ingenieursgeist, ein dichtes Netz von Hochschulen, Forschungsinstituten und unternehmenseigenen Entwicklungslaboren – das alles sind gute Voraussetzungen für deutsche Unternehmen, die gepflegt und noch ausgebaut werden müssen, um im globalen Wettbewerb mit innovativen Angeboten zu bestehen. Aber die Unternehmen müssen diese Voraussetzungen auch nutzen – indem sie vielversprechende Erfindungen effizienter und schneller in innovative Anwendungen umsetzen.

Noch haben Audi, BMW und Mercedes vor koreanischen Konkurrenten wie Hyundai oder gar vor chinesischen Anbietern wie Chery einen technologischen Vorsprung von etlichen Jahren. Und während deutsche Pharmaunternehmen in rascher Folge innovative Medikamente auf den Markt bringen, müssen sich etwa ihre indischen Konkurrenten bislang weitgehend mit der Herstellung von Produktimitaten (Generika) begnügen – noch.

Mit dem Modell Pony entwickelte der südkoreanische Autobauer Hyundai 1975 erstmals einen eigenen Personenkraftwagen. Der chinesische Chery QQ soll in Europa bald für 5000 Euro zu haben sein.

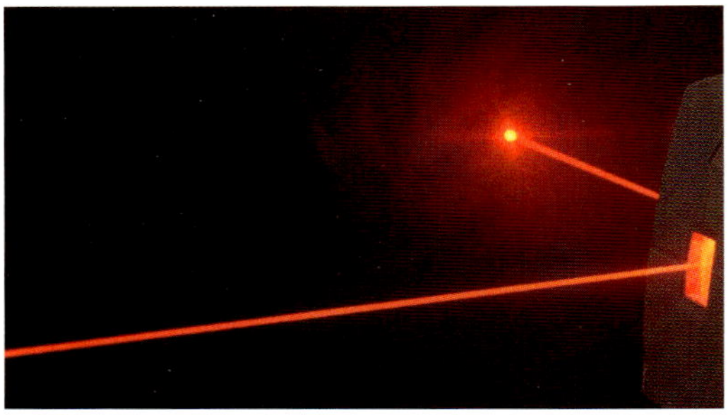

Lasertechnik: Vorbild für deutsche Unternehmen.

LASER-TECHNOLOGIE: IN DEN USA ERFUNDEN, IN DEUTSCHLAND KOMMERZIALISIERT

Zahlreiche deutsche Erfindungen wurden von ausländischen Unternehmen erfolgreich vermarktet, nachdem deutsche Firmen abgewunken hatten. Doch es geht auch anders herum: Die Lasertechnologie wurde 1959 von dem Amerikaner Gordon Gould erfunden und im Anschluss von dem deutschen Maschinenbauunternehmen Trumpf erfolgreich kommerzialisiert. Bereits um 1960 gelingt es einem Trumpf-Forscherteam, die brandneue Technologie zur Erzeugung sehr intensiver, stark gerichteter und kohärenter Lichtstrahlen so zu adaptieren, dass sich der Laser als Schneidwerkzeug im Maschinenbau einsetzen lässt. Dieser Innovation verdankt Trumpf seinen Aufstieg zu einem Weltunternehmen, das heute Produktionsstätten rund um den Globus betreibt. Trumpf fertigt Lasergeräte für unterschiedliche Anwendungsgebiete und ist im Bereich der industriellen Laser und Lasersysteme Weltmarkt- und Technologieführer. Der Umsatz des Unternehmens betrug 2007/2008 2,14 Milliarden Euro – rund 73 Prozent davon entfallen auf den Bereich »Lasertechnik und Elektronik«.

Aber auch auf dem Gebiet der technischen Erfindungen holen die Wettbewerber in den neuen Boom-Regionen rapide auf. Das gilt für Staaten ebenso wie für Unternehmen: Im Jahr 2006 investierte beispielsweise Israel immense 4,6 Prozent seines Bruttoinlandsprodukts in Forschung und Entwicklung. Der südkoreanische Elektronikkonzern Samsung pumpte bemerkenswerte 6,7 Prozent des Jahresumsatzes in seine Forschungs- und Entwicklungslabore. Damit Automobile, Maschinen- und Anlagenbau oder Spezialchemikalien aus Deutschland auch künftig zu den globalen Premiummarken zählen, müssen die Unternehmen – gerade in den Hochtechnologiebranchen, aber nicht nur dort – sowohl auf ihre Marke und ihr Top-Design setzen als auch ihre Prozesse optimal organisieren, immer wieder hinterfragen und laufend verbessern: von der Erfindung zur Innovation, von der Ideenentwicklung bis zur Markteroberung.

In der Wirtschaftswelt haben gerade deutsche Unternehmen also dringenden Handlungsbedarf. Manchmal fallen neue Ideen gleichsam vom Himmel. Berühmt ist das »Heureka-Erlebnis« des griechischen Philosophen Archimedes, dem durch einen »Blitzschlag der Erkenntnis« klar wurde, weshalb Körper im Wasser scheinbar leichter sind als in der Luft. Doch so bahnbrechend die Formulierung des Archimedischen Prinzips für die Entstehung der modernen Physik war, so zufällig waren die Umstände, unter denen diese Entdeckung glückte. Heute aber entscheidet letztlich die Innovationskraft eines Unternehmens über Erfolg oder Misserfolg. Auf zufällige Erleuchtung sollte man sich da besser nicht verlassen. Beides – Ideen und die Organisation des Markterfolgs, die eine Innovation ermöglicht – müssen aktiv gestaltet werden.

Schwerpunkte innovationsbezogener Herausforderungen

Worin liegt die größte innovationsbezogene Herausforderung für Ihr Unternehmen (bis zu drei Nennungen möglich)?

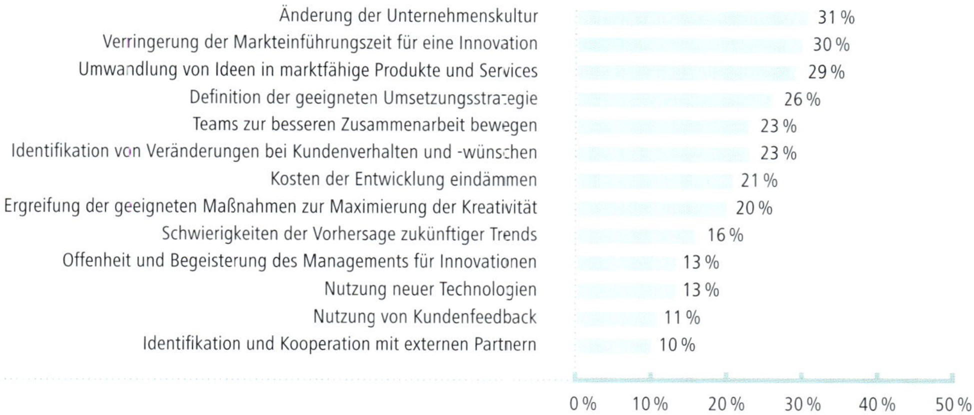

Wie also kann ein Unternehmen sicherstellen, dass seine Mitarbeiter vielversprechende Ideen entwickeln und Erfindungen machen – und diese dann auch erfolgreich um- und durchsetzen, sei es als Produkt-, Service-, Prozess-, Organisations-, Geschäftsmodell- oder Marketinginnovation? Erste Eindrücke einer Antwort gibt die Accenture-Innovationsstudie, für die Vorstände und deren direkte Mitarbeiter in den USA und Europa befragt wurden, worin die wichtigsten innovationsbezogenen Herausforderungen ihrer Unternehmen bestünden. Die drei am häufigsten genannten Antworten waren die Umwandlung von Ideen in marktgängige Produkte und Dienstleistungen, die Verringerung der Markteinführungszeit für eine Innovation und die Änderung der Unternehmenskultur.

So wie es eine Magie des Neuen gibt, so hat auch das Innovative etwas Magisches an sich. Um das zu verstehen, muss man kein iPod- oder iPhone-Fan sein. Erkenn- und spürbar wird diese Magie in den Storys, die in diesem Buch erzählt werden – Geschichten von Unternehmen, die zeigen, worauf es für den Erfolg ankommt.

NewWave von Villeroy & Boch.

In *Kapitel 1* geht es um eine revolutionäre *Prozess- und Produktinnovation:* Als Wendelin von Boch die Führung des Traditionsunternehmens Villeroy & Boch übernimmt, steht die deutsche Porzellanindustrie im Konkurrenzkampf gegen asiatische Billiganbieter mit dem Rücken zur Wand. Doch mit seinem Innovationsteam, das er persönlich leitet, gelingt von Boch eine bahnbrechende technologische Innovation: ein Hohldruckgussverfahren, das erstmals die hochwertige industrielle Fertigung asymmetrischer Geschirrformen erlaubt und das die fernöstliche Billigkonkurrenz nicht kostengünstig kopieren kann.

Schneller, sicherer, sauberer mit Aral Ultimate Diesel.

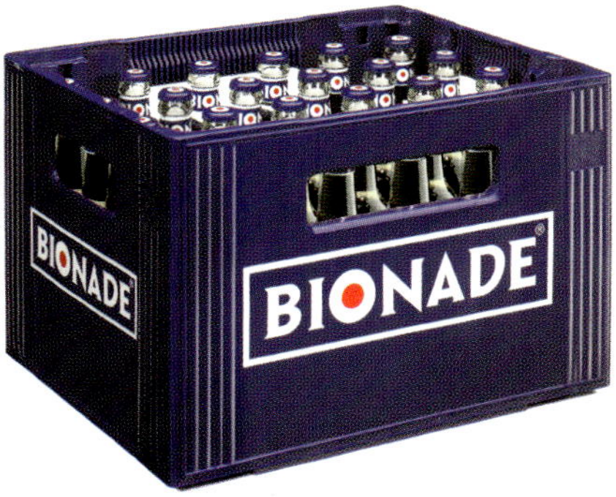

Bionade: die »Fanta« ohne Chemie.

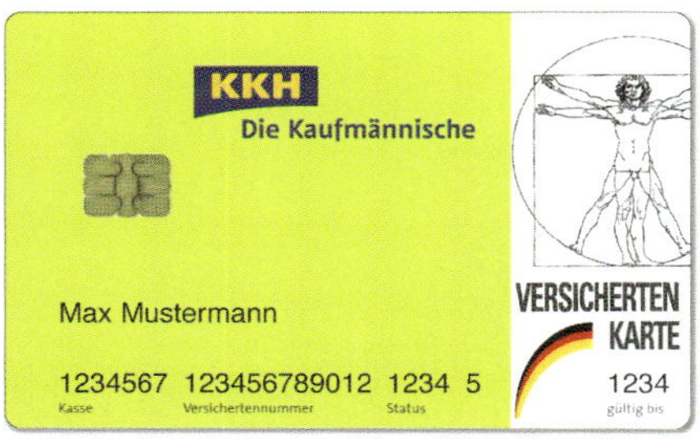

Serviceinnovationen bei der Krankenversicherung.

Innovative Produkte stehen im Mittelpunkt von *Kapitel 2:* Als Erfinder und Innovator in Personalunion erfindet, entwickelt und vermarktet Professor Wolfram Lausch bei MAN Diesel den selbstzündenden PGI-Motor für gasbetriebene Kraftwerke: einen wartungsarmen Motor, der die Vorteile der Diesel- und der Ottotechnologie vereint – und schon kurz nach seiner Markteinführung weltweit stark nachgefragt wird. Von einem innovativen Dieselkraftstoff für Personenkraftwagen erzählt dagegen die zweite große Erfolgsstory dieses Kapitels: Mit Aral Ultimate Diesel bringt Aral, die deutsche Tochter von British Petroleum, einen von Grund auf neu entwickelten Premiumkraftstoff auf den Markt, der die Motorleistung steigert und zugleich den Spritverbrauch ebenso wie den Schadstoffausstoß deutlich senkt. Von Audi schließlich lässt sich aus China die Geschichte einer erfolgreichen Produkt- und Marketinginnovation berichten.

Um herausragende *Produkt- und Marketinginnovationen* geht es in *Kapitel 3.* Bionade, die »Fanta ohne Chemie«, die Braumeister Dieter Leipold in den Achtzigerjahren entwickelt, ist nicht nur ein neuartiger, mit einem innovativen Herstellungsverfahren produzierter Softdrink – sondern ebenso ein Beispiel für die erfolgreiche Schaffung eines neuen Marktes. Im boomenden Segment der Öko-Limonaden ist Bionade das Original und damit – trotz einer wachsenden Schar von Nachahmern – bis heute der unangefochtene Marktführer. Während Bionade hauptsächlich eine Produkt-, aber auch eine Marketinginnovation darstellt, ist der Energy-Drink Red Bull, von dem in diesem Kapitel gleichfalls erzählt wird, überwiegend eine Marketinginnovation. Doch auch das Konzept »The House of Villeroy & Boch«, das bereits im ersten Kapitel beleuchtet wird, ist eine höchst erfolgreiche Marketinginnovation: Damit wandelt sich das Traditionsunternehmen vom Keramikhersteller zum Anbieter von »Stilsicherheit«.

Den Schwerpunkt von *Kapitel 4* bilden *Service- und Prozessinnovationen.* Im schwierigen Umfeld der gesetzlichen Krankenversicherung gelingt den KarstadtQuelle Versicherungen das vermeintlich Unmögliche: Angetrieben vom Vorstandsvorsitzenden Peter M. Endres als Innovator, mischt der Branchenneuling die Versicherungsbranche mit innovativen Versicherungsangeboten und seinem neuartigen Servicecenter auf, in dem erstmals in der Versicherungsbranche Vertrieb und Kundenservice zusammengeführt werden. Auch die KKH-Story erzählt von einer Innovation aus der Welt der Versicherungen: Der Innovationsführer unter den deutschen Krankenversicherungen führt 2007 ein telefonisches Gesundheitscoaching für ausgewählte chronisch kranke und akut gefährdete Risikopatienten ein – mit bemerkenswerten Erfolgen sowohl für die Versicherten als auch für das Unternehmen. Stroke Angel schließlich ist eine großartige Service- und Prozessinnovation zur besseren Versorgung von Schlaganfall-Patienten, die nur durch unternehmensübergreifende Zusammenarbeit Wirklichkeit werden konnte.

In *Kapitel 5* dreht sich alles um *Prozess- und Organisationsinnovationen.* Ein spannendes Beispiel kommt aus Skandinavien: Als Leiter der finnischen Einwanderungsbehörde hat Jorma Vuorio einen einheitlichen, alle beteiligten Ministerien und Behörden integrierenden Immigrationsprozess eingeführt – mit deutlich messbaren Vorteilen für Immigrationswillige und Bürger, Wirtschaft und Staat. Die Erfolgsgeschichte des Chemieunternehmens Evonik handelt von einer spannenden Prozess- und Organisationsinnovation, während die Umstrukturierung von Puma zum »virtuellen Unternehmen«, von der im fünften Kapitel ebenfalls berichtet wird, eine lupenreine und faszinierende Organisationsinnovation darstellt.

MAAHANMUUTTOVIRASTO
MIGRATIONSVERKET
FINNISH IMMIGRATION SERVICE

Neues aus dem Norden: das finnische Immigrationsamt.

Im Zentrum von *Kapitel 6* schließlich stehen *Geschäftsmodellinnovationen*. Mit der Marke Zara gelingt dem spanischen Bekleidungshersteller Amancio Ortega der Aufbau eines weltweiten Mode-Imperiums. Denn während die Wettbewerber ihren Kunden viermal jährlich Eigenkreationen vorlegen, verkauft Zara in unerreichter Vielfalt und Schnelligkeit »Fast Fashion«. Zara-Artikel sind topmodisch und trotzdem bezahlbar – denn Ortega lässt seine Ware mit einem ausgeklügelten Produktions- und Vertriebskonzept überwiegend in eigenen Fertigungsstätten herstellen und verkauft sie in eigenen, zentral gelegenen Zara-Shops. Auch der Aufstieg von Whole Foods Market ist die Geschichte einer Geschäftsmodellinnovation. Das lange Zeit äußerst erfolgreiche Konzept der Premium-Ökosupermärkte gerät jedoch mit der aktuellen Wirtschafts- und Finanzkrise in Schieflage – ein Beispiel, das belegt, dass Innovationen immer nur dann erfolgreich sein können, wenn die Kunden über die erforderliche Kaufkraft verfügen.

Fast Fashion von Zara.

Jede dieser Innovationsstorys ist anders. Jede ist faszinierend. Jede zeigt, für sich oder im Verbund mit anderen: Innovationen sind heute für die allermeisten westlichen Unternehmen überlebenswichtig. Innovationen sind machbar. Unternehmen können die »Magie der Innovation« für sich entdecken: Sie ist kein Hokuspokus, sondern ganz praktisch nutzbar. Um durch Innovationen erfolgreich zu sein, müssen Unternehmen nicht etwa den alchemistischen Stein der Weisen suchen. Denn so etwas wie ein Grundkonzept für Erfolg durch Innovationen gibt es durchaus: Der Innovationsprozess – von der Ideengenerierung bis zur Marktdurchdringung – kann und sollte im Unternehmen so geführt werden, dass das gesamte Unternehmen aus der Innovation größtmöglichen Nutzen zieht.

Um dieses *Modell eines idealen Innovationsprozesses* geht es in *Kapitel 7*. Die sechs entscheidenden Prozessphasen werden ausführlich dargestellt und mit Verweis auf die in diesem Buch erzählten Erfolgsgeschichten anschaulich gemacht: In der Phase der Ideenfindung werden neue Ideen für Innovationen gesammelt, bewertet und nach Gesichtspunkten wie Marktpotenzial und Machbarkeit gewichtet. In der Planungsphase arbeitet man die Ideen mit dem größten Erfolgspotenzial weiter aus, entwirft Kommerzialisierungsstrategien

Das Innovationshaus eröffnet neue Perspektiven für das gesamte Unternehmen.

und kalkuliert den Ressourcenbedarf. Es folgt die Prozessstufe der Prototypbildung. Hier stehen unter anderem Machbarkeit und erste Nutzerfeedbacks im Vordergrund. Sofern das Projekt in dieser Phase nicht verworfen wird, folgt nun die Test- und Validierungsphase: Man bringt eine Pilotversion auf einen Testmarkt, misst den Erfolg, schätzt die Nachfrage ab und nimmt erforderlichenfalls Anpassungen am Projekt vor. Als Nächstes beginnt die Kommerzialisierungsphase: Man führt das Angebot im ausgewählten Zielmarkt ein und setzt alles daran, Umsatz und Effizienz so schnell wie möglich zu steigern. Im sechsten und letzten Abschnitt des Innovationsprozesses geht es darum, den – in der Regel globalen – Markt zügig zu durchdringen, also Marktanteile zu steigern und das innovative Angebot, ob Produkt, Service oder Geschäftsmodell et cetera, an spezifische Kundensegmente anzupassen. Spätestens jetzt sollte der Cashflow positiv sein, die Innovation sollte also einen Beitrag zum Unternehmensgewinn leisten.

Zusätzlich zu diesem sechsstufigen Innovationsprozess lassen sich *zehn wichtige Erfolgsfaktoren* identifizieren, die in Kapitel 7 gleichfalls ausführlich erläutert werden. Der bedeutendste dieser Faktoren ist zweifellos die Frage, ob die jeweilige Innovation einen »wirklichen« Kundenbedarf befriedigt. Faszinierende Ideen allein mögen den Erfinder begeistern – nur wenn sie wirkliche Konsumentenwünsche erfüllen, werden sie am Ende auch zum Markterfolg führen. Auf einer zweiten Ebene lassen sich drei weitere Faktoren namhaft machen: Sie entscheiden darüber, ob das Unternehmen imstande ist, Innovationen tatsächlich zu entwickeln und zu vermarkten. Hierfür bedarf es erstens einer Innovatorinstanz, die aus einem Team oder aus einer Einzelpersönlichkeit bestehen kann. Zum zweiten muss dem Innovationsprojekt ein rigoros gemanagter Business-Case zugrundeliegen. Ebenso wichtig ist der dritte Faktor auf dieser Ebene: Das Unternehmen muss über einen durchgängigen Innovationsprozess verfügen, der das Projekt von der Ideenfindungsphase bis zur Markteinführung steuert. Darüber hinaus lassen sich auf einer dritten Ebene sechs weitere Erfolgsfaktoren benennen. Durch sie kann man Aktivitäten, Struktur und Umfeld der Innovationen optimieren. Hierzu zählen beispielsweise ein Innovationen forderndes und förderndes Umfeld oder auch Netzwerke und Allianzen, ohne die viele Unternehmen heute bereits nicht mehr innovativ sein können.

Zum Abschluss des siebten Kapitels wird der Fokus noch einmal geweitet: Der Innovationsprozess ist sozusagen nur ein Stockwerk im größeren Ganzen des auf Innovationen ausgerichteten Unternehmens. Wie also sollte das Unternehmen insgesamt strukturiert sein, um Innovationen optimal zu steuern? Die Antwort auf diese Frage liefert ein kurzer Rundgang durch ein idealtypisches »Innovationshaus« – von der Innovationskultur, dem Fundament des Unternehmens, bis zur Innovationsstrategie, die das Unternehmensganze wie ein Dach überwölbt.

In *Kapitel 8* schließlich geht es zunächst um einige der *verheißungsvollsten Innovationsprojekte* – von Bankgeschäften, für die man keine Banken mehr braucht, über leuchtende Tapeten und bunten Beton bis hin zu alltags- und familientauglichen Elektroautos. Utopie? Kaum. Doch wie es Innovationen der Zukunft gibt, so gibt es auch eine Zukunft der Innovation. Einige Unternehmen, von denen in diesem Buch erzählt wird, sind auf diesem Weg schon weit vorangekommen – der Ausblick im achten Kapitel macht jedoch deutlich, dass dieser Weg praktisch gar nicht konsequent genug gegangen werden kann.

Innovative Ideen mit Zukunft.

1 PRODUKT- UND PROZESSINNOVATIONEN

VILLEROY & BOCH

Wie der Marktführer die Porzellanherstellung neu erfindet und die asiatische Billigkonkurrenz in die Schranken weist

Die deutsche Porzellanindustrie drohte in der Flut der asiatischen Billigangebote unterzugehen. Auch das Traditionsunternehmen Villeroy & Boch musste sich in dieser schwierigen Situation behaupten. Als Wendelin von Boch dort das Ruder übernimmt, handelt er schnell. Mit dem von ihm selbst geleiteten Innovationskreis »Konzern« und in Zusammenarbeit mit dem Maschinenbauer Julius Lippert schafft er eine grundlegende technologische Innovation in der Keramik- und Porzellanbranche: ein vollautomatisches Hohldruckgussverfahren für Geschirr, das erstmals asymmetrische Formen industriell hochwertig fertigen und dessen Produkte die fernöstliche Billigkonkurrenz vorerst nicht kostengünstig kopieren kann. Von Boch erkennt außerdem, dass Vertrieb und Marketing im Premiumsegment immer wichtiger werden; auch hier nah am Kunden, wandelt sich das Unternehmen daher allmählich vom Keramik- zum Lifestyle-Anbieter, getrieben von scheinbar unerschöpflicher Innovationskraft.

Als Wendelin von Boch 1998 den Vorstandsvorsitz des traditionsreichen Keramikwarenherstellers Villeroy & Boch übernimmt, sind die Aussichten für die europäische Porzellanbranche düster. In Asien boomt die Keramikindustrie. Der Beitritt Chinas zur Welthandelsorganisation steht unmittelbar bevor. Man braucht keinerlei prophetische Gaben, um vorauszusagen, dass Peking die westlichen Märkte binnen weniger Jahre mit Nachahmerprodukten zu Billigpreisen überschwemmen wird.

»Den Billigsektor schwerpunktmäßig zu bedienen«, analysiert von Boch rückblickend, *»hätte uns in Konkurrenz zu ausländischen Produzenten gebracht, mit deren Lohnniveau wir nicht konkurrieren können.«* Um das weltweit angesehene Familienunternehmen für die multipolare Welt fit zu machen, bleibt dem neuen Chef also nur die Flucht nach vorn. So billig wie die asiatischen Unternehmen kann von Boch an seinen europäischen Firmenstandorten keinesfalls produzieren, und der scheinbar bequemere Weg der Verlagerung nach Indien oder Osteuropa stellt für ihn nur sehr bedingt eine Alternative dar. Folglich muss Villeroy & Boch Produkte anbieten, welche die Konkurrenz in Fernost

Wendelin von Boch, von 1998 bis 2007 Vorstandsvorsitzender bei Villeroy & Boch, brachte das Familienunternehmen auf radikalen Innovationskurs.

so ohne Weiteres nicht kostengünstig kopieren kann – und für welche die Kunden in Deutschland, Europa und weltweit einen angemessenen Preis zu zahlen bereit sind.

Das heißt konkret: Das Unternehmen muss eine Innovationsinitiative starten. Nicht den Kampf mit den asiatischen Nachahmern westlichen Designs gilt es aufzunehmen, sondern den weit aussichtsreicheren Wettstreit um die smartesten, innovativsten Produkte für anspruchsvolle, kaufkräftige Kundenkreise in Deutschland, Europa und weltweit, auf die seit jeher der Fokus des Unternehmens gerichtet ist.

Aus der Anfangszeit von Villeroy & Boch.

INNOVATION AUS TRADITION

»Das älteste deutsche Unternehmen mit Weltgeltung«: Die Charakterisierung durch Wendelin von Boch verrät Selbstbewusstsein – und sie trifft unstrittig zu. Bereits Mitte des 19. Jahrhunderts vertreibt Villeroy & Boch seine Keramikprodukte in Europa, den USA, Russland und China. Das 1748 gegründete Unternehmen stellt bereits im späten 18. Jahrhundert Geschirr in frühindustrieller Serienproduktion her – dank einem innovativen Brennofen, den die Brüder Boch 1782 erfinden. Die bahnbrechende Technik erhöht den Brennstoffbedarf lediglich um 30 Prozent – bei 13-facher Kapazität.

Als ebenso kreativ erweist sich Jean-François Boch, der das Unternehmen in der nächsten Generation leitet: Er erfindet 1810 die erste von Wasserkraft angetriebene Töpferscheibe, deren Drehgeschwindigkeit sich stufenlos regeln und auf Null herunterfahren lässt. Ende des 19. Jahrhunderts gelingen dem Unternehmen weitere wichtige Entdeckungen: der Feuerton, eine feste Keramik, die sich beim Brennen kaum verzieht, und das Schlickergießverfahren, das es erstmals erlaubt, Waschbecken und Toilettenschüsseln in Serie herzustellen. Schon 1901 beginnt Villeroy & Boch mit der Großserienfertigung von Industriekeramik. So wird die Marke im In- und Ausland zum Synonym für innovative Keramikprodukte, bei denen neben der Qualität auch das Preis-Leistungsverhältnis stimmt.

»Ich wurde in eine Familie hineingeboren, die seit dem Jahr 1748 wie keine andere bis in die heutige Zeit hinein die Entwicklung einer ganzen Industrie-Branche geprägt hat«, erläutert Wendelin von Boch. Und die ihre Branche bis heute durch bahnbrechende Erfindungen und Kreationen prägt. Ein jüngeres Beispiel aus der Mettlacher Innovationsschmiede: Sanitärkeramik mit Schmutz abweisender Oberfläche.

Mit bloßen Designinnovationen kann das Unternehmen allerdings auch diese Herausforderung nicht meistern, das ist dem damals 46-jährigen Wendelin von Boch bewusst: Das kreativste und ausgefallenste Design lässt sich im Handumdrehen kopieren, sofern es nicht auf wirklichen technologischen Innovationen beruht. Die nämlich kann man nicht nur patentrechtlich wirkungsvoll schützen – ihre Nachahmung erfordert überdies Know-how und langjährige Erfahrung in der maschinellen Produktion hochwertigen Porzellans.

Die Unternehmenszentrale von Villeroy & Boch: eine ehemalige Benediktinerabtei im saarländischen Mettlach.

Doch die Keramik- und Porzellanbranche ist eine Industrie, in der es »seit ewigen Zeiten« keine grundlegende technologische Innovation mehr gegeben hat, wie Wendelin von Boch erklärt. Zwar sind Innovationen seit Jahrhunderten eine der größten Stärken des Premium-Porzellanherstellers, der bereits 1748 gegründet wurde. Aber hierbei handelte es sich hauptsächlich um Weiterentwicklungen, Verbesserungen und neuartige Designs. Die Grundformen von Tassen oder Kannen dagegen sind bei traditioneller Fertigungstechnik weitgehend vorgegeben.

Die Gründerfamilien Villeroy und Boch haben ihrerseits zahlreiche begabte Künstler hervorgebracht, und zudem hat es das Unternehmen immer wieder verstanden, hochkarätige Kreativköpfe für die Gestaltung neuer Kollektionen zu gewinnen – in den Siebzigerjahren beispielsweise Luigi Colani. Doch auf die Idee, das Rad (beziehungsweise Teller und Tassen) neu zu erfinden, ist in der Unternehmenszentrale im saarländischen Mettlach noch niemand gekommen – bis Wendelin von Boch 1998 das Regiment in der ehemaligen Benediktinerabtei übernimmt.

Der studierte Diplom-Kaufmann fällt mehrere strategische Entscheidungen: Villeroy & Boch, bis dahin ein produktorientiertes Keramikunternehmen, soll zur europäischen Lifestyle-Marke werden: »Nicht die Produkte« stehen fortan im Mittelpunkt, »sondern die Marke mit ihrer emotionalen Aufladung«. Außerdem installiert von Boch einen »Innovationskreis«, der mit Angehörigen aller Unternehmenssparten besetzt wird und eine klare Zielvorgabe erhält: *Gesucht werden neue technologische Lösungen, um hochwertiges Porzellan herzustellen, das die Lowtech-Konkurrenz in Asien nicht kostengünstig kopieren kann.* Hierfür müssen ein modernes, unverwechselbares Design und die innovative Fertigungstechnik so eng miteinander verknüpft sein, dass sich die neue Produktreihe auch rein optisch nicht nachahmen lässt. Und dies alles so schnell wie möglich – vor allem schneller, als die asiatische Konkurrenz kopieren kann.

Von den gut 28000 Mitarbeitern, die noch 1991 in Keramikwerken deutscher Hersteller Teller und Fliesen produzierten, ist sieben Jahre später nicht einmal mehr die Hälfte in Lohn und Brot. Dabei steht die Invasion der Chinesen erst noch bevor: Ende 2001 tritt Peking der Welthandelsorganisation WTO bei. Bereits im Jahr darauf pressen chinesische Keramikproduzenten fast 9500 Tonnen Porzellanwaren in den deutschen Markt. Im Jahr 2005, als die Obergrenzen für chinesische Importe erstmals wegfallen, sind es nahezu 75000 Tonnen – ein Bombardement mit Billigware, unter dem etliche Traditionshersteller mehr und mehr in die Knie gehen. Die Zahl der Beschäftigten in der deutschen Haushalts- und Zierporzellanfertigung halbiert sich von 1998 bis 2006 nochmals auf nur noch 6700 Beschäftigte. Genauso düster sieht es bei den Nachbarsparten Fliesen-, Steingut- und Sanitärkeramik aus.

»Uns war klar, dass wir die Herausforderung nur bestehen, wenn wir auch bei der Technik und in der Vermarktung unserer Produkte führend sind«, sagt Wendelin von Boch. Und noch etwas wird ihm bald schon deutlich: »Als Innovator macht man sich nicht nur Freunde.« Aber die Bedrohung durch chinesische Billigkopien lässt dem Unternehmen keine Wahl. Also macht er sich selbst zum Leiter des Innovationskreises, der die Idee einer grundlegend neuen Herstellungstechnik entwickelt – und damit im Unternehmen und bei altgedienten Zulieferern erhebliche Verunsicherung auslöst.

Doch das neue Produktionsverfahren für Tassen, dessen Entwicklung das Innovationsteam unter seiner Leitung bald schon mit Hochdruck vorantreibt, stellt nichts Geringeres als eine technische Revolution dar – in einer Branche, deren Produktionstechniken seit langem ausgereift schienen. Zusammen mit dem Maschinenbau-Unternehmen Julius Lippert im oberpfälzischen Pressath entwickelt Villeroy & Boch ein vollautomatisches Druckgussverfahren, das die Herstellung von Geschirr in beliebigen asymmetrischen Formen erlaubt – wellig oder eckig, geschwungen oder oval. In die Entwicklung dieses Produktionsverfahrens fließen insgesamt 20 Millionen Euro.

Die NewWave-Produktion.

Die revolutionäre Technik ermöglicht es erstmals in der Geschichte der Keramikindustrie, Tassen einschließlich ihres Henkels im Druckguss herzustellen. Und sie erlaubt überdies die vollautomatische Produktion von Tellern. Beides sind unschätzbar wertvolle Waffen im Wettkampf mit der asiatischen Billigkonkurrenz. Durch das vollautomatische Herstellungsverfahren lassen sich Teller selbst am Hochlohnstandort Deutschland zu global konkurrenzfähigen Preisen produzieren. Vor allem aber ermöglicht die innovative Drucktechnik, Hohlware wie Tassen und Becher in einer neuartigen Formensprache zu realisieren, die mit herkömmlicher Produktionstechnik nicht kostengünstig imitiert werden kann. Asiatischen Designkopierern bleibt fortan nur die Möglich-

INNOVATIONSPROZESS (I): WIE ES ZUR IDEE KOMMT

Villeroy & Boch droht gegen die chinesische Billigkonkurrenz unterzugehen, und die (anspruchsvollen) Kunden möchten durch neuartige Produkte überrascht werden – in einer Industrie, die seit dreitausend Jahren nur wenig wirklich Neues hervorgebracht hat. Wendelin von Boch und sein Innovationsteam entwickeln ein neues Herstellungsverfahren, das die asiatischen Nachahmer technisch nicht kopieren können und dessen Produkte auch optisch nur kostspielig nachahmbar sind. Zusammen mit dem oberpfälzischen Maschinenbauer Julius Lippert und unter Einsatz erheblicher Investitionen gelingt eine technische Revolution: Gemeinsam entwickeln die Partner ein Hohldruckgussverfahren, das erstmals die industrielle Fertigung von Hohlwaren in beliebigen Formen erlaubt – eckig, geschwungen, oval – und das von Villeroy & Boch schließlich zum Patent angemeldet wird.

keit, durch eine Kombination aus einfacher Gusstechnik und beträchtlicher manueller Zusatzarbeit die asymmetrischen Formen nachzuahmen – ein Aufwand, der sich trotz des gewaltigen Lohngefälles zwischen Deutschland und China kaum noch rechnet.

Zumal Wendelin von Boch gleichzeitig den Fokus von den Produkten auf die Marke verschoben hat: Nach seiner Einsicht reicht es in der multipolaren Welt eben nicht mehr aus, nur bei der Technologie führend zu sein. *Für den Markterfolg ist es vielmehr entscheidend, dass das Unternehmen innovative Technologie und zeitgemäßes, unverwechselbares Design mit einem exklusiven Markenversprechen verknüpft* – eine sichere Kombination, die sich mit legalen Mitteln nicht kopieren lässt, sondern allenfalls durch Marken- und Produktpiraterie.

Die neue Produktreihe mit dem revolutionären Design erhält den Namen NewWave. Die keramische Grundmasse besteht wie bei herkömmlichen Tassen und Tellern hauptsächlich aus Kaolin und Quarz. Bei dem neuartigen Gussverfahren wird sie unter hohem Druck in eine Form gepresst; das in der Porzellanerde enthaltene Wasser wird durch feine Kanäle herausgedrückt. Wegen der enormen Dichte der Form verteilt sich die Füllmasse so gleichmäßig, dass an den Trennflächen nur winzige Grate entstehen. Diese sind so fein, dass ein Roboter sie mit Schwämmchen und Bürstchen sanft wegpolieren kann. Der Gussautomat arbeitet auf den Zehntelmillimeter genau – eine in der Keramikindustrie niemals vorher erreichte Präzision.

Die zugrundeliegende, mit diversen Patenten geschützte Produktionstechnik »dürfte zumindest mithelfen, den Chinesen den Eintritt in Europa nicht ganz so leicht wie befürchtet zu machen«, konstatiert Wendelin von Boch. Für sein Unternehmen jedenfalls stellt sie eine wirkungsvolle Waffe dar, um sich nicht nur auf den europäischen Märkten gegen die fernöstliche

NewWave: Eine neue Produktreihe mit revolutionärem Design.

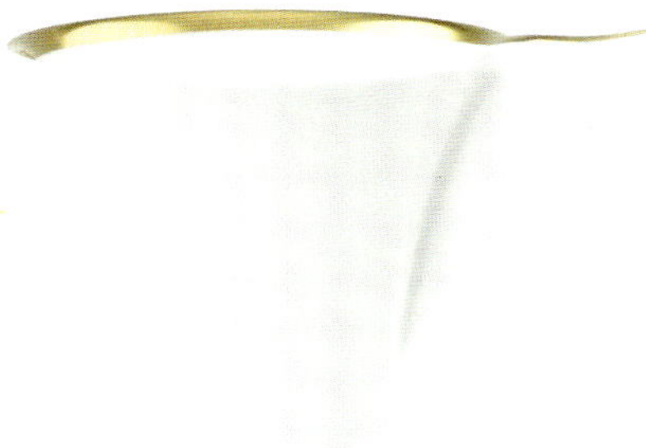

Billigkonkurrenz zu behaupten – auch bei der wachsenden Mittelschicht in den asiatischen Boom-Regionen sind die Hightech-Produkte deutscher Premiummarken überaus begehrt.

Als China Anfang 2002 beginnt, die westlichen Märkte mit Tausenden Tonnen Billigkeramik zu fluten, stehen die meisten europäischen Porzellanhersteller vor einem Scherbenhaufen. Als einer von ganz wenigen kann sich Villeroy & Boch von dem desaströsen Trend abkoppeln – vor allem dank der neuen Produktreihe NewWave Caffè, die das Unternehmen im Jahr 2003 auf den Markt bringt. Mit bemerkenswertem Erfolg: Während die europäischen Wettbewerber Umsatzrückgänge und anhaltende Kaufzurückhaltung der Kunden beklagen, muss Villeroy & Boch keines seiner Tischkultur-Werke schließen.

Dabei machen sich die Investitionen für die neuen Fertigungsanlagen in der Bilanz des deutschen Marktführers zunächst massiv bemerkbar: Nachdem die Entwicklung der Hohldruckgusstechnologie das Unternehmen bereits 20 Millionen Euro gekostet hat, müssen für den Bau der Anlagen nochmals 10 Millionen Euro aufgewendet werden. Daher schreibt Villeroy & Boch im Jahr 2004 sogar rote Zahlen – doch zur gleichen Zeit verzeichnet das Unternehmen ein kräftiges Umsatzplus. Der von Wendelin von Boch neu geschaffene Bereich Tischkultur wächst im selben Jahr sogar zweistellig – vor allem dank der NewWave-Produktreihe, die gleichfalls 2004 mit dem »Innovationspreis der deutschen Wirtschaft« ausgezeichnet wird.

Während der Konkurrenz in Europa das Wasser bis zum Hals steht, surfen die Mettlacher Marktführer auf der selbst geschaffenen »Neuen Welle« von Erfolg zu Erfolg: Ebenfalls 2004 wird in der ehemaligen Abtei die Premiere der Kollektion NewWave Premium Gold gefeiert. »Wir haben Marktanteile gewonnen und verdienen ordentlich«, gibt Wendelin von Boch Anfang 2005 zu Protokoll. 2007 verschärfen die Saarländer mit »Colours of …« Tempo und Taktzahl ihrer Diversifizierungsoffensive. Das neue Dekorkonzept für NewWave Caffè thematisiert jeweils eine Weltregion, in der Kaffee-Erzeugung und Kaffeegenuss eine besondere Rolle spielen.

»Es ist keine Übertreibung, wenn ich feststelle, dass wir mit NewWave einen neuen Trend gesetzt haben«, sagt Wendelin von Boch.

Die Kunden zeigen sich höchst angetan von der neuartigen Formensprache und dem zukunftsweisenden Design. »Das Geschirr verkauft sich wirklich gut«, vermeldet Wendelin von Boch zufrieden. Von den rund 300 Millionen Euro Umsatz im Bereich Tischkultur entfallen da bereits knapp 20 Prozent auf NewWave-Konzepte. In 125 Ländern ist das Sortiment von Villeroy & Boch heute

Mit der Produktreihe NewWave erfindet Villeroy & Boch Teller und Tassen gleichsam neu: Die revolutionäre Hohldruckgusstechnik erlaubt es, die Jahrhunderte lang unveränderte Porzellanästhetik durch zeitgemäßes Design zu ersetzen – individuell und unkonventionell, praktisch und formschön.

INNOVATIONSPROZESS (II): WIE DER MARKT EROBERT WIRD

Im Jahr 2000 bringt Villeroy & Boch die erste NewWave-Produktreihe auf Basis der neuen Herstellungstechnik auf den Markt – rechtzeitig vor der großen Billigoffensive der Chinesen, die Ende 2001 der WTO beitreten. Die Umstellung der Produktionsanlagen auf das innovative Hohldruckgussverfahren belastet die Unternehmensbilanz bis 2004 mit zweistelligen Millionenbeträgen. Aber dank NewWave wachsen auch die Umsätze zweistellig. Das gänzlich neuartige Design begeistert die Kunden und spült durch attraktive Margen viel Geld in die Unternehmenskassen. Von 2004 an bringt das Unternehmen Welle um Welle immer neuer Produktvarianten auf den Markt. So gelingt es Villeroy & Boch, nicht nur auf dem heimischen Markt den Billignachahmern aus Fernost die Stirn zu bieten – das Unternehmen wächst im In- und im Ausland, während die europäischen Wettbewerber über Umsatzrückgänge und rote Zahlen klagen.

vertreten. Das Unternehmen zählt eindeutig zu den Gewinnern der Globalisierung: Es produziert weltweit in 20 Fertigungsstätten, beschäftigt mehr als 9000 Mitarbeiter und besitzt zahlreiche Tochtergesellschaften in Deutschland und im Ausland. 1996 erzielte Villeroy & Boch noch lediglich 46 Prozent seines Umsatzes im Ausland – zehn Jahre später sind es bereits 79 Prozent.

Als Wendelin von Boch 2007 den Vorstandsvorsitz an Frank Göring übergibt und in den Aufsichtsrat wechselt, befindet sich das Unternehmen auf Erfolgskurs – trotz fortgesetzter Überflutung der westlichen Märkte mit asiatischer Billigware und trotz weltweiter Börsenbeben. Im ersten Halbjahr 2008 wächst der Gesamtumsatz um immerhin 3,8 Prozent – der Bereich Tischkultur nimmt dabei mit 6,7 Prozent sogar fast doppelt so schnell zu. »Unsere Innovations-Pipeline ist gut gefüllt«, versichert Wendelin von Boch auch 2008 im Interview mit dem Autor – und das ist nötig, denn nur so kann das Unternehmen der asiatischen Konkurrenz anhaltend trotzen.

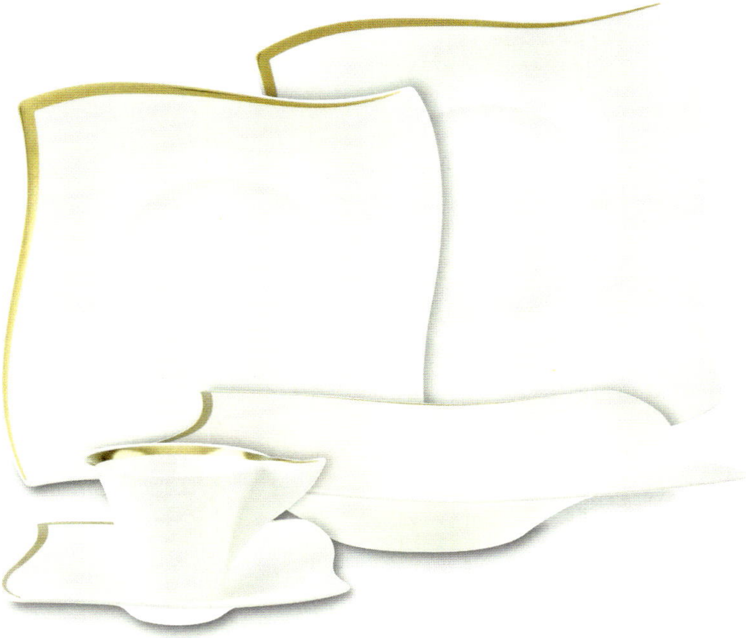

Mit der Kollektion NewWave Premium Gold startet Villeroy & Boch die stilistische Weiterentwicklung der NewWave-Offensive, die der Konkurrenz im In- und Ausland den Atem verschlägt.

Wachstum und Internationalisierung 1997 und 2007

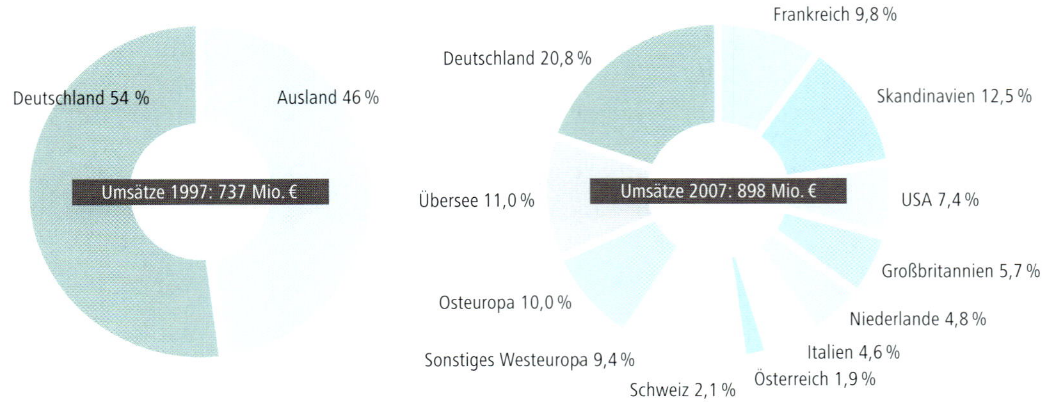

ERFOLGSGRÜNDE IM ÜBERBLICK: NEWWAVE

Der alteingesessene Porzellanhersteller Villeroy & Boch ist innovativ aus Tradition: Seit dem 18. Jahrhundert hat sich das Familienunternehmen immer wieder als technologischer und Design-Pionier in seiner Branche hervorgetan: von der wasserkraftbetriebenen Töpferplatte bis zur spezialbeschichteten Wandfliese. So etwas ist nur in Unternehmen mit *innovationsfördernder Unternehmenskultur* möglich. Selbst das betriebliche Vorschlagswesen funktioniert innovativ: Es werden nur die Vorschläge angenommen, für die sich ein Sponsor findet, aus dessen Budget die Implementierung finanziert wird. Die Neuheitenrate bei Villeroy & Boch ist beeindruckend, der Erfolg der Novitäten desgleichen: Rund 20 Prozent des Umsatzes im Bereich Tischkultur werden heute mit Produkten gemacht, die jünger als zwei Jahre sind.

Innovator Wendelin von Boch leitet einen spartenübergreifend besetzten Innovationskreis, der nichts Geringeres als eine grundlegend neue Fertigungstechnologie zur Porzellanherstellung entwickelt – und das in einer Industrie, in der sich seit 3000 Jahren nichts grundlegend Neues mehr getan hat.

Für die Verteidigung der Marktführerschaft von Villeroy & Boch sind die technischen und vertrieblichen Fähigkeiten genauso wichtig wie kontinuierliche Kreativität: Durch anspruchsvolles Design allein kann sich das Unternehmen nicht gegen die asiatischen Billignachahmer behaupten. Doch das neuartige Hohldruckgussverfahren erlaubt es erstmals, Porzellan in beliebigen asymmetrischen Formen industriell zu produzieren – und ermöglicht damit eine neuartige Formensprache, die sowohl am Markt attraktive Preise erzielt als auch von der Konkurrenz in Fernost nicht kostengünstig kopiert werden kann.

Das neue Geschirr der Reihe NewWave ist unkonventionell, aber gleichzeitig auch praktisch und ergonomisch geformt. Indem es eine designorientierte Zielgruppe anspricht, erfüllt es einen echten *Kundenbedarf*. Damit das Unternehmen nicht an den Bedürfnissen seiner Kunden vorbeiproduziert, befragt das Management regelmäßig Mitarbeiter und Händler nach dem Feedback der Käufer. In sogenannten »Inspiration-Workshops« können Testkunden Pilotversionen neuer Produktideen in einem frühen Stadium bewerten. Trendforscher, Psychologen und Demoskopen bringen weiteren Input für die Innovationsteams. »Offenheit für Neues ist essenziell«, sagt Wendelin von Boch auch 2008 im Gespräch. Allerdings kommt es darauf an, die Kundenwünsche richtig zu deuten und zukunftsweisend umzusetzen. Den Unterschied verdeutlicht von Boch mit einem Zitat von Henry Ford: »Wenn ich meine Kunden gefragt hätte, was sie wollen, hätten sie gesagt: schnellere Kutschen.« Brillante Innovatoren dagegen erkennen das wirkliche Kundenbedürfnis hinter solchen Äußerungen und produzieren das Ford-Modell »Tin Lizzy«, das die Automobilherstellung zu Beginn des 20. Jahrhunderts revolutionierte – oder eben NewWave.

Für Innovationen solchen Ausmaßes sind Partner notwendig. Bereits mit KDM Rauenstein Druckgussmaschinen hatte Villeroy & Boch Druckgussmaschinen zur verbesserten Automatisierung der Produktion entwickelt. Nun liefert die Allianz mit der Firma Lippert das dringend benötigte Know-how aus dem Maschinenbau. Das gemeinsam entwickelte revolutionäre Hohldruckgussverfahren ermöglicht erstmals, dass Villeroy & Boch seine Produkte von der Formgebung bis zur Sortierung nicht mehr in die Hand nehmen muss. Vielmehr werden alle Arbeitsschritte nunmehr vollautomatisch gesteuert.

Moderne Tischkultur von Villeroy & Boch.

THE HOUSE OF VILLEROY & BOCH

Wie sich das Unternehmen vom Keramikhersteller zum Anbieter von Stilsicherheit wandelt

Im Jahr 1997 liest Wendelin von Boch in einer Marketingstudie: »Kaufentscheidungen beruhen zu 15 Prozent auf rationalen Erwägungen; 85 Prozent werden vom Gefühl bestimmt.« Die Aussage lässt ihn nicht mehr los. Als er im Jahr darauf zum Vorstandsvorsitzenden von Villeroy & Boch berufen wird, leitet er als Erstes eine strategische Neuausrichtung des Traditionsunternehmens ein: Villeroy & Boch, so lautet sein ehrgeiziges Ziel, soll zukünftig nicht mehr nur einzelne Produkte wie zum Beispiel Fliesen, Waschbecken oder Geschirrservice verkaufen, sondern zum Anbieter kompletter Lifestyle-Konzepte werden – und somit seinen Kunden das Leben erheblich leichter machen.

»Die Erfahrbarkeit ist der Schlüssel zur Emotion des Kunden«: Nach dieser Devise sollen die Produkte des Unternehmens im lebensnahen Zusammenspiel präsentiert werden. Kunden sollen keine Geschirrstapel und einzelne Sanitärartikel wie Duschtassen oder Toilettenschüsseln mehr vorfinden – sondern vollständig gedeckte Esstische und komplett ausgestattete Bäder. Im Mittelpunkt stehen damit nicht mehr die Funktion und die Qualität einzelner Produkte, sondern die Premiummarke Villeroy & Boch und ihre Attribute: eine stilvolle und geschmackssichere Lebensart. Letztlich kauft eine Gastgeberin mit Produkten von Villeroy & Boch die Komplimente für ihren guten Geschmack gleich mit.

Das Bad aus einer Hand und der komplett gedeckte Tisch.

Abgerundet werden diese Arbeiten am grundlegend neuen Marketing- und Vertriebsmodell in »The House of Villeroy & Boch«. Das Unternehmen präsentiert Kunden fortan »Komplettangebote« in den beiden Wachstumsbereichen Bad & Wellness sowie Tischkultur:

— *das Bad aus einer Hand* mit Sanitärkeramik, Badmöbeln, Wellness, Armaturen und Heizkörpern,

— *der komplett gedeckte* Tisch mit Geschirr, Besteck, Gläsern und Accessoires wie Küchen- und Tischtextilien und sonstigen Produkten für die Küche.

In Workshops und unterstützt durch Marktstudien lässt Wendelin von Boch die Bedürfnisse der Kunden erforschen. Schließlich wird »The House of Villeroy & Boch« in vier unterschiedliche Zielgruppen aufgeteilt:

— *Classic* ist ein Komplettangebot für konservative, anspruchsvolle Käufergruppen aus der Mittelschicht und darüber;

— *Country* bietet hochwertige ländliche Stilistik für kaufkräftige Kunden;

— *Metropolitan* soll urbane Trendsetter mit gehobenem Einkommen ansprechen;

— *Easy* schließlich ist ein gemäßigt trendiges und eher preisgünstiges Angebot für die jüngeren Käuferschichten.

Das neue Geschäftsmodell erfordert intern wie auch in der Zusammenarbeit mit Zulieferern, Handel und Handwerk erhebliche Transformationen: Das Unternehmen muss sein Produktangebot deutlich ausweiten, ohne seine Kernkompetenz als Keramikhersteller zu verlieren. Und es muss die Partner in Handel und Handwerk von der radikal neuen Vertriebsstrategie überzeugen.

Die erste Herausforderung geht Wendelin von Boch durch Akquisition entsprechender Unternehmen und durch Lizenzabkommen an. Villeroy & Boch übernimmt vier Hersteller von Badezimmer-Acrylprodukten, also von Badewannen und Duschabtrennungen, Whirlpools und Systemduschen, sowie zwei Badmöbelproduzenten und einen Armaturenhersteller. Für den gehobenen Armaturenbereich vergibt das Unternehmen zudem eine Lizenz an die Firma Dornbracht. Heizkörper für das Komplettbad werden von Zehnder zugeliefert, dem führenden Anbieter in diesem Bereich.

Das Lifestyle - Portfolio

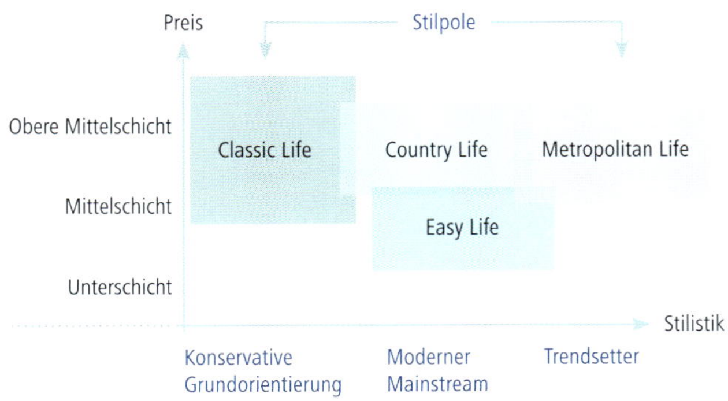

Unter dem Konzeptdach »The House of Villeroy & Boch« richtet das Unternehmen sein Angebot konsequent nach Zielgruppen aus, denen unterschiedliche Lifestyle-Angebote gemacht werden.

Als schwieriger erweist es sich, Handel und Handwerk für das neue Vertriebsmodell zu begeistern. Viele Händler zögern zunächst, dem Hersteller die Gestaltung des Point of Sale zu überlassen. Auch die diversen Gewerke, die in Deutschland für die Installation von Bädern – und damit für deren Verkauf – zuständig sind, sträuben sich anfangs gegen das ungewohnte Konzept. Doch durch zwei erfolgreiche Messen kann das Unternehmen 1999 alle Zweifel zerstreuen: Erstmals wird dort das »Haus« komplett ausgestattet und für Kunden begehbar vorgestellt.

Mit dem Konzept »The House of Villeroy & Boch«, durch Diversifikation, Innovation der Lifestyle-Segmentierung und Ausbau der internationalen Vertriebsorganisation konnte das Unternehmen in einem schwierigen Umfeld seit 1997 die Umsätze im Bereich Tischkultur von umgerechnet 271 Millionen auf 326 Millionen Euro und im Bereich Sanitär & Wellness von 190 Millionen auf 522 Millionen Euro im Jahr 2008 steigern.

2 PRODUKTINNOVATIONEN

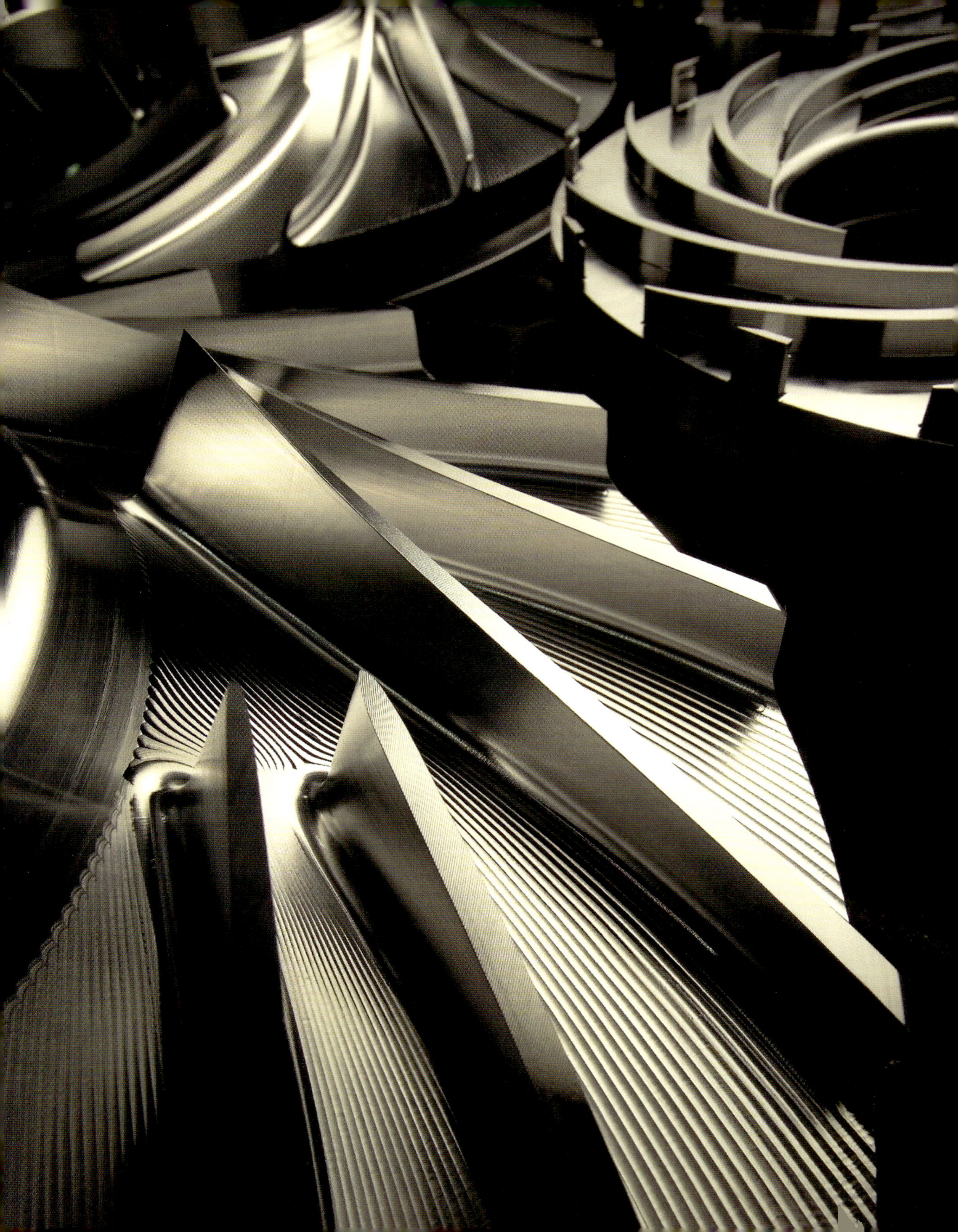

MAN DIESEL

Wie MAN seinem Vorbild Rudolf Diesel nacheifert und einen revolutionären Kraftwerksmotor erfindet

Professor Wolfram Lausch ist Techniker und Wissenschaftler und denkt als Unternehmer. Er will echte Kundenprobleme lösen und damit Geld verdienen – der von ihm zusammen mit Dr. Günther Bozung für MAN Diesel erfundene selbstzündende PGI-Motor für gasbetriebene Kraftwerke löst eines davon. Herkömmliche Gasmotoren fallen immer wieder durch den Verschleiß der Zündkerzen aus. Das Kraftwerk muss dann heruntergefahren, das Ersatzteil eingebaut und das Aggregat anschließend wieder hochgefahren werden. Mit dem selbstzündenden Gasmotor dagegen ist es möglich, ein Kraftwerk 8000 Stunden pro Jahr zu betreiben. »Das ist pures Geld«, so Wolfram Lausch. In einem beeindruckend durchgängigen Innovationsprozess machte MAN Diesel seinen neuen Motor zügig am Markt erfolgreich.

Im März 1892 bekam die Maschinenfabrik MAN AG Augsburg Post aus Berlin: Ein Oberingenieur, der soeben seine »rationelle Wärmekraftmaschine« zum Patent angemeldet hatte, bat höflich um Hilfe beim Bau des neuartigen Motors. Der Name des Mannes – Rudolf Diesel – war damals selbst in Fachkreisen kaum bekannt. Doch die Augsburger Unternehmensführung erkannte nach einem kurzen Klärungsprozess, dass dem hochbegabten Tüftler eine bahnbrechende Erfindung gelungen war. Von 1893 bis 1897 entwickelte Diesel in Augsburg den Selbstzündermotor zur Serienreife – mit tatkräftiger Unterstützung der Ingenieure von MAN und einer Kapitalspritze der Firma Friedrich Krupp. Der Dieselmotor wurde eines der stärksten Triebwerke der industriellen Revolution – und katapultierte MAN an die Spitze der damals entstehenden Motor- und Kraftwerksindustrie.

1892 ließ sich der Ingenieur Rudolf Diesel seine »rationelle Wärmekraftmaschine« patentieren, die er bis 1897 in der Augsburger MAN Maschinenfabrik zum serienreifen »Dieselmotor« weiterentwickelte.

Heute zählt die MAN-Gruppe, die Lastkraftwagen und Busse, Dieselmotoren und Turbomaschinen produziert, mit einem Jahresumsatz von 15,5 Milliarden Euro zu den weltweit führenden Industrieunternehmen im Transport-Ingenieurwesen. Der im DAX gelistete Konzern beschäftigt rund 55000 Mitarbeiter. Zu den erfolgreichsten Unternehmenstöchtern gehört MAN Diesel, der global führende Anbieter von Diesel-Großmotoren für Schiffe und Kraftwerke. Rund

7700 Mitarbeiter entwickeln und fertigen unter anderem Zwei- und Viertaktmotoren, Hilfsmotoren und Turbolader – und seit Kurzem einen neuartigen Motor, der das Unternehmen durch kraftvolles Umsatzwachstum erfreut. Denn gut hundert Jahre nach Rudolf Diesels revolutionärer Erfindung ist den MAN-Ingenieuren eine weitere Innovation geglückt: ein Gasmotor zur Strom- und Wärmeerzeugung, der die Vorzüge von Otto- und Dieselmotor in sich vereint.

MAN DIESEL: INNOVATIV SEIT MEHR ALS HUNDERT JAHREN

Seit Rudolf Diesel in der Augsburger Maschinenfabrik seinen revolutionären Motor entwickelte, wird Innovation bei MAN groß geschrieben. »Bei MAN findet sich die Bereitschaft, Ideen weiter zu verfolgen, wenn sie das Unternehmen voranbringen können«, erklärt Wolfram Lausch. Diese erfindungs- und innovationsfreundliche Unternehmenskultur ist ein wesentlicher Grund dafür, dass die deutschen Maschinenbauer gerade heute, unter den Bedingungen fortschreitender Globalisierung, weltweit so erfolgreich sind: Aufgrund ihres technologischen Vorsprungs und Innovationstempos können sie sich mit Hightech-Produkten im Premiumsegment der jeweiligen Märkte festsetzen – der Erfolgsschlüssel schlechthin für westliche Unternehmen in der multipolaren Welt.

Die Zwei- und Viertaktmotoren, die MAN Diesel und seine Lizenznehmer produzieren, haben einen Weltmarktanteil von rund 50 Prozent; bei großen Schiffsmotoren sind es sogar etwa 80 Prozent. Seine Markt- und Innovationsführerschaft in diesem Bereich hat MAN Diesel erst kürzlich wieder eindrucksvoll untermauert – mit der Entwicklung des stärksten Dieselmotors der Welt.

Die »Cosco Guangzhou« ist mit einer Länge von über 350 Metern und fast 43 Metern Breite eines der größten Containerschiffe der Welt. Angetrieben wird der vom südkoreanischen Hyundai-Konzern hergestellte Koloss von einem Zwölfzylinder-Motor des Typs MAN Diesel K98 MC – dem weltweit ersten Motor, der mehr als 100000 PS leistet. Eine Variante des Motors ist sogar 116875 PS (87200 Kilowatt) stark. Der stählerne Gigant misst 14,5 Meter in der Höhe, ist 30 Meter lang und wiegt 2200 Tonnen. Der MAN-14K98ME-C7-Motor ist damit der stärkste Dieselmotor der Welt. In den nächsten Jahren will MAN insgesamt 150 Millionen Euro investieren, zwei Drittel davon am Standort Augsburg.

Das Containerschiff Cosco Guangzhou.

Eigentlich müsste das neuartige Triebwerk »Lausch-Motor« heißen. Denn die zündende Idee entsteht 1994, als Professor Dr. Wolfram Lausch, damals Leiter der Motorenentwicklung von MAN Diesel, zu einer Konferenz nach Kopenhagen fliegt. Mit ihm reist Technikbereichsleiter Dr. Günther Bozung, und die beiden Herren unterhalten sich über dies und das, vor allem aber – wenig verwunderlich – über Motoren.

Ein nur scheinbar banales Problem beschäftigt die MAN-Ingenieure seit Langem: Für die Zündung herkömmlicher Otto-Gasmotoren, wie sie zur Stromerzeugung vor allem in entlegenen Gegenden eingesetzt werden, benötigt man Zündkerzen. Wenn jedoch auf einer Insel im Pazifik oder in einer Forschungsstation in der Antarktis eine Zündkerze ausfällt, vergehen oftmals Tage, bis Ersatz für das simple Verschleißteil beschafft und eingebaut worden ist – Tage, in denen das Kraftwerk mit verminderter Leistung arbeitet oder sogar gänzlich vom Netz gehen muss. Um den Wirkungsgrad von Gasmotoren zu erhöhen und gleichzeitig den Schadstoffausstoß zu vermindern, wie es das Kyoto-Protokoll und andere internationale und lokale Emissionsvorschriften verlangen, muss überdies mit Magerverbrennung gearbeitet werden. Doch das abgemagerte Gas-Luft-Gemisch erfordert wiederum, dass die elektrische Spannung an der Zündkerze drastisch erhöht wird – wodurch deren Lebensdauer nochmals deutlich sinkt.

Es tut dem Vollblutingenieur Wolfram Lausch noch heute fast physisch weh, dass Otto-Gasmotoren zwar hohe Leistungen mit geringer Emission verbinden, aber durch ein kleines Bauteil, die Zündkerze, regelmäßig lahmgelegt werden. »Das war eine technisch unbefriedigende Lösung«, erklärt er rückblickend, »dagegen musste man als Ingenieur doch etwas tun.« Hieran also wollen Wolfram Lausch und Günther Bozung arbeiten. Doch wie sonst soll man einen Ottomotor zünden?

Plötzlich kommt Lausch und Bozung die Erleuchtung: »Warum lassen wir die Zündkerzen nicht einfach weg und zünden mit hochkomprimiertem Gas?«, fragen sich die beiden Kollegen während des Flugs nach Dänemark. Dieser Lösungsansatz liegt gerade für MAN-Ingenieure denkbar nahe: Charakteristisch für Dieselmotoren ist ja die Selbstzündung des Kraftstoffs in der heißen, hoch verdichteten Verbrennungsluft. Eine ältere Variante des Dieselmotors, die Mercedes Benz noch bis in die Achtzigerjahre gebaut hat, arbeitet nach dem Vorkammerprinzip: Eine kleine Menge Diesel wird direkt in den Zylinderraum gespritzt und entzündet das Gas-Luft-Gemisch. Anstelle von Zündöl – so überlegt Lausch – müsste man einfach eine minimale Dosis hoch verdichteten Gases in eine Vorkammer blasen. Dort könnte sich das Gas an der Innenwand oder einem Glühelement selbst entzünden – kurzlebige und störanfällige Zündkerzen würden dann nicht mehr gebraucht. Das Ergebnis wäre eine Maschine, welche die Vorteile des Magergemisch-Ottomotors mit den Vorteilen des Dieselantriebs kombiniert.

Zündende Idee: ein Ottomotor, der mit hochkomprimiertem Gas zündet.

INNOVATIONSPROZESS (I): WIE ES ZUR IDEE KOMMT

Die Idee kommt dem Erfinder spontan, doch sie entsteht als Folge intensiver Beschäftigung mit einem Kundenproblem: Die Zündkerzen in den Gasmotoren für Stromerzeugung gehen regelmäßig kaputt und müssen aufwändig ausgetauscht werden. Dieser Stillstand verdrießt die Kunden ebenso wie die MAN-Ingenieure. »Uns hat die geringe Lebensdauer der Zündkerzen stets geärgert«, erklärt der Erfinder Professor Wolfram Lausch. »Aus diesem Mangel heraus wurde die Idee auf der Basis bestehenden Wissens geboren.«

INNOVATIONSPROZESS (II): WIE DER PROTOTYP ENTWICKELT WIRD

Zunächst testen Professor Lausch und sein Kollege Dr. Bozung die Funktionstüchtigkeit des Konzepts an einem Einzylinder-Aggregat. Im nächsten Schritt wird das PGI-Zündverfahren an einem Dreizylinder-Prototyp weiterentwickelt. Da die Kapazitäten der MAN-Entwicklungsabteilung nicht ausreichen, beauftragt das Unternehmen das WTZ Roßlau, ein externes Forschungsinstitut aus den neuen Bundesländern, drei Jahre lang die Parameter zu testen und das Konzept auf Schwachpunkte abzuklopfen. Insgesamt vergehen sieben Jahre intensiver Entwicklungsarbeit, bis der PGI-Motor (»Performance Gas Injection«) alle Zielvorgaben erreicht.

INNOVATIONSPROZESS (III): WIE DER NEUE MOTOR PILOTIERT WIRD

Die Ergebnisse des externen Forschungsinstituts bei der Prototyp-Erprobung haben gezeigt, dass das Konzept funktioniert. Daraufhin entwickelt MAN für die Pilotphase intern einen PGI-Motor mit zwölf Zylindern in Reihenbauweise. Dieser Prototyp läuft seit April 2005 im unternehmenseigenen Kraftwerk störungsfrei im Dauerbetrieb. Bei MAN »darf kein halbreifes Produkt auf den Markt gebracht werden«, betont Innovator Wolfram Lausch. »Die Fehlerrate muss gegen Null gehen.« Erst wenn der Motor wirklich marktreif ist, wird er den Kunden angeboten – ein zeit- und kostenintensiver Entwicklungsprozess, den laut Professor Lausch nur große Unternehmen wie MAN umsetzen können.

Know-how für die Welt made in Augsburg.

Der Lösungsansatz ist so plausibel, dass eigentlich vorher schon jemand auf diesen Einfall gekommen sein müsste. Aber als Lausch, kaum zurück in Augsburg, nachforschen lässt, stellt er verwundert fest, dass die Idee noch nicht patentiert worden ist. Nur eine Woche später reicht er das Konzept für ein neuartiges Zündverfahren beim Patentamt ein.

Doch die Tücke liegt auch hier im Detail. Nach der Patenterteilung arbeiten Lausch und Bozung sieben Jahre lang intensiv an der Entwicklung, bis der PGI-Motor alle Zielvorgaben erfüllt. »Man muss als Erfinder bescheiden sein«, erklärt Lausch im Gespräch, »seine Erfindung nach bestem technischen Wissen und Gewissen abklopfen und alle offenen Fragen so früh wie möglich in ihren Grundlagen klären.« Der wichtigste Erfolgsfaktor bei Innovationen ist für ihn – neben der Idee selbst – die Bereitschaft eines Unternehmens, diese Idee aufzugreifen, zu testen, weiterzuentwickeln und schließlich umzusetzen.

Erstmals im April 2005 nimmt MAN einen PGI-Zwölfzylinder in Langzeitbetrieb – in der unternehmenseigenen Kraft-Wärme-Kopplungsanlage, wo er Strom für Schmelzöfen und Wärme für die Heizungsanlage erzeugt. »Gerade große Unternehmen«, kommentiert der Erfinder, »können es sich nicht leisten, bei der Markteinführung zu patzen – Start-ups sind da sicherlich im Vorteil, sie können schneller auf den Markt, da sie im Misserfolgsfall keinen Namen zu verlieren haben.« In dieser Pilotphase liegt der Fokus unter anderem auf der Frage, ob man mit höherem Mitteldruck niedrigere Emissionswerte erreichen kann. Der Pilotmotor bestätigt diese Erwartungen voll und ganz.

»Unser PGI-System erzeugt eine Zündenergie, die bis zu hunderttausend Mal höher ist als die stärkste bekannte Zündkerze bei um ein Vielfaches verlängerter Lebensdauer der beteiligten Bauteile«, beschreibt Wolfram Lausch seine Erfindung. »Das System ist daher die Basis für einen Motor, der die hohe Leistungsdichte und den hohen Wirkungsgrad eines Dieselmotors mit den Vorteilen eines schadstoffarmen Gasmotors verbindet.« Hinzu kommen die langen Wartungsintervalle des Selbstzünders als weitere entscheidende Vorteile: *Die Zündanlage des neuen Gasmotors muss nur alle 15000 Stunden gewartet werden – bei herkömmlichen, mit Zündkerzen betriebenen Kraftwerksmotoren bereits nach 1000 bis 3000 Stunden. Somit läuft der PGI-Motor garantiert 8000 (von 8760 möglichen) Stunden pro Jahr.*

Schon kurze Zeit nach Start des Pilotprojekts im unternehmenseigenen Kraftwerk erweist sich der neuartige Motor als Markterfolg. Ende 2006 ordert das russische Energieunternehmen Mosoblenergogas, eine Tochter des Gazprom-Konzerns, zwei Motoren. Ein Jahr darauf bestellt der argentinische Energieversorger PAMPA gleichfalls zwei PGI-Motoren. Beide Unternehmen sind vom hohen

Wolfram Lausch und seine Erfindung: Der PGI-Motor im Piloteinsatz ist zehn Meter lang und 5400 Kilowatt stark. Von April 2005 bis Januar 2008 arbeitet er in rund 6500 Betriebsstunden bei 75-prozentiger Auslastung störungsfrei.

Prototyp: PGI-Motor von MAN.

Wirkungsgrad, dem geringen Wartungsaufwand und der Umweltfreundlichkeit des innovativen Selbstzünders beeindruckt. Mittlerweile hat MAN nach eigenen Angaben PGI-Motoren mit einem Gesamtvolumen von 100000 Kilowatt verkauft – bei Kosten von 400 bis 1000 Euro pro Kilowatt entspricht das einem Umsatz zwischen 40 und 100 Millionen Euro.

Im Januar 2008 erhält der Gasmotor von MAN den Innovationspreis der deutschen Wirtschaft in der Kategorie Großunternehmen. »Wir freuen uns sehr über diese Auszeichnung«, erklärt Dr. Georg Pachta-Reyhofen, Vorstandsvorsitzender der MAN Diesel SE, »zeigt sie doch, dass auch 111 Jahre, nachdem Rudolf Diesel auf dem Werksgelände von MAN in Augsburg den Dieselmotor entwickelt und zur Serienreife gebracht hat, Innovation noch immer eine der zentralen Säulen unseres Unternehmenserfolges ist.«

Doch das ist erst der Anfang der zündenden Erfolgsgeschichte: Die Nachfrage nach schadstoffarmen Gasmotoren zur Stromerzeugung steigt im Zeichen von Umwelt- und Klimaschutz kontinuierlich. Der Einsatz von PGI-Kraftwerken bietet sich nicht nur an entlegenen Standorten an, wo wartungsarme Zuverlässigkeit von besonderer Bedeutung ist. Da sie vergleichsweise leise arbeiten, geringe Emissionen erzeugen und aufgrund ihrer Leistungsdichte zudem platzsparend sind, eignen sie sich ebenso für dicht besiedelte Wohngebiete. *MAN passt jedes einzelne Aggregat in modularer Bauweise den individuellen Kundenwünschen an.* Bis 2015 will MAN Diesel bei Gasmotoren zur Stromerzeugung auf einen Weltmarktanteil von 40 Prozent kommen. Da der Marktanteil heute recht klein ist, kann dieses Ziel nur erreicht werden, indem das Unternehmen Konkurrenten mit herkömmlicher Technik vom Markt drängt. Doch die Chancen, dass dies gelingt, stehen gut.

ERFOLGSGRÜNDE IM ÜBERBLICK: PGI-MOTOR

Der Erfinder des PGI-Motors, Professor Wolfram Lausch, sieht sich persönlich nicht als Innovator, sondern als Bestandteil eines *Innovatoren-Teams*. Rudolf Diesel ist für ihn das große Vorbild. Lausch ist stolz darauf, Techniker und Maschinenbauer zu sein. Zusammen mit seinem Kollegen Dr. Günther Bozung hat er das neuartige Zündverfahren erfunden. Doch für ihn »beginnt Innovation erst, wenn man klar sieht, was sie bewirken kann« – welches technische Problem die Innovation lösen, welchen Kundenbedarf sie decken kann. »Dieses Motto steht und stand bei MAN stets im Vordergrund.« Wichtig ist für ihn daher auch, dass das Unternehmen offen ist für Kenntnisse oder Ideen, die von außen kommen, aus externen Forschungsinstituten oder anderen Unternehmen stammen. Diese Offenheit legt Professor Lausch auch im persönlichen Gespräch mit dem Autor an den Tag. Lausch ist ein renommierter Forscher, aber auch Unternehmer, der sehr wohl weiß, dass es neben dem Kundeninteresse vor allem um den Unternehmenserfolg geht. Produktleiter für die Entwicklung des PGI-Motors und damit verantwortlich für die Umsetzung des Systems in die Praxis war Dr. Axel Hanenkamp – auch er ein wichtiger Bestandteil der Innovatorinstanz.
Der selbstzündende PGI-Motor *löst ein echtes Kundenproblem*: Herkömmliche Gasmotoren fallen immer wieder durch Verschleiß der Zündkerzen aus. Der damit verbundene Wartungsaufwand kostet viel Zeit und Geld. Bei

jedem Ausfall einer Zündkerze muss das Kraftwerk heruntergefahren, das Ersatzteil eingebaut und das Aggregat anschließend wieder hochgefahren werden. Da gasbefeuerte Kraftwerke überwiegend in abgelegenen Regionen stehen, ist oftmals schon die Beschaffung von Ersatzteilen und Montageteams äußerst aufwändig. Mit dem selbstzündenden Gasmotor dagegen ist es »möglich, ein Kraftwerk 8000 Stunden pro Jahr zu betreiben – das ist pures Geld«, wie Lausch betont. Darüber hinaus erlaubt das Zündsystem, aus dem gleichen Bauraum bei geringeren NO_x-Emissionen zirka 20 Prozent mehr Leistung herauszuholen – ein weiterer Kundenvorteil.
Für den Innovationserfolg des PGI-Motors war ein *innovationsförderndes Umfeld* von mitentscheidender Bedeutung. In einem Unternehmen dieser Größe zu arbeiten, hat aus der Sicht von Lausch Vor- und Nachteile: Entscheidungs- und Entwicklungsprozesse sind träger als in kleineren Unternehmen – jedenfalls dann, wenn man nicht selbst am Schalthebel sitzt (wie er damals als Entwicklungsleiter). Andererseits stehen (nur) hier die Kapazität und die finanziellen Mittel zur Verfügung, die man benötigt, um innovative Produkte bis zur Marktreife zu entwickeln. Innovationen seien auch bei MAN keineswegs das »tägliche Brot«. Doch ausschlaggebend sei, dass im Unternehmen der Nährboden für die Umsetzung von Ideen vorhanden sei. Weiter hebt Lausch hervor: »MAN ist ein Maschinenbauunternehmen, und wir sind Techniker. Wir gehen nicht wie die Physiker vor, die eine Hypothese aufstellen, also die Lösung vorgeben, und dann versuchen, diese zu verifizieren. Wenn man so in der Technik arbeiten würde – das geht immer schief, nach dem Motto: ›Dies war die beste Erfindung, der wir je nachgegangen sind, aber sie funktioniert nicht.‹« Das Unternehmen müsse vielmehr bei einem realen Kundenproblem ansetzen, getrieben von der Entschlossenheit, dieses Problem zu lösen. »Lösungen für ein bestehendes Problem können auch aus anderen Unternehmen oder Industrien stammen«, erklärt Lausch hierzu, »oder aus der Verknüpfung unterschiedlicher Kenntnisse.« Nicht auf eine sogenannte »Innovationskultur« kommt es für ihn also an, sondern auf die im Unternehmen gelebte, in Aktivität umgesetzte Bereitschaft, eine vielversprechende und neuartige Idee auch ernsthaft zu testen.
Auch wenn man neue Ideen weder planen noch gar erzwingen kann: Ein *strikter, durchgängiger Innovationsprozess* ist für Wolfram Lausch ein wesentlicher Erfolgsgrund. Ein Weltunternehmen kann sich – ganz anders als ein Start-up – »Patzer bei der Markteinführung gar nicht leisten«; der Schaden für das Markenimage wäre unabsehbar. Wer heute von Innovationsklima spricht, meint nach Ansicht von Lausch allerdings eher ein »Weiterentwicklungsklima« – und »die Weiterentwicklung ist das Herz bei MAN«. Folgerichtig gibt es bei den Augsburger Maschinenbauern zwar keine Innovationsabteilung, aber einen klar definierten Produkt-Entwicklungs-Prozess (PEP). Dessen Aufgabe ist es auch, neue Ideen aufzugreifen und möglichst in Prototypen umzuwandeln.

MAN-Motoren sind weltweit im Einsatz.

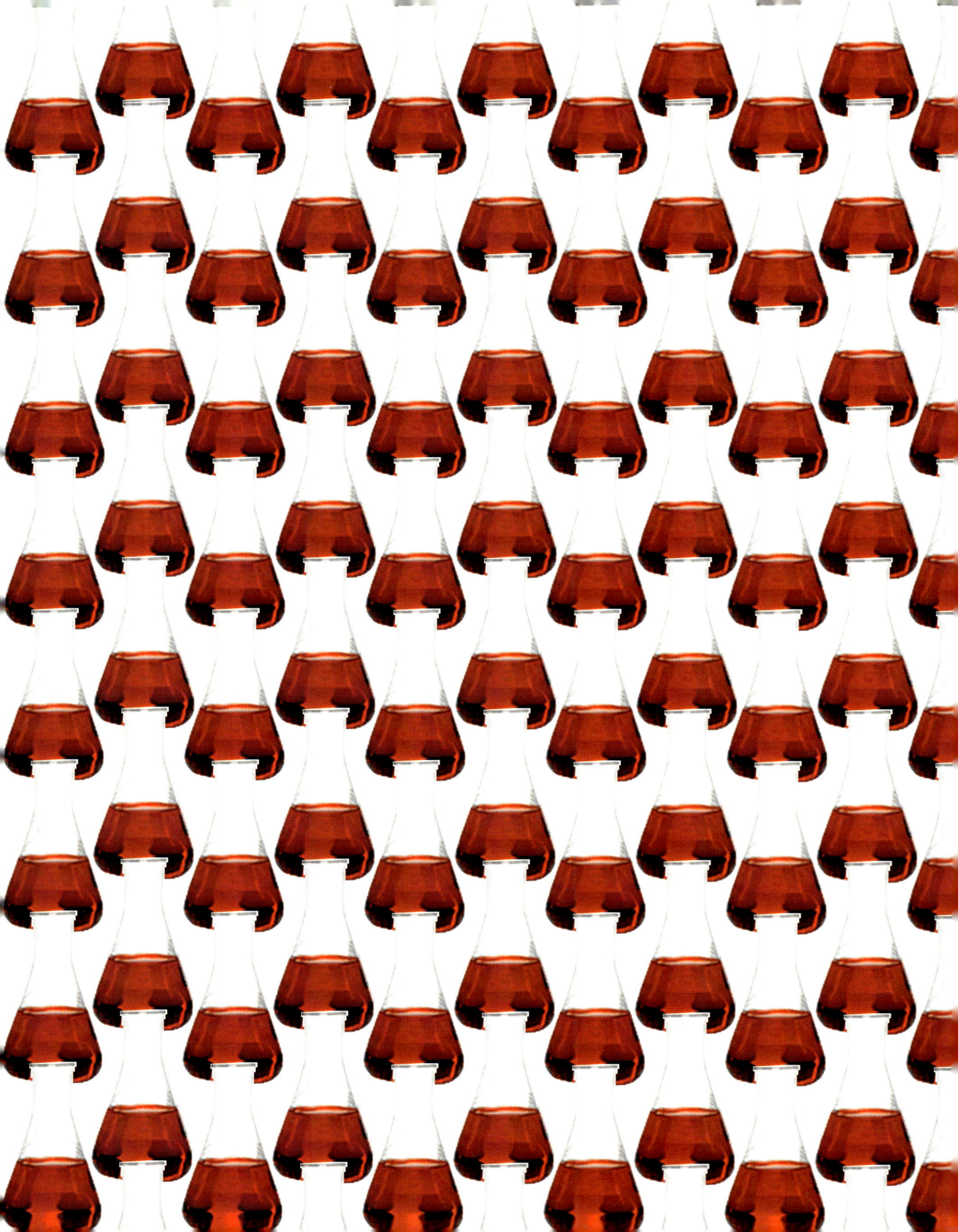

ARAL ULTIMATE DIESEL

Wie Aral die Motorleistung steigert und dabei Spritverbrauch und Schadstoffausstoß senkt

Im Jahr 1924 entwickelte der Chemiker Walter Ostwald den weltweit ersten Supersprit für Ottomotoren und gab ihm den Namen »Aral«. Aral setzte also den Qualitätsstandard für Superkraftstoff – eine Tradition, an die das Unternehmen 1987 mit der Einführung von »SuperDiesel«, 1996 mit dem umweltverträglicheren Diesel und 2001 mit dem ersten »Flüsterdiesel« anknüpft, der Dieselmotoren das Nageln und Dröhnen abgewöhnt. Diese Innovationsgeschichte des Unternehmens – das mittlerweile zu British Petroleum gehört – setzen die Forscher fort, die im Herbst 2003 mit Aral Ultimate 100 und Aral Ultimate Diesel zwei von Grund auf neue Premiumkraftstoffe für den deutschen Markt erfinden. Dabei arbeiten nicht weniger als elf Arbeitsgruppen an dem Geheimprojekt mit dem Codenamen »Magic Flute«. Entwicklung und Markteinführung der Ultimate-Produkte folgen einem detaillierten Plan – Paradebeispiel eines durchgängig angelegten Innovationsprozesses mit klarer Kundenfokussierung und deutlichem Markterfolg.

Der Trend ist eindeutig, und er wird sich in naher Zukunft noch verstärken: Autofahrer kaufen immer häufiger Kraftstoff sparende, emissionsarme Fahrzeuge – die gierigen Spritschlucker und CO_2-Schleudern, die sich vor kurzem noch großer Beliebtheit erfreuten, sehen auf einmal ziemlich alt aus. Auch wenn der Ölpreis bei seinem Gipfelsturm derzeit eine krisenbedingte Pause einlegt, kennt er langfristig nur eine Richtung: nach oben. Die fossilen Energiereserven gehen zur Neige, Klima und Umwelt drohen umzukippen – da kommt der verschwenderische Umgang mit Öl und Gas bei Politikern und Bürgern immer schlechter an. Das sich ändernde Konsumentenverhalten und strengere Umweltschutzgesetze zwingen Autobauer und Energieunternehmen, schadstoffärmere Lösungen zu entwickeln: alternative Antriebsarten für Kraftfahrzeuge von der Hybridtechnologie bis zum reinen Elektromotor – und neue Kraftstoffe, sei es auf der Basis von Erdöl oder von unbegrenzt verfügbaren Ressourcen wie Biogas oder Wasserstoff.

British Petroleum (BP) hat diese Herausforderung schon vor längerer Zeit angenommen. *Eine Antwort des multinationalen Energieriesen heißt »Ultimate« – der Name steht für innovative Premiumprodukte, die veränderten Kundenerwartungen ebenso wie verschärften politisch-rechtlichen Rahmenbedingungen Rechnung tragen.* Unter der Leitung von Paul Beckwith, damals Fuels Product Manager bei BP (heute Vice President Fuel Product Management), erarbeitete ein kleines Team im Jahr 2002 die globale Innovationsstrategie im Finance House von BP in der Londoner Ropemaker Street. »Wir wollten herausfinden«, erklärt Beckwith, »wie viele Kunden sich für die Qualität des Kraftstoffs in ihren Autos interessieren, wie preissensibel sie sind und welche Beziehung zwischen diesen beiden Aspekten besteht. Das Ergebnis war, dass nicht weniger als 37 Prozent an höherwertigem Kraftstoff interessiert sind, während der Preis für sie eine untergeordnete Rolle spielt.« Unter dem Label »Ultimate« vermarktet BP heute weltweit hochwertige Kraftstoffe, die den Schadstoffausstoß deutlich reduzieren und gleichzeitig die Leistung ebenso wie die Lebensdauer der mit Hightech-Sprit betankten Autos erheblich steigern. So auch in Deutschland. Hier vertreibt der Konzern über seine Tankstellenkette Aral seit Sommer 2004 die Premiumkraftstoffe »Aral Ultimate 100« für Benzinfahrzeuge sowie »Aral Ultimate Diesel«.

Unter dem Markennamen »Amoco Ultimate« vertreibt BP bereits seit 1986 hochwertigen Kraftstoff an amerikanischen Tankstellen. Allerdings liegt die Spritqualität jenseits des Atlantiks weit unter dem in Europa und insbesondere in Deutschland üblichen Level. Amoco Ultimate ist für US-Maßstäbe zweifellos ein hochwertiger Kraftstoff – hierzulande aber erzielt bereits Normal- oder Super-Kraftstoff vergleichbare Emissions- und Leistungswerte.

Die Kraftstoffe und hinzugemischten Additive sind international von höchst uneinheitlicher Qualität. Um Verbesserungsmöglichkeiten auszuschöpfen und Premiumprodukte der Marke Ultimate entsprechend den lokalen Kundenwünschen zu positionieren, entwickelt BP daher generell für jedes Land spezifische Lösungen. Die Leitlinie heißt jeweils »Mehr Leistung, weniger Schadstoffe« – doch diese Vorgabe erfordert für jedes Land eine eigene Antwort.

BP UND ARAL: VERBUNDEN DURCH INNOVATIVE TRADITION

British Petroleum (BP) ist einer der weltgrößten Energiekonzerne. Der Global Player mit Hauptsitz in London fördert und produziert Erdöl und -gas und vermarktet auch selbst Mineralölprodukte wie Motoröl und Kraftstoff. Mit 98000 Mitarbeitern und Standorten in mehr als hundert Ländern erwirtschaftete der Energieriese im Jahr 2007 einen Umsatz von 284 Milliarden US-Dollar. BP betreibt weltweit über 24000 Tankstellen – zu den Tochterunternehmen, die der Konzern im vergangenen Jahrzehnt akquiriert hat, zählen Amoco (1998), Castrol und ARCO (2000) sowie Aral (2002). Mit seinem Geschäftsbereich BP Alternative Energy engagiert sich das Unternehmen überdies bei der Erforschung erneuerbarer Energieformen wie Solarstrom oder Biokraftstoffe. In einem Joint-Venture mit dem US-Chemieriesen DuPont entwickelt BP Lösungen für Biosprit auf der Basis von Biobutanol.

2006 hat der Konzern angekündigt, bis zum Jahr 2015 eine halbe Milliarde US-Dollar in diesem Bereich zu investieren. Bis April 2008 wurden schon mehr als fünfzig Forschungsprojekte in Gang gesetzt.

Das Tochterunternehmen Aral ist mit derzeit mehr als 2400 Tankstellen und einem Marktanteil von 23 Prozent die Nummer 1 im deutschen Tankstellensektor. Bei den Verbrauchern genießt Aral traditionell ein hohes Ansehen: Bei einer europaweiten Umfrage des amerikanischen Reader's-Digest-Verlags wurde der Kraftstoff-Anbieter mit dem blau-weißen Rauten-Logo 2008 zum siebten Mal in Folge zur vertrauenswürdigsten Kraftstoffmarke gewählt. Die deutschen Autofahrer votierten mit 35 Prozent für Aral – eine deutliche Platzierung vor Shell und Jet, die jeweils gerade einmal auf 8 Prozent kamen.

Dieses Vertrauen hat sich die Marke durch eine lange Vorgeschichte erarbeitet: Aral steht hierzulande bereits seit den Zwanzigerjahren für innovative Produkte und hohe Qualität. 1924 entwickelte der Chemiker und Wissenschaftsjournalist Walter Ostwald den weltweit ersten Supersprit für Ottomotoren. Seinem innovativen Kraftstoff, einem Gemisch aus sechs Teilen Benzin und vier Teilen Benzol, gab er den Namen Aral – eine Wortschöpfung aus »Aromaten« und »Aliphaten«, den beiden chemischen Gruppen, zu denen Benzol beziehungsweise Benzin gehören. »Aral« setzte also den weltweit ersten Qualitätsstandard für Superkraftstoff – eine Tradition, an die das Unternehmen 1987 mit der Einführung von »SuperDiesel« anknüpft. Der Kraftstoff wird seitdem laufend verbessert: 1996 bringt Aral umweltverträglicheren Diesel mit deutlich gesenktem Schwefelanteil auf den Markt. Nochmals fünf Jahre später erfreut das Unternehmen seine Kundschaft mit dem ersten »Flüsterdiesel«, der Dieselmotoren das Nageln und Dröhnen abgewöhnt.

Diese Innovationsgeschichte des Unternehmens setzen die Wissenschaftler fort, die im Herbst 2003 mit Aral Ultimate 100 und Aral Ultimate Diesel zwei von Grund auf neue Premiumkraftstoffe für den deutschen Markt entwickeln.

Das Forschungszentrum von Aral befindet sich in Bochum und arbeitet eng mit Forschungsstandorten des Mutterkonzerns im britischen Pangbourne und im amerikanischen Naperville zusammen. Bei der Entwicklung innovativer Kraftstoffe wie Ultimate 100 oder Ultimate Diesel kooperieren die Wissenschaftler zudem mit konzerneigenen Raffinerien: Bereits in der Entwicklungsphase soll berücksichtigt werden, ob und bis zu welchen Grenzen die neuen Premiumprodukte später einmal auch für den Massenmarkt geeignet sind.

Der deutsche Kraftstoffmarkt gilt als besonders herausfordernd. Die Spritpreise sind höher als im EU-Durchschnitt, aber den Löwenanteil davon erhält der Staat – 60 bis 70 Prozent oder mehr von jedem Euro, den der Kunde für seine Tankfüllung bezahlt. Die Bruttomarge von Dieselkraftstoff gehört in Deutschland mit 6 bis 8 Cent pro Liter zu den niedrigsten in Europa. Überdies werden hierzulande bereits im Standard-Segment, also bei Benzin, Super und Diesel, sehr hochwertige Kraftstoffe vermarktet. Für die Anbieter ist es daher schwer, sich von den Wettbewerbern positiv abzuheben.

Aral stand also vor der Herausforderung, für den deutschen Markt spezielle Hightech-Treibstoffe zu entwickeln, die den ohnehin hohen hiesigen Standard nochmals deutlich überbieten. Denn die Premiumsorten der Marke Ultimate haben ein höheres Preisniveau als herkömmlicher Kraftstoff – für einen

Aral Ultimate Diesel bildet weniger Schaum – und riecht weniger scharf – als gewöhnlicher Diesel, was Kunden hilft, schneller, sauberer und sicherer aufzutanken.

Das Branding-Konzept für Aral Ultimate Diesel wurde unter Berücksichtigung von Aral- und globalen BP-Standards entwickelt.

solchen Aufschlag auf die ohnehin hohen deutschen Kraftstoffpreise muss das Unternehmen seinen Kunden auch einen Zusatznutzen bieten, der echte Konsumentenbedürfnisse erfüllt.

Entwicklung und Markteinführung der Aral-Ultimate-Produkte folgen einem detaillierten Plan. Unter der Leitung von Philip New, damals Generalmanager für Produktstrategie (heute President BP Biofuels), und Projektmanager Michael Brell arbeiten ab Oktober 2003 nicht weniger als elf Arbeitsgruppen an dem Geheimprojekt mit dem Codenamen »Magic Flute«.

In der Planungsphase führt eine erste Arbeitsgruppe zunächst detaillierte Markt- und Kundenanalysen durch. Welches Potenzial gibt es für Premiumkraftstoffe im deutschen Dieselmarkt? Welchen Kundennutzen müsste der Hightech-Sprit erbringen, und welche Preisaufschläge würden deutsche Dieselfahrer für Premiumkraftstoff akzeptieren? Die Analyse ergibt, dass eine beträchtliche Anzahl von Dieselkäufern an höherwertigem Kraftstoff interessiert und hierfür auch einen höheren Preis zu zahlen bereit ist. Die bis Ende 2003 befragten Kunden wünschen sich vor allem leistungsfähigeren Kraftstoff – zwar sind sie auch an schadstoffarmem Kraftstoff interessiert, aber allein für mehr Umweltverträglichkeit würden sie keinen Preisaufschlag hinnehmen.

Das zweite Projektteam, zuständig für Forschung und Entwicklung, macht sich im nächsten Schritt an die technische Umsetzung der Innovation. Gestützt auf das internationale Forschungsnetzwerk des Mutterkonzerns BP und externe Zulieferer, entwickeln die Wissenschaftler im Aral-Forschungszentrum Bochum die beiden Ultimate-Premiumkraftstoffe für den deutschen Markt. Aral Ultimate 100 für Ottomotoren zeichnet sich durch eine Oktanzahl von mindestens 100 aus – durch eine hohe Klopffestigkeit also, die über den Werten bisher angebotener Benzin- und Superkraftstoffe (91 beziehungsweise 95 Oktan) liegt. Aral Ultimate Diesel überzeugt durch eine Cetanzahl von 60 – der Cetanwert beeinflusst die Verbrennungseffizienz von Kraftstoffen und damit sowohl Verbrauchs- und Schadstoffwerte als auch die Leistungsfähigkeit.

Ablagerungen an den Einlassventilen sind bei Verwendung von Ultimate sehr viel geringer (links) als bei Standard-Kraftstoffen (rechts).

Durch die Entwicklung von Ultimate Diesel sollen Autofahrer in Deutschland erstmals die Möglichkeit bekommen, zwischen Dieselkraftstoffen unterschiedlicher Qualitätsklassen zu wählen. Standard-Diesel weist nach der EU-Norm EN590 lediglich eine Cetanzahl von 51 auf, und auch der bisher bereits von Aral angebotene SuperDiesel kommt nur auf einen Wert von 55. Je höher der Cetanwert, desto gleichmäßiger und vollständiger wird der Kraftstoff verbrannt. Die optimale Verbrennung bewirkt, dass der Verbrauch ebenso wie Umwelt- und Motorbelastung sinken, während die Leistung des Motors deutlich steigt.

Aral Ultimate Diesel verbrennt rückstandsärmer, weil es ausschließlich Kraftstoffmoleküle enthält, die bei idealen Siedetemperaturen unter 350 Grad Celsius destilliert worden sind. Die Aral-Forscher haben nämlich herausgefunden, dass in der Raffinerie bei höheren Destillationstemperaturen »zähe« Moleküle entstehen, die im Motor unvollständig verbrennen, in Ventilen und Brennräumen Rückstände hinterlassen und den Schadstoffanteil im Abgas erhöhen. Aus Kostengründen werden diese unerwünschten Moleküle aus gewöhnlichem Dieselkraftstoff nicht herausgefiltert. Deshalb sieht Diesel normalerweise trübe aus und weist den typischen Dieselgeruch auf – Ultimate Diesel dagegen ist klar wie Wasser und auch annähernd so geruchsneutral. Nach Angaben von Aral hält Ultimate Diesel die Einspritzdüsen von Dieselmotoren sauber, die durch Verwendung von normalem Diesel mit niedrigeren Cetanwerten verschmutzen. Dadurch wird der Durchfluss in der frühen Einspritzphase um bis zu 80 Prozent verbessert – was wiederum zu besseren Leistungs-, Verbrauchs- und Schadstoffwerten führt. Die gleichmäßigere Dichte von Aral Ultimate Diesel trägt überdies zu einer konstanteren Kraftentfaltung bei.

Neben dem neu entwickelten Kraftstoff selbst sorgt ein ganzes Paket speziell entwickelter Additive für die herausragenden Eigenschaften des Premiumdiesels. Eines der Additive verbessert die »Zündwilligkeit« und damit die rückstandsarme Verbrennung. Ein zweites, das sogenannte Detergent-Additiv, fördert die Sauberkeit des Kraftstoffs – zusätzlich zu den hohen Reinheitswerten, die ohnehin schon durch den geringeren Siedepunkt bei der Destillation des Diesels erreicht werden. Die Additive wurden in einem internationalen Netzwerk entwickelt, dem neben den Forschungsstandorten von Aral/BP auch externe Zulieferer angehören.

Nach abgeschlossener Produktentwicklung sichern sich BP und seine Tochter Aral die Patentrechte an dem innovativen Kraftstoff. »Ultimate« ist zudem eine eingetragene Marke und Aral Ultimate Diesel wurde beim deutschen Patentamt unter der Nummer DE 10 2005 012 807 registriert.

Im Kraftstofflabor werden verschiedene Kraftstoffe auf ihre Qualität hin überprüft.

Eine dritte Arbeitsgruppe im Geheimprojekt »Magic Flute« entwirft ein Branding-Konzept für Aral Ultimate. Die neue Produktmarke muss mit den deutschen Markenstandards von Aral und den globalen Markenstandards von BP in Einklang gebracht werden, Aral Ultimate muss im deutschen Markt positioniert und von den Angeboten der Wettbewerber klar abgegrenzt werden. Man beschließt, die drei Dimensionen Leistungssteigerung, Umweltverträglichkeit und Effizienz als zentrale Markenattribute hervorzuheben: *Bisher schien PS-Stärke mit geringen Emissionen und niedrigem Verbrauch in unlösbarem Widerspruch zu stehen – doch Ultimate-Kraftstoff erlaubt sowohl sportives Fahren als auch ein besseres Umweltgewissen und gezähmten Spritkonsum.*

Die vierte Arbeitsgruppe konzipiert zusammen mit einer Marketingagentur einen Marketingplan für Aral Ultimate. Sie entwickeln Kampagnen für Fernsehen und Radio, Printmedien und Internet sowie für unternehmensinterne Medien wie Intranet und die Mitarbeiterzeitung *kompass*. Für die Markteinführung richten sie eine Kunden-Hotline ein, entwerfen Promotionsstrategien und planen Presseevents wie beispielsweise eine Live-Vorführung der Performance »ultimativ« betankter Wagen auf der Autorennstrecke in Papenburg.

Die fünfte Arbeitsgruppe ist mit dem hochsensiblen Thema der Preisfindung befasst. Die Kundenbefragung zu Beginn der Planungsphase hat zwar ergeben, dass der Preis für die qualitätsbewussten Kundengruppen eine untergeordnete Rolle spielt – aber ein bedeutsames Entscheidungskriterium bleibt er auch für »Benefit-Seekers« und »Loyal Believers«, wie diese beiden Gruppen im Jargon der Aral-Marktforscher heißen. Das Pricing-Team führt daher eine wei-

Aral-Tankstelle bei Nacht.

tere Marktbefragung durch. Auf dieser Basis wird die Preis-Absatz-Funktion bestimmt und der Preis für Aral Ultimate Diesel zur Markteinführung 10 Cent über dem Preis für das herkömmliche Aral SuperDiesel positioniert. Ein großer Teil dieses Aufschlags ist den massiven Investitionen in Forschung und Entwicklung, Raffinerien, Logistik und die Umrüstung der Tankstellen zuzuschreiben – ein Volumen von zig Millionen Euro.

Die sechste Arbeitsgruppe trägt den programmatischen Namen »Asset« (englisch für »Anlagen, Infrastruktur«). Für die Einführung der beiden Ultimate-Kraftstoffe muss das Unternehmen sein Tankstellennetz mit zusätzlichen Tanks, Zapfsäulen, neuen Displays und Schildern ausrüsten. Die Arbeitsgruppe hat die Aufgabe, die erforderlichen finanziellen Ressourcen abzuschätzen und zusammen mit Architekten und Bauunternehmen für die Umrüstung der Tankstellen zu sorgen.

ultimate news

Ausgabe 1 • Juli 2004 • kostenlos

In dieser Ausgabe:

Neue EU-Nachbarn: Ferien im Baltikum *Seite 2*

Laufen für Bares: Aral Charity Walk *Seite 3*

Punkte sammeln: Neue Taschen! *Seite 4*

Balkon-Dschungel: Wasserspiele *Seite 3*

Stau-Schau: Unbedingt umfahren *Seite 2*

Auto-Trends: Neuheiten 2004 *Seite 4*

Kinder unterwegs: Spiele-Tipps *Seite 3*

Neue, verbesserte Kraftstoffe von Aral

ultimate kommt

Besser für die Umwelt, besser für den Motor: Aral führt ab Juli 2004 zwei neue Kraftstoffe ein. ultimate 100 ersetzt das bisherige Aral SuperPlus, ultimate Diesel kommt zusätzlich zu Aral SuperDiesel auf den Markt.

Monat für Monat kommen 150 weitere dazu. Im Frühjahr 2005 sind die neuen Kraftstoffe flächendeckend verfügbar.

Die »Neuen« von Aral

ultimate 100

Mit seiner besonders guten Klopffestigkeit generell für

Kaum zu toppen

Knochiger Beifahrer

Kein Horrorfilm: Passanten in der österreichischen Stadt Steyr entdeckten kürzlich ein Skelett auf der Rückbank eines geparkten Autos. Des Rätsels Lösung: Der 19-jährige Autobesitzer hatte bei einem Einbruch in ein Schulgebäude neben einem Computer auch das lebensgroße Plastikmodell eines menschlichen Gerippes mitgenommen.

Mit der Kundenzeitung *Ultimate News* informiert Aral seine Kunden vor der Markteinführung über die Eigenschaften der neuen Premiumkraftstoffe.

Das siebte Projektteam entwirft währenddessen Investitionspläne für die erforderlichen neuen Produktionskapazitäten. Zusammen mit dem Joint-Venture-Partner PDVSA aus Venezuela errichten sie eigene Ultimate-Produktionsanlagen in der Gelsenkirchener Raffinerie: PDVSA steuert 50 Prozent des Investitionsvolumens bei.

Das achte, für Logistik zuständige Projektteam muss ein eigenes Supply-Chain-Konzept für Aral Ultimate erarbeiten: Der Premiumkraftstoff kann nicht in den gewöhnlichen Tankwagen befördert werden, da die Vermischung mit Standard-Kraftstoff seine Leistungsfähigkeit beeinträchtigen würde. Das Team muss also neue Tanks für die Zwischenlagerung und eine eigene Ultimate-Tankwagenflotte für den Transport zu den Tankstellen planen und realisieren.

Die Projektteams 9 und 10 bereiten währenddessen die reibungslose Integration der Aral Ultimate-Produkte in das Tagesgeschäft der Tankstellen vor. Die Gruppe Operations stellt sicher, dass die Pächter und Mitarbeiter vor Ort so umfassend wie möglich über Aral Ultimate informiert und im Umgang mit den neuen Produktangeboten trainiert werden. Währenddessen analysiert das IT-Team, inwieweit die Kassensysteme der Tankstellen für Ultimate umgerüstet werden müssen, und schätzt die erforderlichen Investitionen ab. Unter anderem gilt es, die IT-Systeme für die Preismasten, den Bondruck und das Controlling anzupassen – und jede dieser Änderungen muss rechtzeitig zur Markteinführung umgesetzt, getestet und freigegeben sein.

Die elfte Projektgruppe schließlich, zuständig für Performance-Management, entwickelt Kennzahlen und Berichte, damit nach Markteinführung die

INNOVATIONSPROZESS (I): WIE DIE INNOVATION GEPLANT WIRD

Unter der Leitung von Projektmanager Michael Brell arbeiten ab Oktober 2003 diverse Arbeitsgruppen an dem Geheimprojekt »Magic Flute«. Sie analysieren Kundennutzen und Kundenerwartungen, setzen diese bei der Neuentwicklung des Kraftstoffs um, erarbeiten ein Branding-Konzept für die Marke Aral Ultimate und einen Marketingplan, legen den Preisabstand zwischen Premium- und Standard-Kraftstoffen fest, planen die Umrüstung von Tankstellennetz und IT-Systemen sowie die Investitionen für eigene Ultimate-Produktion in den Raffinerien, entwerfen ein eigenes Supply-Chain-Konzept für Aral Ultimate, bereiten die reibungslose Integration der Ultimate-Kraftstoffe in das Tagesgeschäft der Tankstellen vor und passen das Controlling-System an. Das Projektmanagement bildet die Schnittstelle zwischen Projektgruppen, Unternehmen und externen Netzwerkpartnern, erarbeitet den Business-Case als Grundlage der gesamten Planung und aller Investitionsentscheidungen und managt den mehrstufigen internen Freigabeprozess für die Produktinnovation.

Leistung des operativen Geschäfts gemessen und gesteuert werden kann. Das bestehende Berichtssystem und die etablierten Prozesse werden entsprechend angepasst, um die neuen Produkte und Leistungen zu integrieren.

Dem übergeordneten Projektmanagement obliegt die Planung und Koordination der Projektteams und die Verknüpfung von »Magic Flute« mit relevanten Unternehmensbereichen wie Pressestelle oder Shop-Management. Das Projektmanagement-Team unter Leitung von Michael Brell erarbeitet zudem den Business-Case, wobei Hunderte Szenarien zu Roll-out, Tankstellenanzahl und Preisstellung berücksichtigt werden. Hierbei schätzen sie ab, wie viele neue Kunden man von Wettbewerbern gewinnen kann und wie viele Aral-Kunden von SuperDiesel zu Ultimate Diesel »upgraden« werden – je nachdem, wie der Preis für das neue Premiumdiesel festgesetzt wird. Zum Projektmanagement gehören auch Risikoanalysen und War-Gaming-Workshops, bei denen die Wettbewerbssituation und das Verhalten der Konkurrenten realitätsnah simuliert werden. Eine weitere Aufgabe des übergeordneten Teams besteht darin, den mehrstufigen Prozess zur internen Freigabe der Innovation zu managen.

Saubere Düsennadel: Aral Ultimate Diesel reinigt Diesel-Injektoren und kann so den Durchfluss in der kritischen frühen Eintrittsphase um bis zu 80 Prozent verbessern.

Nach der Planungsphase entwickelt das Forschungsteam einen Prototyp, der in der Test- und Bewertungsphase auf Herz und Nieren geprüft wird. Dabei geht es um die Frage, ob das neue Produkt externen und internen Anforderungen entspricht und ob im Markt genügend Nachfrage für die Innovation vorhanden ist. Hierfür konzipiert das Unternehmen ein aufwändiges Testprogramm: Der neue Kraftstoff muss sich unter Realbedingungen bewähren. In internen Labor- und Motor-, Fahrzeug- und Flottentestprogrammen werden Leistungsfähigkeit und Verbrauchswerte von Ultimate Diesel ausführlich analysiert. Die Aral-Tester füllen den neuen Kraftstoff in die Tanks aller marktrelevanten Fahrzeugmarken und -modelle und überprüfen, ob Aral Ultimate Diesel tatsächlich den erwarteten Kundennutzen erbringt. Überdies lässt das Unternehmen das neue Produkt durch unabhängige Experten verschiedener Institute prüfen: TÜV-Prüfer unterziehen Ultimate Diesel ausführlichen Praxistests, und auch britische Testspezialisten wie G-Force ermitteln die Leistungs-, Verbrauchs- und Schadstoffwerte des Hightech-Sprits.

Dabei wird Aral Ultimate Diesel ebenso wie Ultimate 100 nach den standardisierten Automobil-OEM-Verfahren getestet – mit herausragenden Resultaten. Als weltweit einzige Kraftstoffe entsprechen sie den strengen OEM-Anforderungen (»Original Equipment Manufacturer«) für das Jahr 2010. Überdies erfüllen Aral Ultimate Diesel und Ultimate 100 die höchsten Qualitätsstandards für Kraftstoffe, die die globale Autoindustrie in ihrem Worldwide Fuel Charter (WWFC) definiert hat. Unter anderem liefern die Tests folgende Resultate:

— *Mehr Leistung:* Die Testmotoren werden zuerst mit herkömmlichem Dieselkraftstoff und dann – nach Wartung und Ölwechsel – mit Ultimate Diesel angetrieben. Bei einer Laufleistung zwischen 7500 und 10000 Kilometern erzeugen sie mit Aral Ultimate Diesel bis zu 8,3 Prozent viel mehr Kilowatt als mit konventionellem Sprit. Die durchschnittliche Leistungssteigerung liegt bei 3,8 Prozent.

— *Höhere Beschleunigung:* Beschleunigungstests in den zwei Bereichen 40 bis 90 und 90 bis 130 Stundenkilometer ergeben, dass die Autos mit Aral Ultimate Diesel um bis zu 11 Prozent besser beschleunigen als mit herkömmlichem Kraftstoff. Der Durchschnitt liegt hier bei einem deutlichen Plus von 5,1 Prozent.

— *Geringerer Verbrauch:* Gleichfalls nach den standardisierten OEM-Verfahren gemessen, verbrauchen Motoren mit Aral Ultimate Diesel bei konstant gehaltener Leistung bis zu 4,5 Prozent (durchschnittlich 2 Prozent) weniger Kraftstoff als mit herkömmlichem Diesel.

— *Größere Reichweite:* Entsprechend können Autofahrer, die im Jahr im Durchschnitt 18000 Kilometer zurücklegen und 7 Liter auf 100 Kilometer verbrauchen, nach Aral-Tests mit Ultimate Diesel bis zu 810 Kilometer mehr pro Jahr fahren als bei Verwendung von Standard-Diesel. Im Durchschnitt aller Tests kommen immerhin noch 360 Mehrkilometer heraus.

Reinheitsgrad Aral Ultimate Diesel (links). Im Vergleich mit anderen Kraftstoffsorten (Aral Super Diesel und Dieselkraftstoff nach EN 590) wird deutlich, dass Aral Ultimate Diesel kristallklar ist.

Kompass

special Juni 2004

Wir bereiten vor

Im Geheimen prüft Aral an einer Test-Tankstelle in einer ehemaligen Werkshalle den neuen ultimate Auftritt. Auch die Vorbereitungen an den Aral Tankstellen laufen unter strikter Geheimhaltung. Nur wenige wussten, warum Tanks gereinigt und neue Zapfsäulen montiert wurden.

Zwei Weltstars

ultimate 100 ersetzt den bisherigen Premiumkraftstoff Aral SuperPlus, und ultimate Diesel wird umwelt- und leistungsbewussten Dieselfahrern zusätzlich als High-Tech-Alternative zum Aral SuperDiesel angeboten. Was verleiht den beiden ultimate Kraftstoffen ihre Sonderstellung, die alleine schon dadurch sichtbar wird, dass sie in Deutschland völlig neue Produkte repräsentieren? Die Antwort ist einfach: Sie sind Meisterwerke der Kraftstoffforschung, Qualitäts-Perlen unter dem Dach

Intelligent: ultimate 100

ultimate 100 verblüfft durch ein außergewöhnliches Talent, über das sonst kein Superkraftstoff verfügt. Er ist sauber und kraftvoll zugleich, er steigert die Leistung und senkt Verbrauch und Schadstoffausstoß. ultimate 100 ist eben nicht nur ein Kraftprotz, sondern ein starker und zukunftsweisender Kraftstoff auch für die kommenden Motorengenerationen.
Schon heute schafft er es, die ab dem 1. Januar 2005 vorgeschriebene „Sauberkeit" (weniger Aromaten) mit voller Leistungskraft (100 Oktan) zu verbinden. Der Aromatenanteil im Otto-Kraftstoff muss, so schreibt es die Europäische Union aus Gründen

gen Kraftstoffen könnte diese Vor zum Problem werden: denn wenig Aromaten bedeuten in aller Regel gen der dann geringeren Dichte de Kraftstoffs auch weniger Leistung.

Die Stärken von ultimate 100:
- Mehr Leistung
- Weniger Aromaten (Kraftstoffsauberkeit)
- Weniger Verbrauch
- Weniger Schadstoffausstoß
- Weniger innermotorische Reibung durch Reibungsminderer im neu entwickelten Additiv

Kristallklar: ultimate Diesel

60 Cetan, mehr Leistung

Mit dieser Spezialausgabe von *Kompass* informiert Aral im Juni 2004 seine Angestellten über den bevorstehenden Ultimate-Launch.

INNOVATIONSPROZESS (II): WIE DAS NEUE PRODUKT GETESTET WIRD

In der Test- und Bewertungsphase muss sich Aral Ultimate Diesel (ebenso wie Aral Ultimate 100) in internen und externen Tests unter Realbedingungen bewähren. Tester aus dem Aral-Forschungslabor analysieren Leistungsfähigkeit und Verbrauchswerte des neuen Kraftstoffs in ausführlichen Labor- und Motor-, Fahrzeug- und Flottentestprogrammen. Unabhängige Experten aus externen Instituten wie dem deutschen TÜV oder dem britischen Testinstitut G-Force prüfen die tatsächlichen Leistungs-, Verbrauchs- und Schadstoffwerte des Premiumdiesels. Dabei werden die standardisierten Automobil-OEM-Testverfahren angewendet – mit dem Ergebnis, dass Aral Ultimate Diesel als weltweit einziger Dieselkraftstoff den anspruchsvollen OEM-Anforderungen (»Original Equipment Manufacturer«) für das Jahr 2010 entspricht. Auch das Ultimate-Logistikkonzept wird in dieser Phase nochmals kritisch geprüft – ebenso wie die Marketing- und Asset-Pläne, die sich in einer nachgebildeten Tankstelle und im Testkundenurteil bewähren müssen.

— *Weniger Schadstoffe:* Mit Aral Ultimate befeuerte Dieselmotoren stoßen ferner durchschnittlich 38,3 Prozent weniger unverbrannte Kohlenwasserstoffe und 27,1 Prozent weniger Kohlenmonoxid aus.

In der Testphase wird aber nicht nur die Produkt-Performance kritisch hinterfragt – auch das Logistikkonzept für Lager und Transport der Ultimate-Kraftstoffe muss sich nun im Praxistest bewähren. Ebenso wie der Plan, den die Marketing- und Asset-Teams in der Planungsphase entwickelt haben: In einer Lagerhalle in Hattingen lässt das Projektmanagement eine Tankstelle originalgetreu nachbilden. Testkunden können hier verschiedene Aral Ultimate-Designs, Zapfhahn-Konstruktionen und Marketing-Materialien live in Augenschein nehmen und werden anschließend nach ihren spontanen Eindrücken und Verbesserungsvorschlägen befragt.

Die Test- und Bewertungsphase verläuft so erfolgreich, dass sich Aral im Juni 2004 zur Markteinführung entschließt. Fünf Tage vor dem Launch lädt das Unternehmen zu Presseevents am Forschungsstandort Bochum und an der Teststrecke in Papenburg. Am 28. Juni 2004 schließlich werden Aral Ultimate 100 und Ultimate Diesel in Berlin als erstem Markt offiziell eingeführt. Es folgt der Roll-out im bundesweiten Aral-Versorgungsnetz: Ende 2008 sind 1640 Tankstellen bundesweit mit Ultimate-Zapfhähnen ausgerüstet.

Bei einem Praxistest findet der ADAC 2004 heraus: Die Motorleistung der Modelle Ford Galaxy und Opel Zafira steigt durch Aral Ultimate Diesel um bis zu 4 PS, während der Verbrauch um bis zu 3,8 Prozent zurückgeht. Der Ausstoß an Stickoxiden sinkt um maximal 17,3 Prozent, und die Testfahrzeuge blasen sogar über 50 Prozent weniger Kohlenmonoxid und unverbrannte Kohlenwasserstoffe aus dem Auspuff. »Der geringere Verbrauch gleicht einen Teil der Mehrkosten aus«, bilanzieren die Autoclub-Tester. »Bei einem 50-Liter-Tank lassen sich 2 bis 3 Liter sparen. Auf lange Sicht sind die neuen Spitzenkraftstoffe

Ultimate Diesel im Vergleich

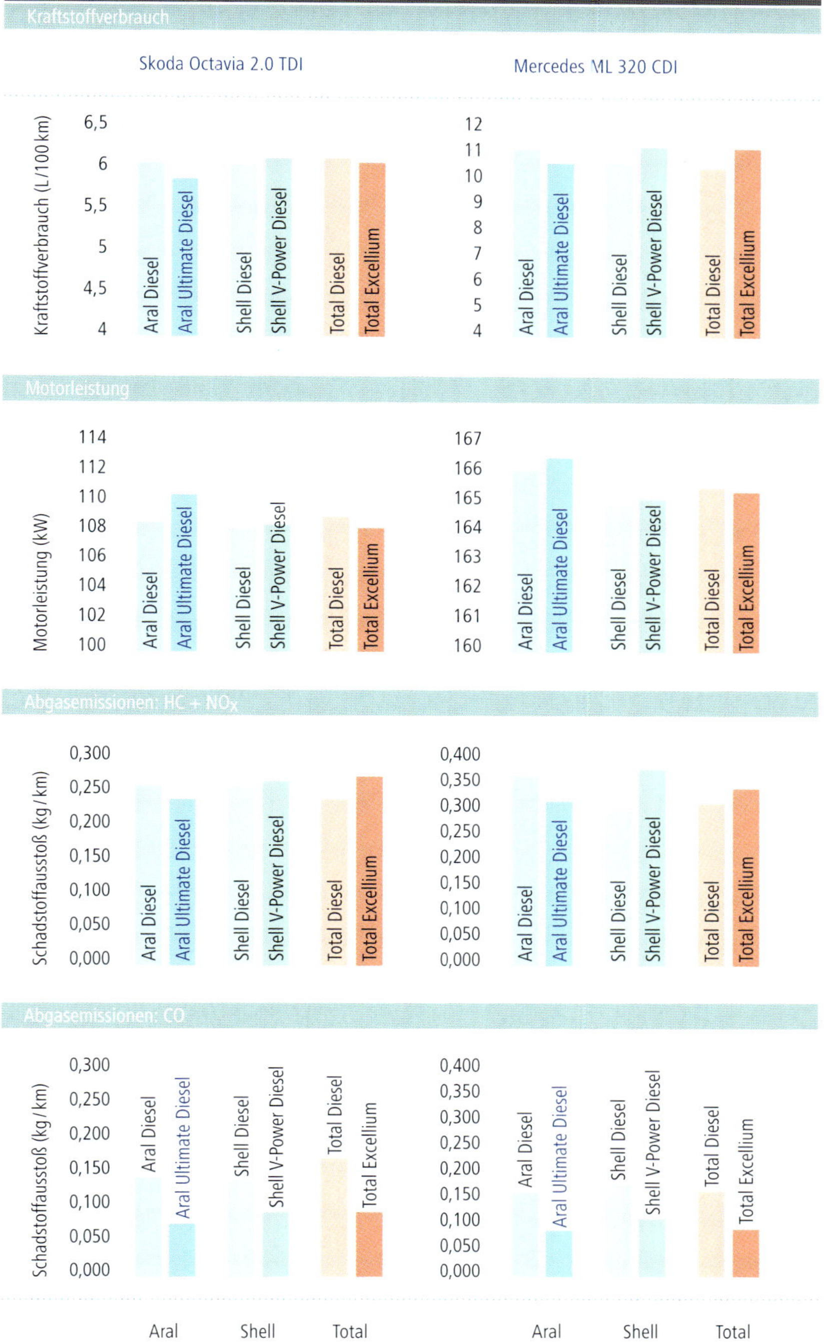

Als einziger Kandidat schafft es Aral Ultimate Diesel, die Stickoxide im Abgas zu senken und bei den Verbrauchswerten eine ordentliche Einsparung zu erzielen, vermerkt die *Autozeitung* nach ihrem Premiumdiesel-Vergleichstest im November 2006.

INNOVATIONSPROZESS (III): WIE DER MARKT GEENTERT UND EROBERT WIRD

Nach der erfolgreich verlaufenen Testphase wird Aral Ultimate Ende 2004 in Berlin als erstem deutschem Markt eingeführt. Es folgt der bundesweite Roll-out im Aral-Tankstellennetz. Bereits ein Jahr nach Markteinführung übertrifft der Verkaufserfolg die unternehmensinternen Erwartungen: 10 Prozent der Dieselkunden entscheiden sich an den entsprechend ausgerüsteten Aral-Tankstellen für das Premiumdiesel. Nach dem erfolgreichen Launch in Deutschland führt BP die Produktinnovation unter anderem auch in Polen und Frankreich, der Türkei, den Niederlanden und in Österreich ein.

mit ihrer höheren Qualität auf jeden Fall ein Plus: Weil die Autoindustrie dafür Motoren entwickeln kann, die noch sparsamer und schadstoffärmer sind.«

Den Kunden ebenso wie Aral bringt das innovative Angebot handfeste Vorteile: Die erfolgreiche Einführung des High-end-Kraftstoffs trägt zur Stabilisierung der Marge im hart umkämpften Dieselmarkt bei. Zudem wird das Image von Aral als Innovationsführer auf dem Kraftstoffmarkt gestärkt: Zwar haben Shell und Total gleichfalls Premiumdiesel im Angebot, aber in einem Test der *Autozeitung* fährt Aral im November 2006 den Rivalen auf und davon.

Mit dem gelungenen Start seiner beiden Premiumkraftstoffe gelingt es dem Unternehmen überdies, eine Hightech-Plattform auch für weitere innovative Kraftstoffe zu etablieren: Unter dem Markennamen Ultimate könnten in Zukunft auch Biokraftstoffe wie Butanol vermarktet werden.

Bereits Mitte 2005, ein Jahr nach der Markteinführung, ist Aral Ultimate Diesel auch in nüchternen Zahlen ein klarer Markterfolg. An den 1600 Aral-Tankstellen, die für den neuen Premiumkraftstoff zu diesem Zeitpunkt nachgerüstet worden sind, greifen schon mehr als 10 Prozent der Diesel-Käufer zur Ultimate-Zapfpistole – ein Absatzanteil, der die Erwartungen des Unternehmens übertrifft. Denn immerhin liegt der Literpreis bei Ultimate Diesel um 10 Cent über dem Preis für herkömmlichen Dieselkraftstoff.

Durch den Markterfolg der Ultimate-Kraftstoffe in Deutschland ermutigt, führt der Mutterkonzern die innovativen Premiumprodukte ab 2004 in weiteren europäischen Ländern, in denen Aral und BP aktiv sind, erfolgreich ein – in Polen und Frankreich, der Türkei und den Niederlanden, in Österreich, der Schweiz und in Luxemburg.

Branchenkenner trauen Premiumdiesel sogar einen 20-prozentigen Dieselanteil bei Personenkraftwagen zu. Mit dem neuen Hightech-Diesel hat Aral sein innovatives Image bestätigt – und klug genutzt, um im schwierigen deutschen Kraftstoffmarkt seine Dieselmargen zu stabilisieren und seine Marktführerschaft auszubauen. Denn für die wachsende Gruppe von Autofahrern, die die Umwelt schonen, aber deshalb nicht auf Motorleistung verzichten wollen, ist Aral Ultimate Diesel der wohl beste derzeit erhältliche Dieselkraftstoff.

Der Aral-Diamant.

ERFOLGSGRÜNDE IM ÜBERBLICK: ARAL ULTIMATE DIESEL

Die Ultimate-Innovationsstrategie hat Paul Beckwith, damals Fuels Product Manager bei BP, im Jahr 2002 als Projektleiter zusammen mit einem kleinen Team im Finance House von BP in der Londoner Ropemaker Street entwickelt. Zu den maßgeblichen Innovatoren gehört zudem das Forschungs- und Entwicklungsteam bei Aral und BP, das die zuvor analysierten Kundenwünsche in einen innovativen Dieselkraftstoff für den deutschen Markt umgesetzt hat. Des Weiteren Philip New, der die Einführung der Innovation in Deutschland und vielen weiteren Ländern vorangetrieben hat. Mit ihm zusammen haben Michael Brell, Projektmanager für die Produktentwicklung und -einführung in Deutschland, und sein Team großen Anteil am Innovationserfolg von Aral Ultimate. Maßgeblich für den Erfolg von Aral Ultimate ist ein Team als Innovatorinstanz, in dem jedes einzelne Mitglied in den einzelnen Phasen spezifische Beiträge geleistet hat.

Der *Innovationsprozess* wurde von der Entwicklung bis zum Launch durch einen klar definierten Meilenstein-Prozess gemanagt. Aral/BP verfügt über ein standardisiertes Instrumenten-Set zur Markteinführung neuer Produkte und einen standardisierten Ansatz zur Projektplanung für alle Länder und Regionen, in denen Ultimate eingeführt wurde oder noch eingeführt werden soll.

Für den Innovationserfolg entscheidend war auch die Bereitstellung von *ausreichenden Ressourcen*: Um sicherzustellen, dass alle am Ultimate-Innovationsprozess beteiligten Parteien eng zusammenarbeiten und alle erforderlichen Informationen austauschen konnten, installierte BP in einem herrschaftlichen Landhaus im britischen Pangbourne ein Expertenteam für länderübergreifenden Wissenstransfer und übergeordnetes Programmmanagement, geleitet von Philip New. Für die Entwicklung der Aral Ultimate-Kraftstoffe in Deutschland war das Projektteam unter Leitung von Michael Brell in Bochum zuständig, unterstützt durch ein Raffinerie-Team in Gelsenkirchen. Die finanziellen Ressourcen wurden durch einen unternehmensweit standardisierten Freigabeprozess kontrolliert und vom Management schrittweise bewilligt.

Vom Beginn der Strategiedefinition bis zur Markteinführung von Aral Ultimate Diesel stand die *Befriedigung des wirklichen Kundenbedarfs* im Mittelpunkt. Die Produktinnovation wurde für zwei spezifische Zielgruppen konzipiert, deren Meinung und Anregungen – hauptsächlich zu Produktmerkmalen und Positionierung, Markenkonzept und Preissetzung – die Projektteams während des Innovationsprozesses immer wieder erfragten.

Der *Business-Case* wurde zunächst für die globale Ultimate-Strategie von BP kalkuliert und anschließend für die Einführung von Aral Ultimate auf dem deutschen Markt im Detail ausgeführt. Für Aral Ultimate Diesel berechnete das Projektteam Hunderte von Szenarien, um beim Produktpreis, bei der Roll-out-Geschwindigkeit und der Anzahl der mit Ultimate auszurüstenden Tankstellen die optimalen Werte zu finden. Dieser Business-Case bildete von Anfang bis Ende des Freigabeprozesses die Entscheidungsgrundlage für das Management.

Aral Ultimate Diesel auf dem Weg zur Zapfsäule.

AUDI A6

Wie Audi in China zum Inbegriff von Innovation und Erfolg wird

Autohersteller in aller Welt ächzen unter der schwersten Absatzkrise seit Jahrzehnten. Selbst deutsche Premiummarken wie BMW und Mercedes melden zweistellige Umsatzrückgänge. Vor allem der massive Einbruch auf dem US-Markt setzt die Anbieter hochwertiger Automobile unter Druck. Doch Audi scheint die Krise deutlich weniger zu treffen: In den ersten drei Quartalen des Jahres 2008 steigerte der bayerische Autoproduzent seinen Umsatz um 2,1 Prozent auf 25,8 Milliarden Euro. Der operative Gewinn wuchs gar um stolze 13,6 Prozent auf 2,1 Milliarden Euro.

Für den Erfolg der Volkswagen-Tochter ist neben dem jüngst eingeführten neuen Audi A4 vor allem ein Faktor verantwortlich, der bislang als Schwachstelle der Ingolstädter galt – zu Unrecht, wie sich nun zeigt. Die Karossen mit den vier Ringen verkaufen sich jenseits des Atlantiks deutlich schlechter als Automobile von BMW oder Mercedes Benz. Der dramatische Einbruch ihres US-Geschäfts schlägt daher jetzt tiefe Dellen in die Umsatz- und Gewinnkurven der Konkurrenz in München und Stuttgart. Audi dagegen hat in den Vereinigten Staaten vergleichsweise wenig Marktanteile zu verlieren – und umso mehr in den nach wie vor wachsenden asiatischen Märkten zu gewinnen.

Von den Wettbewerbern lange Zeit belächelt, haben sich die Ingolstädter schon Ende der Achtzigerjahre auf die wachsende Mittelschicht in Asien fokussiert. Nach den USA und vor den großen Autonationen Japan und Deutschland ist China mittlerweile der zweitgrößte Kraftfahrzeugmarkt weltweit: Rund 5,6 Millionen Autos werden 2008 im Reich der Mitte zugelassen – gegenüber »nur« etwa 3,2 Millionen in Deutschland. Und noch sehr viel beeindruckender ist das Wachstumspotenzial in Asien: Bereits in ein bis zwei Jahren wird es in China und Indien zusammen mehr Mittelschichtshaushalte geben als in den USA. 2015 wird China die USA bei der Zahl der Autokäufer überholen, und 2018 werden im Reich der Mitte erstmals über 10 Millionen Autos innerhalb eines Jahres neu zugelassen werden.

Die Aufsteiger aus den statusbewussten Mittelschichten Chinas – aber auch anderer Staaten in Asien wie Südkorea –

Der Audi A6 made in China.

Endmontage im Audi-Werk in Changchun.

wollen zeigen, dass sie beruflich erfolgreich und zu Wohlstand gelangt sind. Aus historischen Gründen halten sich ihre Sympathien für die regionale Wirtschaftsgroßmacht Japan jedoch meist in übersichtlichen Grenzen – ihren Erfolg durch Kauf einer Honda- oder Lexus-Limousine zur Schau zu stellen, kommt für sie mehrheitlich nicht in Betracht. Und Automobile aus koreanischen oder gar aus chinesischen Werkshallen können weder den Komfort noch das Prestige westlicher Premiumprodukte bieten: Wer es in Peking, Shenzhen oder Seoul zu etwas gebracht hat, ordert einen Audi – am liebsten einen Audi A6, bevorzugt in der bei Chinesen besonders geschätzten Stretchversion A6 L.

Die beharrliche und weit vorausschauende Pionierarbeit der Ingolstädter im Reich der Mitte hat also längst begonnen, sich auszuzahlen. Die Marke Audi gilt unter arrivierten Chinesen als Inbegriff von Technik und Erfolg – Erfolg des deutschen Autoherstellers und, mehr noch, der Besitzer von Premiummodellen mit den vier Ringen auf dem edlen Blech. Im Jahr 2007 hat Audi in China – einschließlich Hongkong – erstmals mehr als 100000 Fahrzeuge ausgeliefert. Zwar buhlen mittlerweile mehr als 80 Marken von 45 Autoherstellern um die Gunst der chinesischen Kunden. Aber mit Audi, VW und neuerdings auch mit Skoda hält der Volkswagen-Konzern in dem asiatischen Riesenreich einen Marktanteil von fast 20 Prozent. Audi allein steht im Premiumsegment sogar noch sehr viel besser da: Mit einem Marktanteil von satten 42 Prozent liegen die Ingolstädter nahezu uneinholbar vor BMW (20 Prozent) und Mercedes (13 Prozent). In absoluten Zahlen hat Audi bereits im Jahr 2007 in China fünf Mal so viele A6-Modelle abgesetzt wie in Deutschland.

»Vorsprung durch Technik«: Mit diesem Slogan warb das Unternehmen schon in den Siebzigerjahren für Automobile der damaligen Audi NSU Auto Union AG. Gleichwohl haftete Audi-Modellen noch in den Achtzigern ein Image provinzieller Betulichkeit an – bis die Ingolstädter die Marke radikal neu positionierten. Heute gilt Audi in aller Welt als Inbegriff innovativer, zukunftsweisend designter Premiumfahrzeuge.

Dieses Image wird immer wieder auch durch Auszeichnungen untermauert, die Audi für seine technologischen Neuerungen erhält. Die Ingolstädter sind beispielsweise Erfinder des Allradantriebs – bereits 1980 brachten sie mit dem Audi quattro die

Fertigung des Audi A6.

ersten Großserienfahrzeuge mit Vierradantrieb auf den Markt. Die neue Technik war der Konkurrenz anfangs so überlegen, dass Audi schließlich untersagt wurde, sein Allradsystem im Rallyesport einzusetzen. 1986 brachten die Ingolstädter die dritte Generation des Audi 80/90 heraus – die erste vollverzinkte Karosserie, die in Großserie produziert wurde. Acht Jahre darauf folgte ein weiterer Coup: der Audi A8 mit »Audi Space Frame«, einer selbsttragenden Aluminiumkarosserie.

Diese Vielfalt technologischer Neuerungen kommt nicht von ungefähr: Audi betreibt das »beste Ideenmanagement in der Automobilindustrie« und wurde dafür im Juli 2007 vom Deutschen Institut für Betriebswirtschaft ausgezeichnet.

Ein aktuelles Beispiel: Das Audi Valvelift System AVS sorgt für eine intelligente Steuerung der Ein- und Auslassventile bei Benzinmotoren. Leistung und Drehmoment steigen – der Kraftstoffverbrauch sinkt. Mit dem neuen Modul an Bord verbraucht der Audi A8 mit V6-Motor, 2,8 Liter Hubraum und 210 PS nur noch 8,3 Liter Kraftstoff pro 100 Kilometer und stößt lediglich 199 Gramm CO_2 pro Kilometer aus – der niedrigste Wert im gesamten Luxussegment. Und der annähernd ebenso PS-starke Audi A4 mit 20-TFSI-Motor verbrennt mit AVS-Technik nur noch 6,6 Liter Benzin auf 100 Kilometer – der niedrigste Verbrauchswert seiner Leistungsklasse.

Anstatt sich in den aussichtslosen Kampf um Marktanteile im asiatischen Niedrigpreissegment zu stürzen, haben sich die Ingolstädter durch Design, Technik und Markenversprechen am oberen Ende der Preis- und Prestigeskala festgesetzt – dem Segment, das doppelt so schnell zulegt wie der ohnehin stürmisch wachsende Kraftfahrzeugmarkt. Von den rund 120000 Fahrzeugen, die Audi 2008 in China verkauft hat, entfallen rund 80 Prozent auf den Audi A6 L – den Premiumwagen schlechthin in den Augen der städtischen Mittelschicht und das erfolgreichste Modell in diesem Segment.

Supplementäre statt kompetitive Produkte: Darin besteht generell die beste Chance für deutsche

Unternehmen in den neuen Boom-Regionen. Anstatt mit den Konkurrenten aus den Niedriglohnländern um Kunden aus dem unteren Preisdrittel zu wetteifern, gilt es, das Premiumsegment zu besetzen, während die Mittelklasse und damit die entsprechende Nachfrage in den jeweiligen Märkten heranwachsen. Mittelschichtsangehörige aus Peking, Bombay oder Seoul, die ein kostspieliges Hightech-Produkt einer westlichen Edelmarke kaufen, erwerben vor allem den immateriellen Wert – den »Beweis«, den gesellschaftlichen Aufstieg geschafft zu haben.

Auch die zweite wichtige Lektion für deutschen Unternehmenserfolg in der multipolaren Welt haben die Ingolstädter gelernt: Die A4- und A6-Modelle wurden eigens für die Bedürfnisse der chinesischen Kunden umkonstruiert. Nicht nur der A6, auch der A4 rollt dort in einer 10 Zentimeter längeren Stretch-Version von den Bändern: Die Chinesen legen Wert auf großzügige Platzverhältnisse im Fond – zumal sich immer mehr wohlhabende Manager von einem Chauffeur durch Pekings Straßen fahren lassen. Die langgestreckte Form des Wagens hat für die Chinesen aber auch symbolische Bedeutung: Eine Grundregel für asiatische Automobilmanager besagt, dass in China ein Automobil aussehen muss »wie ein Drache: Es braucht einen Kopf und einen Schwanz«.

Auch die dritte Lektion, die notwendige – und gleichermaßen sinnvolle wie faire – globale Verteilung der Arbeitsschritte, haben die Ingolstädter elegant gemeistert. Die Produktion teilt sich Audi mit dem lokalen Partner First Automotive Works (FAW) im nordchinesischen Changchun so, dass der von einheimischen Arbeitskräften geleistete Teil der Arbeit die Chinesen zufriedenstellt und zugleich die Produktionskosten zu senken hilft.

Allein von Januar bis Juni 2008 hat Audi mehr als 60000 Autos in China ausgeliefert – ein neuer Absatzrekord der Ingolstädter und das erfolgreichste Halbjahr, seit sie zwei Jahrzehnte vorher ihr Engagement im Reich der Mitte begonnen haben. Vor allem der A6 L ist für die meisten Chinesen heute ein Sinnbild für Erfolg und Fortschritt – und für Audi ein Garant für weiterhin stetiges Wachstum im bald schon größten Kraftfahrzeugmarkt der Welt.

Audi in China.

3 PRODUKT- UND MARKETINGINNOVATIONEN

BIONADE

Wie die »Fanta ohne Chemie« zum Kultgetränk wird

Als Familienvater heranwachsender Söhne hat Braumeister Dieter Leipold nichts übrig für die zuckerreichen, mit künstlichen Stoffen versetzten Limonaden. Trotz – oder gerade wegen – blanker wirtschaftlicher Not, nur von seiner Familie unterstützt, konkretisiert er beharrlich seine revolutionäre und zukunftsweisende Idee, Limonade nach dem Brauprinzip herzustellen: mit Gerste, Wasser, Litschi oder Holunder, doch ohne Alkohol und mit nur wenig Zucker. Heute, nur eine Dekade nach Markteintritt, ist Bionade Kult und Lifestyle-Massengetränk – und macht sich als gar nicht mehr so kleiner David daran, den amerikanischen Heimmarkt des Vertriebspartners und Konkurrenten Coca-Cola zu erobern.

Mitte der Neunzigerjahre steht dem fränkischen Diplom-Braumeister Dieter Leipold das Wasser bis zum Hals: Das mittelständische Familienunternehmen, die Peter-Brauerei mit Sitz in Ostheim/Rhön, macht Jahr für Jahr Verluste. Denn nicht nur trinken die Deutschen immer weniger Bier – auf dem schrumpfenden Markt büßen die kleinen Traditionsbrauereien gegenüber den internationalen Bierkonzernen überdies mehr und mehr an Boden ein.

Schon zehn Jahre vorher scheint für Dieter Leipold Hopfen und Malz verloren. Die Einnahmen reichen nicht mal mehr, um die Werksgebäude halbwegs in Schuss zu halten. Die Fassade bröckelt, in der Leuchtreklame auf dem Firmendach gehen Buchstabe für Buchstabe die Lichter aus. Notgedrungen eröffnet Leipold in einer brachliegenden Halle eine Disko für die Jugend aus der strukturarmen Provinz zwischen Fulda und Schweinfurt. Von neun Uhr abends bis fünf in der Frühe steht der Brauereichef persönlich hinterm Tresen des Nullachtfuffzehn und zapft Peter-Bier, das sich auf anderen Wegen immer schwerer in die Kehlen schwemmen lässt. Doch währenddessen kreisen seine Gedanken schon damals unaufhörlich um eine Idee, die ihn nicht mehr loslassen will: Der gelernte Braumeister träumt davon, Limonaden nach dem Brauprinzip herzustellen – durch Fermentation, doch ohne dass bei der biochemischen Reaktion Alkohol entsteht.

Bionade-Erfinder Dieter Leipold.

INNOVATIONSPROZESS (I): WIE DIE IDEE ENTSTEHT

Als Familienvater heranwachsender Söhne hat Braumeister Dieter Leipold nichts übrig für die zuckerreichen, mit künstlichen Stoffen versetzten Limonaden, die von vielen Kindern konsumiert werden. Trotz – oder gerade wegen – blanker wirtschaftlicher Not, nur von seiner Familie unterstützt, konkretisiert er beharrlich seine revolutionäre und zukunftsweisende Idee, Limonade nach dem Brauprinzip herzustellen: mit Gerste, Wasser, Litschi oder Holunder, doch ohne Alkohol und mit dramatisch reduziertem Zuckergehalt.

Kaum jemand außer ihm selbst und seiner Frau Sigrid glaubt an seinen Traum, als Leipold 1986 mit seinen Experimenten beginnt. Als Labor dienen ihm die heimische Küche und ein kleiner Raum neben dem Schlafzimmer – »sehr zur Freude meiner Frau«, wie er sich später erinnert. Den Vater zweier Stiefsöhne ärgert es seit Langem, dass ausgerechnet für Kinder und Jugendliche keine biologisch wertvollen Getränke angeboten werden: Das Bier muss dem Reinheitsgebot entsprechen, Limonaden wie Fanta aber sind aus Leipolds Sicht die reinsten Chemie- und Zuckerbomben. »Kennzeichnungspflichtige« Zusatzstoffe sind bei Fanta laut Hersteller: der Farbstoff E160a, Antioxidationsmittel E300, Zitronensäure E330 und Stabilisator E410. Der Zuckergehalt wird auf der Internetseite von Coca-Cola für Fanta Orange mit 9,5 Prozent angegeben. *Viele Jahre vor dem Siegeszug von Öko- und Wellness-Lifestyle träumt Dieter Leipold von einem fruchtig-gesunden Bio-Drink für Kids.*

Honigwaben im Bienenstock.

Bei seinen Versuchen nimmt er sich die Bienen zum Vorbild. An der Herstellung von Honig im Bienenstock sind Mikroorganismen und Enzyme beteiligt, die den Blütennektar durch Fermentation in Honig verwandeln – ohne Zusatz von Industriezucker oder gar von chemischen Aroma- und Konservierungsstoffen wie bei der herkömmlichen Limonadenproduktion. Fast zehn Jahre lang tüftelt Dieter Leipold an seiner »Fanta ohne Chemie«. Er experimentiert mit den verschiedensten Pilzen und Mikroorganismen und entscheidet sich schließlich für Bakterien aus dem asiatischen Kombucha-Pilz.

NATÜRLICHE SÜSSE DANK BIENEN-TECHNOLOGIE

Beim herkömmlichen Brauverfahren entsteht durch Gärung der Biermaische Alkohol. Bei der Leipoldschen Fermentation dagegen gewinnt man Gluconsäure, die auch bei der Honigproduktion im Bienenkorb entsteht – ein natürlicher Süßkraftverstärker. Überdies wirkt Gluconsäure konservierend und bindet Mineralstoffe in einer Form, die der Organismus gut aufnehmen kann. Dieter Leipold lässt seine Erfindung durch zwei Patente schützen: Das eine betrifft einen spezifischen Bakterienstamm, den er aus dem Kombucha-Pilz isoliert und von dem er beim Patentamt eine Probe hinterlegt hat; das zweite Patent sichert das Fermentationsverfahren vor Nachahmern. »Den Bakterienstamm haben nur wir«, versichert der Braumeister im Gespräch. »Und auch welche Fermentationsbedingungen die Bakterien brauchen – Temperaturen, pH-Werte, Wachstumsbedingungen –, wissen nur wir.«

Oxidation von Glucose zu Gluconsäure mit Hilfe von Glucoseoxidase

$$\text{Maltose} + H_2O \underset{}{\overset{\alpha\text{-Glucosidase}}{\rightleftharpoons}} 2\ \text{Glucose}$$

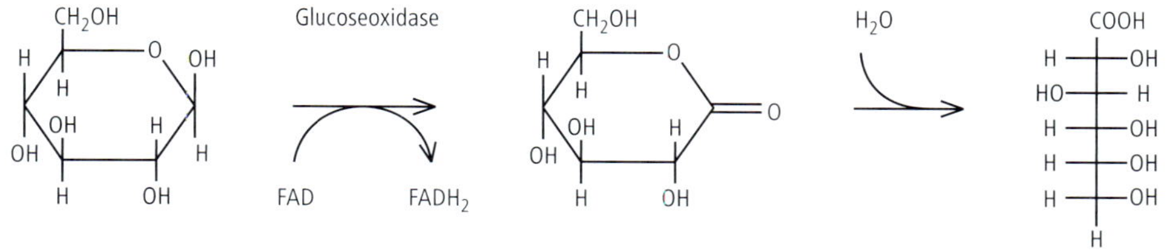

D-Glucose | δ-Gluconolacton | D-Gluconsäure

Da Bionade auf Gluconsäure basiert, enthält sie nur rund halb so viel Zucker (4 bis 5 Prozent) wie herkömmliche Limonaden. Auch auf künstliche Aroma- und chemische Konservierungsstoffe wird bei der Bionade-Produktion verzichtet. Die verwendeten Rohstoffe stammen überwiegend aus kontrolliert biologischem Anbau. Eigentlich verwunderlich, dass die Fachhochschule Weihenstephan, die als das Mekka der Brauer hierzulande gilt, von dieser Revolution im Brautrog weder Kenntnis zu nehmen noch daran interessiert scheint, das neue Verfahren weiterzuentwickeln.

1996 ist Leipolds Limonade patentiert und vermeintlich marktreif – und die Peter-Brauerei nahezu insolvent. Mehr als einmal steht der Gerichtsvollzieher vor der Tür. Durch einen außergerichtlichen Vergleich kann sich die Familie im letzten Augenblick wieder etwas Luft verschaffen. Aber Geld bleibt ein knappes Gut – so knapp, dass die örtliche Bankfiliale auch schon mal die EC-Karten von Leipolds Frau und dem jüngeren Stiefsohn Stephan einzieht. Die Familie hat insgesamt 3 Millionen D-Mark in ihre Idee investiert – doch um ihre Erfindung selbst zu vermarkten, fehlt es ihr an Geld.

Daher bietet Leipold den großen Brauereien an, sein patentiertes Produkt gegen eine Lizenzgebühr zu fermentieren. Doch die lehnen ab: alkoholfreie Bio-Drinks aus dem Brautrog? Dafür sehen die Branchenchampions keinen Markt. Noch gibt es für Ökoprodukte lediglich Nischenmärkte. Für die Fermentation sind zudem teilweise andere Apparate erforderlich als beim herkömmlichen Gärverfahren. Dieses Equipment aber ist damals noch gar nicht verfügbar, es müsste also eigens angefertigt werden – zu viel Aufwand, befinden die Brauereien, für ein vermeintliches Nischenprodukt, das überdies noch nicht marktreif ist. *Wenn eine Erfindung patentiert ist, heißt das noch lange nicht, dass sie auch marktreif ist*. Aber das ist Dieter Leipold und seinen Stiefsöhnen zu diesem Zeitpunkt wohl nicht bewusst.

Das dünkelhafte Desinteresse der Branchenriesen bedeutet für Leipolds Lebenswerk scheinbar das endgültige Aus. Den größten Teil seiner Mitarbeiter musste er ohnehin schon mangels Biernachfrage nach Hause schicken. Jetzt bleibt ihm nur noch die Wahl, auch den Rest seiner Belegschaft zum Stempeln zu verdammen – oder sein Glück vollends in die eigenen Hände zu nehmen. Die krisengestählte Familie hält Kriegsrat und beschließt, alles auf eine Karte zu setzen: Die Peter-Brauerei wird die neuartige Limonade selbst produzieren.

Von Sudkesseln bis zu Abfüllanlagen ist ein großer Teil der erforderlichen Herstellungstechnik vorhanden. Also rüsten Leipold und seine mittlerweile erwachsenen Stiefsöhne die Produktion kurzerhand von Bier auf Bionade um. Für die Fermentation mit Kombucha-Bakterien müssen neue Apparaturen entwickelt werden, was Leipold seine letzten Notgroschen kostet. Wasser und Malz sind auch hier die wichtigsten Grundbestandteile. Statt Hopfen geben sie Holunder, Kräuter oder Fruchtexoten wie Litschi hinzu – ohne jeden Zusatz von Industriezucker oder chemischen Konservierungsstoffen.

Peter Kowalsky, Sohn aus erster Ehe von Sigrid Peter-Leipold, überredet Martin Ritter, einen Ökobauern aus der Nachbarschaft, zum Anbau von Bio-Braugerste. »Viele haben mich belächelt und gewarnt«, sagt Ritter heute. »Die

Öko-Holunderanbau in der Rhön.

»BIONADE«: WARUM AUCH DER MARKENNAME GENIAL IST

Im Gespräch erklärt Dieter Leipold 2008, wie er den Namen Bionade erfunden hat: »Wie von einem Ingenieur nicht anders zu erwarten, habe ich ganz logisch ›biologische Limonade‹ zu ›Bionade‹ fusioniert.« Eine intelligente Wortschöpfung, wie Marketingexperten heute anerkennen, weil diese Marke das Produkt selbst und gleichzeitig eine ganze Produktgruppe benennt – etwa so, wie wenn »Tempo« den Namen »Papiertaschentuch« bekommen hätte. »Die Idee ist ›bio‹, wie biologisch und natürlich«, sekundiert Peter Kowalsky, »aber nicht ›öko‹ – das bedeutet in der Regel teuer. Und deshalb heißt es auch nicht ›Ökonade‹.«

Kowalskys waren doch schon so gut wie pleite. Du kriegst dein Geld nie.« Tatsächlich sieht es zunächst einmal so aus, als sollten die Skeptiker recht behalten.

Jetzt kann Leipold eigentlich nur noch darauf hoffen, dass die Leute von selbst erkennen, wie großartig seine Erfindung ist. Die Marke »Bionade« und das Herstellungsverfahren hat die Familie zwar durch Patente schützen lassen – der Name ist eine Wortschöpfung von Leipold. Doch wie seit jeher füllen die Peter-Mitarbeiter das Gebräu aus den Sudkesseln in handelsüblichen Bierflaschen mit Kronkorken ab. Denn selbst für neu designte Flaschen und Etiketten fehlt es dem Familienbetrieb an Geld. Nur die Aufschrift auf dem Etikett weist den Inhalt als »Biologisches Erfrischungsgetränk« aus. Und selbst das Recht auf diese Bezeichnung muss der Erfinder dem lokalen Landratsamt mit sehr viel Mühe und Geduld abringen.

Als der bürokratische Kleinkrieg nach unglaublichen drei Jahren beendet ist, darf Leipold auf seine Etiketten zwar außerdem »Nach Originalrezept hergestellt durch Fermentation natürlicher Rohstoffe« schreiben. Doch nicht weniger als sieben Mal musste er vorher auf amtliche Anweisung die Beschriftung seiner Flaschen ändern. Schlimmer noch: Das so schwer erkämpfte Kleingedruckte bekommt kaum jemand jenseits von Ostheim zu sehen. Selbst für die bescheidenste Marketingkampagne ist weder Geld noch Know-how vorhanden. Und so droht die Bionade wie so viele prickelnde Erfindungen sang- und klanglos zu versickern. Peter Kowalsky, der heutige Bionade-Chef, und sein Bruder Stephan benötigen mehr als nur ein Quäntchen Glück, damit die Vision ihres eigensinnigen Stiefvaters schließlich doch noch ein Happy End findet – und was für eins.

Bionade-Design von 1998.

Getränkegroßhändler zeigen den Kowalsky-Brüdern die kalte Schulter: Alkoholfreies Holunderbier? Mit so einer Plörre will sich niemand das Lager vollstellen. Also reisen Leipold und Söhne weiter durchs Land, putzen Klinken, preisen ihre Öko-Limo an – und erzielen doch höchstens ein paar Achtungserfolge. Eine Kurklinik hier, eine Handvoll Fitnessstudios dort – nichts, was auch nur von ferne einem Durchbruch ähneln würde.

Bis es den umtriebigen Peter Kowalsky eines Tages hoch in den Norden verschlägt. Man schreibt das Jahr 1997: Die Republik ist ergrünt, die Ökowelle hat den Mainstream erreicht und beginnt Bio-Food in die Supermarktregale zu

Im Hamburger Szenelokal Gloria-Bar begann der Siegeszug der Bionade.

spülen. Kowalsky schenkt den Einkäufern des Hamburger Getränkegroßhändlers Göttsche Litschi-Limo ein. Zum hundertsten Mal singt er das Loblied auf die unvergleichliche Erfindung von Braumeister Dieter Leipold – und kann sein Glück kaum fassen, als man bei Göttsche tatsächlich Feuer fängt. Die Bionade wird in das Sortiment des Großhändlers aufgenommen.

Nun geht es wirklich aufwärts: Göttsche bringt den Bio-Trunk in die Hamburger Szenekneipen. Die hippe Kundschaft begeistert sich gerade für alles, was als »öko« gilt. Im Schanzenviertel kühlen sich die Nachtschwärmer ihre Kehlen mit Bionade. Wenig später entdeckt auch Falco Wambold, Betreiber der angesagten Gloria-Bar am Werderplatz, auf einer Gastronomiemesse die Exoten-Limo. Er setzt den Drink auf seine Karte: Hamburg wird zum Schicksalsort und erfolgreichen Test für die Bionade. Zumal sich in der Hansestadt fast zeitgleich ein weiterer, schier unglaublicher Glücksfall ereignet.

Auf der Suche nach Absatzkanälen haben die unermüdlichen Kowalsky-Brüder inzwischen Kontakte in Osteuropa geknüpft. Einige Paletten Bionade sollen nach Ungarn verfrachtet werden, die Flaschen sind mit Etiketten in ungarischer Sprache bestückt. Doch durch ein Versehen gelangt eine dieser Paletten ausgerechnet nach Hamburg. Auf den Partys der Kreativen und Meinungsmacher sorgt der vermeintliche Magyaren-Drink für Aufsehen. Die Gerüchteküche brodelt: Ein Wundermittel für Schwangere soll der angebliche Puszta-Cocktail sein, ein Energieschub für Sportler sowieso. Die Medien überbieten sich mit Sensationsmeldungen, die Buschtrommeln dröhnen. Spätestens da ist die kritische Masse für den Durchbruch erreicht. Einmal mehr brechen in Hamburg die Deiche. Binnen eines Jahrzehnts wird die gesamte Bundesrepublik mit Bionade geflutet sein.

Ein Triumph für Dieter Leipold, ohne dessen dickschädeliges Genie die Bionade-Erfolgsstory niemals möglich geworden wäre. Ein wirkliches Märchen, das allerdings beinahe kein Happy End gefunden hätte. Denn so sehr der Braumeister bei seiner Erfindung alles richtig gemacht hat – so unbedarft stellen er und seine Stiefsöhne sich anfangs bei der Vermarktung ihrer Erfindung an. Allerdings hätten sie auch mit viel Geld den Erfolg nicht erzwingen können. Solange der Markt nicht reif war für Öko-Lifestyle-Produkte, hätten sie dieses Geld ziemlich sicher nutzlos verbrannt – und ihr Produkt dazu.

Rückblickend sieht Peter Kowalsky die anfängliche finanzielle Misere als Glücksfall für Bionade: »Erst der Verbraucher macht aus einem Produkt eine starke Marke. Es war einfach kein Geld da, um durch Marketing vom Produkt abzulenken.« Ohne die wirtschaftliche Notlage des Familienunternehmens wäre die Innovation weder entwickelt noch am Markt durchgesetzt worden. »Man kann nur 100 Prozent geben«, sagt Bionade-Chef Kowalsky, »wenn man unter Druck steht, sonst ist man einfach zu bequem. Die finanzielle Situation war ein Innovationsmotivator, denn ein Produkt braucht 100 Prozent der Aufmerksamkeit.«

Bionade: Limoflut in Zahlen

Absatzzahlen

Jahr	Flaschen
1997	1.8 Millionen
1998	1,4 Millionen
1999	1,2 Millionen
2000	1,4 Millionen
2001	2,1 Millionen
2002	1,9 Millionen
2003	2,0 Millionen
2005	20,0 Millionen
2007	200,0 Millionen

Mittlerweile exportiert die Bionade GmbH ihren Erfolgstrunk in die gesamte Welt. Seit August 2008 können auch amerikanische Bürger ihren Durst mit Öko-Limo aus der Rhön löschen – ganz nach dem Motto: *Ostheim goes global*. Der Limo-Underdog greift den Giganten Coca-Cola in dessen eigenem Herzland an.

Der globale Siegeszug in Zahlen: Bionade gibt es seit dem Jahr 2006 in Frankreich, den Niederlanden und Österreich, seit 2007 in Australien, Belgien und Luxemburg, Finnland, Irland, Italien, Norwegen, Portugal und der Schweiz sowie seit 2008 in Großbritannien, Japan, Russland, Spanien und den USA. Man darf gespannt sein, welche Länder in den nächsten Jahren noch hinzukommen.

All das ist Leipold und seinen beiden Stiefsöhnen jedoch in den Anfangsjahren noch nicht bewusst. »Die größte Schwierigkeit ist«, so klagt Peter Kowalsky rückblickend, »dass Sie in einer Betriebsgröße sind, wo Sie eigentlich nicht richtig ernst genommen werden.« Als mittelständischer Betrieb ist man »einfach zu klein« und wird von Banken und Politikern im Stich gelassen – auch wenn Leipold bei der Entwicklung seines Herstellungsverfahrens zumindest vom Bundesforschungsministerium unterstützt wurde. *»Wir wussten ja gar nicht, was es heißt, eine internationale Marke zu kreieren. Sie kriegen das Wissen auch gar nicht. Sie können sich die Leute gar nicht leisten, die so etwas wissen. Sie wissen ja gar nicht, dass es Leute gibt, die so etwas wissen.«*

Doch die Kowalsky-Brüder lernen schnell. Das Lamento, das Peter Kowalsky im »Unternehmensfilm« auf der Bionade-Website mit sanftem Lächeln anstimmt, gehört bereits zu der Werbestrategie, mit der Bionade seit der Jahrtausendwende listig vermarktet wird: die kleine, authentische Biobrauerei, die gegen skrupellose Branchenriesen antritt. Denn auch nach den ersten Überraschungserfolgen verfügt das Unternehmen über kein nennenswertes Werbebudget, also muss man versuchen, aus der Not eine Marketingtugend zu machen. David gegen Goliath. Asterix und seine Getreuen gegen das schwarze Brause-Imperium.

1999 holt Kowalsky den erfahrenen Marketingberater Wolfgang Blum nach Ostheim. Um den Hamburger Erfolg der Bionade in ganz Deutschland zu wiederholen, muss die Bionade der angesagte Drink der Sneaker-Träger werden. Also verpasst Blum der Limo aus dem Brautrog einen dezenten Retro-Look und ein neues Image als Wellness-Getränk: umweltfreundlich und gesund, vor allem aber zeitgemäß und cool.

Drei Jahre später stehen die großen Einzelhändler vor Peter Kowalskys Bürotür in Ostheim Schlange. Selbst die angejahrte Schäbigkeit des Firmensitzes trägt mittlerweile zum coolen Underdog-Image der Bionade bei. Die Einkäufer von Branchengrößen wie der Drogeriekette Budnikowsky oder des Metro-Konzerns empfängt der Unternehmenschef in einem fensterlosen Büro im Siebzigerjahre-Look. Noch vor kurzem hätte er die happigen Gebühren nicht

INNOVATIONSPROZESS (II): WIE MIT DER PILOTVERSION DER DURCHBRUCH GELINGT

Bei der Suche nach Vertriebskanälen und -partnern gehen Leipold und Söhne anfangs eher amateurhaft vor. Jedoch kommt ihnen das Glück zu Hilfe, als ihr Produkt eher zufällig auf Hamburger Szenemärkten entdeckt wird. Hamburg wird zum Testmarkt für Bionade. Peter Kowalsky beweist Macherqualitäten, indem er persönlich potenzielle Abnehmer aufsucht und schließlich einen hanseatischen Großhändler von dem Produkt überzeugt. So gelangt Bionade in die Hamburger Kneipenszene. In dieser Testphase lernt der Familienbetrieb relativ schnell, sich nach dem David-kontra-Goliath-Muster über die Medien zu inszenieren.

INNOVATIONSPROZESS (III): WIE DER MARKT EROBERT WIRD

Die Marktdurchdringung gelingt in schnellen Schritten: Nach dem Erfolg in Hamburg (1998) wird Bionade bald schon in ganz Deutschland verkauft. Ab 2003 ist das Produkt bei großen Handelsketten wie Metro, Rewe oder Edeka gelistet, ab 2005 – durch eine Vertriebspartnerschaft mit Coca-Cola – auch in Tankstellen, Bahnhöfen und Flughäfen erhältlich, seit 2007 überdies bei McCafé, seit 2006 auch bei Starbucks. Die Kooperation mit Coca-Cola ist zu diesem Zeitpunkt eine echte Win-win-Partnerschaft: Die Bionade GmbH bringt ein Produkt ein, das Coca-Cola nicht im Sortiment hat – und der Branchenprimus liefert, was der Newcomer am dringendsten braucht: Absatzmarkt und Logistik. So erreicht die Bionade GmbH mehr Umsatz, als sie alleine erzielen könnte, und der Partner lastet seine Logistik besser aus und erhöht den Anteil des Gesamtgeschäfts beim einzelnen Kunden.

aufbringen können, die die Filialisten normalerweise für die Aufnahme in ihr Sortiment verlangen. Jetzt aber verzichten mächtige Handelskonzerne wie Rewe, Edeka oder Ikea auf jegliche Listungsgebühren – wenn sie dafür nur ihre Klientel mit der Zeitgeistlimo bedienen können.

Bereits 2004 unterbreitet Coca-Cola ein Kaufangebot – das Bionade-Geschäftsführer Peter Kowalsky medienwirksam ablehnt. *»Wir verkaufen denen nicht unsere Identität.«* Etwas später, im Jahr 2005, verkündet Bionade eine Vertriebspartnerschaft mit Coca-Cola. Nicht wenige Bio-Dogmatiker aus der Demeter-Ecke reagieren vergrätzt: Wie kann die Öko-Ikone Bionade zum leibhaftigen Gottseibeiuns überlaufen, dem weltgrößten Produzenten von Chemie-Limonaden?

Zutaten für die Bionade-Produktion.

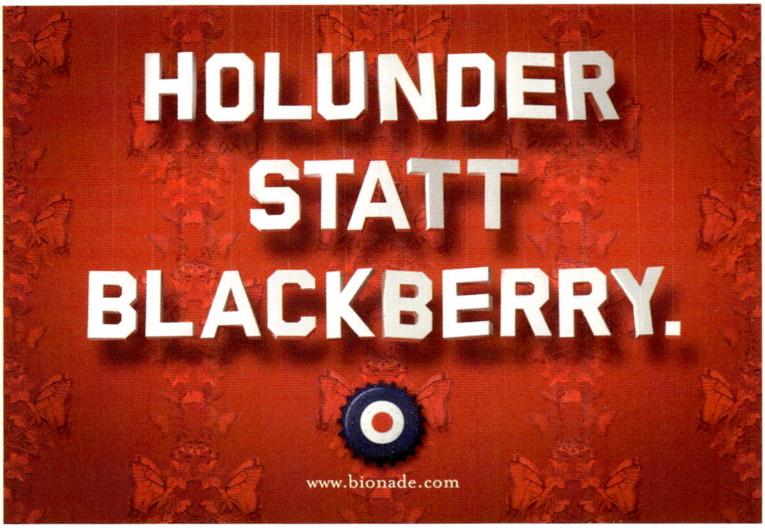

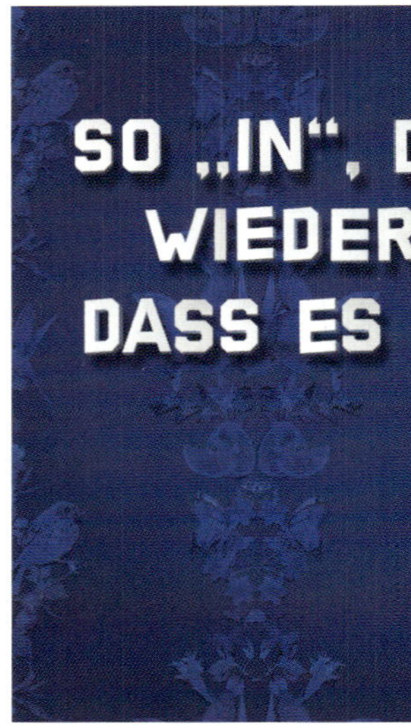

Doch Peter Kowalsky zuckt nur mit den Schultern. »Wir wollen ein Volksgetränk sein, das überall dort ist, wo die Leute Getränke erwarten.« Die Kritiker verstehen offenbar nicht, dass sich die Kooperation mit dem Erzfeind auf die Logistik beschränkt: Mit Coca-Cola als Vertriebspartner gelingt es, Bionade über Kneipen und Supermärkte hinaus auch in Tankstellen, Bahnhöfen und Flughäfen zu etablieren. Durch Direktvertrieb von Ostheim aus hätte der Familienbetrieb eine solche Marktpräsenz niemals stemmen können. Aus dem gleichen Grund geht die Bionade GmbH weitere Vertriebspartnerschaften ein: Seit 2006 kann der Rhöntrunk überdies in den Bordbistros der Deutschen Bahn geordert werden. Selbst auf den Karten des McDonald's-Ablegers McCafé (seit 2007) und der Capuccino-Kette Starbucks (seit 2006) sind heute Bionade-Flaschen zu finden.

Ein unaufhaltsamer Siegeszug? Durch Nachahmerprodukte wie Sinconada (Sinalco), Bios (Nordmann) oder Maltonade (Plus) versuchen mächtige Konkurrenten mittlerweile, am lukrativen Geschäft mit der Brau-Limo teilzuhaben. Peter Kowalsky wehrt sich mit allen Rechtsmitteln gegen vermeintliche oder tatsächliche Plagiate – eine notwendige Strategie, um sich gegen Nachahmer weiterhin durchzusetzen. Dass das Image des sympathischen Newcomers im rauer werdenden Wettbewerb einige Kratzer abbekommen hat, war nicht zu vermeiden.

Wirklich gefährlich werden kann der Bionade aber letztlich wohl nur Coca-Cola mit seiner Neukreation Spirit of Georgia. Die Vertriebspartnerschaft mit Coca-Cola war für beide Seiten eine Win-win-Konstellation, so lange Coca-Cola keinen eigenen Bio-Trunk im Angebot hatte. Doch Spirit of Georgia ist von den Etiketten bis zu den Werbespots als Kampfansage an Bionade aufgemacht.

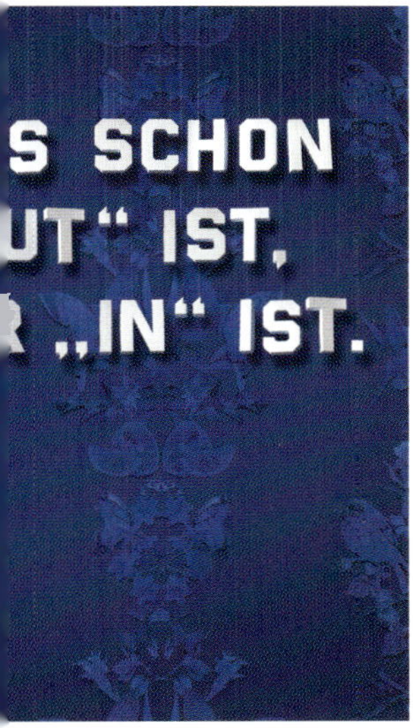

Durch aktive Werbung will Bionade weiter wachsen.

»Georgia wird uns Absatz kosten, schon wegen der unglaublichen Distributionsmacht von Coca-Cola«, erkennt auch Peter Kowalsky. An der Vertriebspartnerschaft mit der Brause-Weltmacht will er gleichwohl festhalten und auf Rechtsmittel gegen Coca-Cola verzichten – zumal Bionade sich nun anschickt, ihrerseits den amerikanischen Markt zu erobern, die angestammte Heimat von Coca-Cola.

Spirit of Georgia zielt zwar mit ähnlichen Attributen auf eine ähnliche Käuferschicht wie Bionade: Das Getränk ist weniger süß als herkömmliche Limonaden, wird in exotisch fruchtigen Geschmacksrichtungen angeboten und sogar wie Bionade in 0,33-Liter-Glasflasche mit Kronkorken abgefüllt. Doch im Gegensatz zu Bionade, die durch Fermentation in einem Schritt hergestellt wird, ist Spirit ein Mischgetränk mit kennzeichnungspflichtigen Zusatzstoffen: unter anderem Farbstoff E140 und, je nach Sorte, Antioxidationsmittel E300, Zitronensäure E330, Säuerungsmittel E331 oder Stabilisator E410. Apfelferment, ein Fermentationsprodukt aus Apfelsaft, wird mit einem Anteil von 2 Prozent lediglich beigemischt.

Doch die Limo-Brauer aus Ostheim brauchen sich vor dem Angriff des Branchenriesen nicht allzu sehr zu fürchten. Die Bionade GmbH gehört mittlerweile selbst zu den Mächtigeren im Getränkemarkt – in Deutschland ohnehin, aber auch darüber hinaus. Bionade ist in 19 Ländern zu haben – darunter in den USA, Japan und Australien. *In Deutschland kennen 75 Prozent der Verbraucher den Markennamen Bionade – gegenüber nur 25 Prozent Anfang 2007.* Doch kennen und mögen heißt nicht automatisch auch kaufen: Nur 10 Prozent der potenziellen Kunden greifen auch tatsächlich zu dem Bio-Drink, der doch nach Peter Kowalskys Vision ein »Volksgetränk« werden soll.

Also müssen und werden sich die Limo-Brauer aus der Rhön noch einiges einfallen lassen, um zügig ihren Marktanteil zu erhöhen – denn die Angriffe der Konkurrenz werden an Stärke und Zahl eher noch zunehmen. Mittlerweile beschäftigt die Bionade GmbH 180 Mitarbeiter – zwei Jahre vorher waren es lediglich 50. Die insgesamt fünf Abfülllinien an den beiden Standorten in Ostheim und Herborn reichen kaum aus, um die Nachfrage zu befriedigen. Doch um mit bisheriger Geschwindigkeit weiter wachsen zu können, muss sich Bionade in naher Zukunft von einem mittelständischen Provinzbetrieb in ein multinationales Unternehmen mit Produktionsstandorten in aller Welt, globaler Vertriebsstruktur und Marketingstrategie wandeln – ohne dabei seine Authentizität zu verlieren und so zu werden wie die Coca-Colas dieser Welt.

Mit Hochdruck betreiben die Kowalsky-Brüder, die gemeinsam die Geschäfte der Bionade GmbH führen, den Bau einer neuen Produktionsanlage in Ostheim. An neuen Produkten wird in Ostheim derzeit nicht gearbeitet. »Eine andere Nutzung der Gluconsäure«, sagt Leipold, »kann aber künftig noch kommen.« Doch vorerst gilt ihr Augenmerk der weiteren Expansion von Bionade. 2016 bereits laufen die beiden Bionade-Patente aus – dann können Nachahmer in aller Welt ungestraft die Fermentation kopieren. »Dann muss die Marke so stark sein«, sagt Peter Kowalsky, »dass sie nicht mehr umfällt, wenn jemand dagegentritt.«

Daher geht Wolfgang Blum nun mit einer Anzeigenkampagne erstmals in die Werbeoffensive – bislang hatte sich der Ruf der Bionade ausschließlich durch Mundpropaganda verbreitet. »Bionade – das offizielle Getränk für eine bessere Welt«, lautet der Slogan, mit dem die Brauer ihre ideologische Herkunft aus der grünen Gutmensch-Nische gleichzeitig beschwören und durch die Limo ziehen. Laut Peter Kowalsky kostet die Kampagne einen einstelligen Millionenbetrag. Nicht zuletzt, um dieses Budget zu stemmen, wurde der Preis für eine Flasche Bionade im Juli 2008 von 59 auf 79 Cent angehoben – eine bei Händlern und Kunden heftig umstrittene Maßnahme, die Selbstbewusstsein verrät, aber auch eine auf Kante genähte Kapitaldecke durchschimmern lässt.

Dieter Leipold hat sich mittlerweile vom Geschäft zurückgezogen. Der späte Ruhm und Reichtum scheint den ingeniösen Braumeister nicht verändert zu haben: Mit seiner Frau Sigrid Peter-Leipold lebt er nach wie vor in der alten Wohnung in Ostheim.

Bionade bringt Geschmack in vielen Sorten.

ERFOLGSGRÜNDE IM ÜBERBLICK: BIONADE

Für den Innovationserfolg sind *Fähigkeiten letztlich wichtiger als Kreativität:* Das zeigt sich auch an der Bionade-Erfolgsstory – denn den Mitbewerbern ist es bislang nicht gelungen, das von Erfinder Leipold entwickelte neue Fermentationsverfahren zu kopieren. Dadurch besitzt die Bionade einen erheblichen Imagevorsprung. Die Nachahmerprodukte kommen bis heute nicht ohne Zusatzstoffe zur Geschmacksverbesserung aus. Sie sind nicht fermentiert, sondern lediglich zusammengemischt.

Für den Markterfolg ebenso entscheidend ist die Kunst der Markenführung, die Marketingexperte Wolfgang Blum beweist: Bionade wurde als ökologischer David gegen den Chemie-Goliath Coca-Cola positioniert – und als ein Original wie Tempo oder Hoover, die von den Nachahmern nur schwerlich eingeholt werden kann.

Über *Ressourcen* – an Zeit, Geld, qualifizierten Mitarbeitern – verfügte Erfinder und Firmenchef Leipold so gut wie nicht. Von der ersten Idee über die Entwicklung des Herstellungsverfahrens bis zum Bau der Fermentationsanlage waren er und seine Familie weitestgehend auf sich allein gestellt. Aber gerade diese Position des isolierten Außenseiters, gepaart mit sturer Beharrlichkeit, erwies sich letztlich als eine entscheidende Stärke: »Dann machen wir es eben selbst«, entschied die Familie, als Produktions- und Lizenzpartner abwinkten. Der Bierbraubetrieb wurde weitgehend eingestellt, fast alle vorhandenen Ressourcen wurden auf die Produktion von Bionade ausgerichtet. Gänzlich aufgegeben hat die Familie das Bierbrauen bis heute nicht. »Die Brauerei ist die Basis unseres Schaffens«, sagt Leipold, »da kommen unsere Fähigkeiten her.«

Ohne die unglaubliche Beharrlichkeit des Erfinders Dieter Leipold wäre die Bionade nie entwickelt worden. Als *Innovator* ist er von Anfang an die treibende Kraft. Aber »zum Erfolg eines Produkts braucht es viele«, wie Leipold im Gespräch erklärt – »Erfinder, Marketer, Brauer und Verkäufer.« In der Vermarktungsphase gibt Leipold die Rolle des Innovators an seine Stiefsöhne und an Marketingchef Wolfgang Blum ab. »Macher« Peter Kowalsky treibt als Geschäftsführer der Bionade GmbH die Vermarktung des Produkts unermüdlich, ideenreich und auf unkonventionellen Wegen voran. Peter Kowalsky sieht Dieter Leipold, sich selbst und Wolfgang Blum zusammen als »Innovatorinstanz«. Diese sei auch weiterhin wichtig, um das Produkt moralisch »sauber« zu halten: »Einer muss dafür sorgen, dass wir nur das tun, was auch mit dem Produkt vereinbar ist.«

Der überwältigende Markterfolg der Bionade wurde nicht zuletzt dadurch möglich, dass das Produkt einen echten *Kundenbedarf* deckt. Vor der Ökowelle gab es diesen Kundenbedarf noch nicht. Erst ab Mitte der Neunziger will der Markt mehr und mehr gesunde, mit natürlichen Bestandteilen hergestellte Getränke ohne Alkohol. Bionade entspricht exakt dem Zeitgeist, der um die Jahrtausendwende Gesundheit, Wellness, bewusste Ernährung entdeckt – als Reaktion auf Lebensmittelskandale von BSE bis Gammelfleisch und die zunehmende Verfettung der Wohlstandsgesellschaft.

Für den Innovationserfolg sind *Netzwerke und Allianzen* oftmals von ausschlaggebender Bedeutung. Vom Bundesforschungsministerium wurde Leipolds Forschungsarbeit finanziell gefördert. Ihren raschen Aufstieg verdankt Bionade aber nicht zuletzt starken Partnern bei Marketing und Vertrieb: Nur durch die Kooperation mit Coca-Cola, McDonald's und Starbucks kann das Unternehmen seinen Absatz steigern und mehr und mehr zum »Volksgetränk« werden.

Bionade-Auslieferung in Ostheim.

RED BULL

Wie Stieren Flügel wachsen

1984 kündigte Dietrich Mateschitz seinen Job als Marketingleiter bei Blendax, um Red Bull zu vermarkten. Heute ist er mehrfacher Euro-Milliardär.

Als Marketingleiter des damals noch eigenständigen Blendax-Konzerns kommt der Österreicher Dietrich Mateschitz Anfang der Achtzigerjahre viel in der Welt herum. In Thailand erfährt er von einem Getränk namens Krating Daeng, das vor allem Lastkraftwagenfahrer als Aufputschmittel während langer Fahrten schätzen. Der sirupsüße Muntermacher ist in Thailand und China ein Verkaufshit, und die Margen sind überdurchschnittlich hoch. Marketingprofi Mateschitz wittert seine Chance – und nimmt unverzüglich Kontakt mit der thailändischen Familie Yoovidhya auf, den Inhabern der internationalen Lizenzrechte, die den Energiedrink über ihre Firma T. C. Pharmaceuticals vertreiben.

»Krating Daeng« heißt auf Deutsch »roter Bulle«. Einige Inhaltsstoffe des asiatischen Energiedrinks sind ungewöhnlich – jedenfalls für den europäischen Getränkemarkt der Achtzigerjahre: Neben Wasser, Zucker und einer moderaten Koffeindosis von 80 Milligramm enthält das Gemisch die Aminosäure Taurin, das Kohlehydrat Glucuronolacton und das Vitamin Inosit. Die Unbedenklichkeit der letzteren Substanzen ist zwar unstrittig, beide sind aber damals in der Bundesrepublik Deutschland als Lebensmittel noch nicht zugelassen. Daraufhin zeigt die deutsche Bürokratie dem Roten Bullen die Rote Karte – und statt hierzulande, wie ursprünglich geplant, gründet Mateschitz nach Kündigung seines Angestelltenverhältnisses die Red Bull GmbH, ein Joint Venture mit der Familie Yoovidhya, 1984 im österreichischen Fuschl am See. In Österreich meldet die Red Bull GmbH auch zwei Patente für ihren Energy-Drink an.

Unter den wertvollsten europäischen Marken nimmt Red Bull heute Platz 12 ein. Markenwert im Jahr 2008: 12 Milliarden Euro. 4600 Mitarbeiter sind allein in Österreich mit Entwicklung, Marketing und Vertrieb von Red-Bull-Produkten beschäftigt. Hinzu kommen die 1300 Mitarbeiter der Firma Rauch, die in Vorarlberg Red Bull in Dosen abfüllen. Der deutsche Amtsschimmel hat sich also einmal mehr selbst übertroffen – und verhindert, dass eine der erfolgreichsten europäischen Unternehmensgründungen der letzten zwei Jahrzehnte dem deutschen Steuersäckel und dem hiesigen Arbeitsmarkt zugute kommt.

Mehr als zwei Jahre lang tüftelt Mateschitz an Konzept, Markendesign und Marketingstrategie für das neue Produkt, das schließlich den Namen »Red

Bull« erhält. Als erfahrenem Vermarktungsexperten ist ihm von Anfang an klar: »Es gibt für Red Bull keinen bestehenden Markt, also werden wir ihn schaffen.« Red Bull ist der erste Energiedrink, der in Europa angeboten wird – doch der Schlüssel zum Erfolg liegt sehr viel weniger in der Rezeptur des Muntermachers als in dem, was die Marke verspricht: erhöhte körperliche und geistige Leistungsfähigkeit. Die Nachfrage nach Leistungsfähigkeit wächst in der heutigen Hochleistungswelt rasant – ob man nun eine lange Autofahrt hinter sich bringen oder in einer Marathonverhandlung den Überblick bewahren muss. Wer Red Bull kauft, erwirbt physisch die relativ simple Lösung von Koffein, Zucker und Taurin in Wasser – alles Substanzen, deren Einkaufkosten bekannt und durchaus niedrig sind. Die für Innovationen essenzielle Frage nach dem betriebswirtschaftlichen Gewinnpotenzial ist damit bei Red Bull bereits klar beantwortet: Es ist immens.

Die angeblich so extrem aufputschende Wirkung von Red Bull beruht weitgehend auf einem Placebo-Effekt – beflügelnd wirkt allenfalls der Koffeingehalt, der etwa dem einer Tasse Filterkaffee entspricht. Aber wie jeder Arzt weiß, können Placebo-Medikamente hochwirksam sein – wenn der Patient tatsächlich daran glaubt. Die Internetseite des Unternehmens rät folgerichtig im Stil von Arzneibeipackzetteln zur Einnahme des Stier-Drinks: »Es wird empfohlen, eine Dose des Red Bull Energy-Drinks ungefähr 30 Minuten vor Beginn einer Konzentrationsaufgabe oder einer Sportveranstaltung zu trinken. Diese Zeit benötigen die Wirkstoffe im Red Bull Energy-Drink, um im Körper zu wirken.« Abgerundet wird die Markenpositionierung durch ein nie öffentlich bestätigtes Marketingkonzept, das Red Bull mit der Aura einer »legalen Droge« umgibt.

Als Red Bull 1987 in Österreich auf den Markt kommt, zeigen sich Medien und Konsumenten zunächst verblüfft. Der Energiedrink sieht aus wie zähflüssige Apfelschorle und schmeckt nach einer Mischung aus Gummibärchen und Hustensaft. Von der thailändischen Originalversion unterscheidet er sich nur durch den Zusatz von Kohlensäure. Das eigenartige Getränk ist erheblich teurer als andere Softdrinks: Umgerechnet 2 Euro kostet die Dose in Tankstellen, stolze 6 Euro in Bars.

Red Bull unterwegs.

Der Klassiker.

Sofort flammt eine öffentliche Diskussion um angebliche Gesundheitsrisiken durch das fremdartige Gebräu auf. Für Gerüchte sorgt vor allem der Inhaltsstoff Taurin, dem Red Bull seinen Namen verdankt: Taurin ist eine Aminosäure, die ursprünglich aus der Galle kastrierter Stiere (lateinisch »taurus«) gewonnen wurde, heute allerdings synthetisch hergestellt wird. Als Neurotransmitter spielt der Stoff wahrscheinlich bei der Übertragung von Impulsen an die Nervenenden eine Rolle. In etlichen Ländern ist Taurin als Zusatz in Lebensmitteln verboten. In Frankreich etwa durfte Red Bull deshalb lange Zeit nur in einer »entschärften« Version verkauft werden, die kein Taurin enthält.

Die Versuche verschiedener Regierungen, die Zulassung von Red Bull zu verhindern, machen Mateschitz anfangs schwer zu schaffen – und helfen zugleich, den Mythos der Marke zu begründen. Denn wie jeder weiß, ist überdurchschnittliche körperliche ebenso wie geistige Leistungssteigerung nicht ganz ohne Risiko zu haben.

Viele Bars und Diskotheken sträuben sich, den umstrittenen Drink auf ihre Karten zu setzen. Drei lange Jahre vergehen, dann entdecken österreichische Clubber und Snowboarder das Getränk. In Ski-Resorts wird Red Bull, gemixt mit Wodka, daraufhin schnell zum Modedrink. Per Mundpropaganda wird es als »flüssiges Koks« oder »Speed in der Dose« gerühmt. Gerüchte über eine angeblich potenzsteigernde Wirkung des Stier-Drinks tragen nicht unerheblich zum Erfolg bei: Etliche solcher Ondits werden von Fuschl am See aus in Umlauf gebracht. Obwohl sich das Unternehmen hütet, Red Bull als Aufputschmittel anzupreisen, nutzt Mateschitz konsequent jede Möglichkeit, das Image seines Produkts zu schärfen. »Red Bull verleiht Flügel«, verheißt einer der bekanntesten Marken-Slogans. Auch das Produkt-Logo mit den zwei Stieren signalisiert Aggressivität und massive Potenz.

Auf herkömmliche Produktwerbung in Fernsehen, Radio oder Printmedien verzichtet Mateschitz bewusst: Red Bull soll nicht im Mainstream untergehen, sondern wagemutige Individualisten ansprechen, die das Besondere und Extreme lieben. Red Bull tritt folgerichtig als Sponsor von Extremsport-Events auf – von den »Red Bull Flugtagen« bis zum »Big

DER BULLENFLUG IN ZAHLEN

1987: Markteinführung in Österreich.
1992: Vertrieb startet in Ungarn und Slowenien.
1994: Red Bull erstmals in Deutschland und der Schweiz erhältlich.
1997: Markteinführung in Südamerika, Australien, Neuseeland, Südostasien und im US-Testmarkt Kalifornien.
2002: Vertrieb in den ganzen USA, wo Red Bull heute 40 Prozent seines Umsatzes erzielt.
2003: Allianz mit Cadbury Schweppes für den australischen Markt.
2004: Markteinführung in Indien.
2006: Red Bull erstmals auch in Japan erhältlich.
2008: Auch in Frankreich darf Red Bull endlich in der taurinhaltigen Originalversion vertrieben werden.

Nettoumsatz-Sprünge:

2002: 626 Millionen Euro (Gewinn nach Steuern: 87 Millionen Euro).
2004: 1,7 Milliarden Euro.
2006: 2,6 Milliarden Euro.
2007: 3,1 Milliarden Euro – gegenüber dem Vorjahr eine Steigerung um 16,6 Prozent!

Wave Africa Surf«-Wettbewerb. Bei einigen Sportarten schickt das Unternehmen eigene Teams ins Rennen – etwa die Flying Bulls beim Kunstflug. Überdies unterstützt Mateschitz einzelne Extremsportler in Disziplinen wie Snowboarden oder Mountainbiking.

Die belebende Wirkung von Red Bull lässt sich mittlerweile rund um den Globus erproben und bestaunen: Der Energiedrink ist heute in 146 Ländern erhältlich. 3,5 Milliarden Dosen wurden 2007 weltweit verkauft.

Neben dem Ur-Drink sind seit 2003 auch die Light-Variante Red Bull Sugarfree und seit 2008 die Red Bull Cola – »Simply Cola« – auf dem Markt. Mit dieser neuesten Kreation reagiert Red Bull auf den Bio-Trend, der mittlerweile auch den Lifestyle der Jugendszenen erreicht hat. Red Bull Cola besteht aus natürlichen Pflanzenaromen und natürlichem Koffein aus Kaffeebohnen. Ebenso wie der ursprüngliche Red Bull Energy-Drink wird auch die Red Bull Cola zu einem Premiumpreis angeboten: Stolze 1,90 Euro kostet eine 0,355-Liter-Dose an Tankstellen in Österreich – gegenüber nur 85 Cent für eine Dose Coke. Gleichwohl hat Red Bull Cola im westlichen Stammland des Stier-Drinks aus dem Stand einen Marktanteil von 8 Prozent erreicht. Der Unternehmensgründer ist sich seiner Sache sicher: Im ersten Jahr will er weltweit 400 Millionen Dosen von der schwarzen Bullen-Brause absetzen, 2013 bereits 1 Milliarde Dosen. Dabei hat das Unternehmen darauf verzichtet, die Konsumenten durch eine Einführungskampagne auf das neue Produkt hinzuweisen. »Dass es ›Simply Cola‹ gibt, verbreitet sich in Windeseile«, erklärt Mateschitz, »die Differenzierung steht auf der Dose, alles andere ist gelernt.«

Das Marketingbudget von Red Bull betrug 2005 starke 900 Millionen Euro. Und für 2008 hat Mateschitz sogar nicht weniger als 1,5 Milliarden Euro an Marketingausgaben vorgesehen – eine beeindruckende Stampede, die selbst hochkarätigen Nachahmern wie Coca-Cola (»Burn«) oder Carlsberg (»Battery«) bis heute keine Chance lässt. Der weltweite Marktanteil von Red Bull bei Energy-Drinks beträgt rekordverdächtige 80 Prozent.

Denn Red Bull ist das Original. Und »die Konsumenten wollen das Original«, wie Innovator Mateschitz weiß: »Die Nachahmer haben alle nur den expansiven Markt gesehen. Man kann aber nichts verdienen, wenn man nicht wie wir zuerst seine Hausaufgaben macht und investiert. Es heißt nicht umsonst ›Return on Investment‹ und nicht ›Opportunity-Hunting‹.« Das Getränk selbst können die Nachahmer dutzendfach kopieren, doch Red Bull ist weit mehr als ein neuartiger Drink: ein flüssiges Versprechen für alle, die ein Leben auf der Überholspur führen – riskant, aber erfolgreich.

Eiskalte Erfrischung.

4 PROZESS- UND SERVICEINNOVATIONEN

KARSTADTQUELLE VERSICHERUNGEN

Wie ein Newcomer den Markt für Zahn-Zusatzversicherungen aufmischt

Kann man in einem so schwierigen Umfeld, wie es die gesetzliche Krankenversicherung hierzulande bietet, als Unternehmen noch Geld verdienen? Man kann, wie die KarstadtQuelle Versicherungen bei den Zahn-Zusatzversicherungen zeigen: mit der Innovator-Persönlichkeit Peter M. Endres, klugen Ideen zur Lösung eines echten Kundenbedürfnisses und entschlossen vorangetriebener Marktdurchdringung.

Anfang 2005 treten in Deutschland neue Regeln für den Zahnersatz in der gesetzlichen Krankenversicherung in Kraft: Die Kassen übernehmen fortan nur noch 50 bis 65 Prozent der Kosten für die jeweilige »Regelversorgung«. Wer sich beispielsweise einen Zahn ziehen und durch eine Brücke ersetzen lassen muss, bekommt im Normalfall nur noch die Hälfte der Kosten erstattet, die der Zahnarzt für eine unverblendete Brücke berechnet. Eine drastische Verschlechterung, die Millionen gesetzlich Versicherte mit den Zähnen knirschen lässt.

Die neue Regelung trifft vor allem Menschen in der zweiten Lebenshälfte, denn jenseits der Fünfzig steigt der Bedarf an Zahnersatz naturgemäß deutlich an. Doch die sicherheits- und serviceorientierten »Best Ager« und »Silver Ager« reagieren auch deshalb besonders frustriert, weil sich die neuen Bestimmungen in der Praxis als höchst undurchsichtig erweisen: Welche Leistungen herkömmliche Zusatzversicherungen in welcher Höhe bezuschussen müssen, können anscheinend nur noch Juristen und Versicherungsmathematiker durchschauen. Nicht selten befindet die Kasse nach langwieriger Prüfung, dass kostspielige neue Kronen oder Inlays nicht erstattungsfähig sind – wodurch viele Patienten auf vier- oder gar fünfstelligen Zahnarztrechnungen sitzen bleiben.

Als die noch jungen KarstadtQuelle Versicherungen (KQV) im Juni 2005 ein neues Produkt auf

Innovatives Produkt: Zahn-Zusatzversicherung der KQV.

Gestaffelt in vier Altersklassen gibt es für jeden das richtige Angebot.

den Markt bringen, sind vor allem reformgeplagte Kassenpatienten jenseits der Lebensmitte begeistert: Die Zahn-Zusatzversicherung »Dental-Vorsorge +100« ist exakt auf ihre Bedürfnisse zugeschnitten. Das Angebot ist transparent und erstaunlich kostengünstig: Gestaffelt in vier Altersklassen, kostet die Police zwischen 2,90 und maximal 12,90 Euro pro Monat. Was die Versicherten hierfür erhalten, können auch Laien mühelos verstehen: Wie hoch auch immer der Festzuschuss sein mag, den ihre gesetzliche Kasse erstattet, der im fränkischen Fürth ansässige Direktversicherer legt den gleichen Betrag noch einmal drauf – bis zu einer Erstattung von 100 Prozent der tatsächlich anfallenden Kosten. Patienten, die sich mit der »Regelversorgung« begnügen, müssen also dank »Dental-Vorsorge +100« keine bösen Überraschungen mehr fürchten: Die gesetzliche Kasse trägt die eine, die Zusatzversicherung die andere Hälfte der Zahnersatzkosten. Und wer sein Gebiss mit luxuriöseren Lösungen aufpolieren will, braucht nur noch den Differenzbetrag aus eigener Tasche zu berappen.

BEISPIELRECHNUNG: BRÜCKE UNVERBLENDET ODER WEISS

Kassenpatienten, die sich etwa einen Zahn ziehen und durch eine Brücke ersetzen lassen müssen, bekommen seit 2005 im Normalfall nur noch die Hälfte der Kosten erstattet, die der Zahnarzt für eine unverblendete Brücke berechnet. Die zweite Hälfte – immerhin zirka 350 Euro – muss der gesetzlich versicherte Patient ohnehin aus eigener Tasche aufbringen. Leistet er sich gar die optisch ansprechendere Lösung, eine weiß vollverblendete Brücke, so stellt ihm der Dentist nochmals mindestens 300 Euro in Rechnung – von denen seine Ersatzkasse keinen einzigen Cent übernimmt.

Bei Patienten mit der KQV-Zusatzversicherung »Dental-Vorsorge +100« dagegen sinkt die Eigenleistung für eine weiß vollverblendete Brücke von 350 + 300 = 650 Euro auf nur noch 300 Euro beziehungsweise von 65 auf 30 Prozent der Gesamtkosten.

SILVER AGER: SELBSTBEWUSSTE SENIOREN

Laut Statistischem Bundesamt sind bereits heute 30 Millionen Deutsche jenseits der Fünfzig. Im Jahr 2050 wird es hierzulande doppelt so viele Menschen über 65 Jahre wie Kinder und Jugendliche geben: Die Deutschen werden immer älter und immer weniger. Die einzige Gruppe, die weiterhin stark wächst, sind die Silver Agers (60 plus) – die vitalen, kaufkräftigen und konsumfreudigen Alten von heute und morgen.

Altersgruppen - Prognose: deutsche Lebensbäume heute und morgen

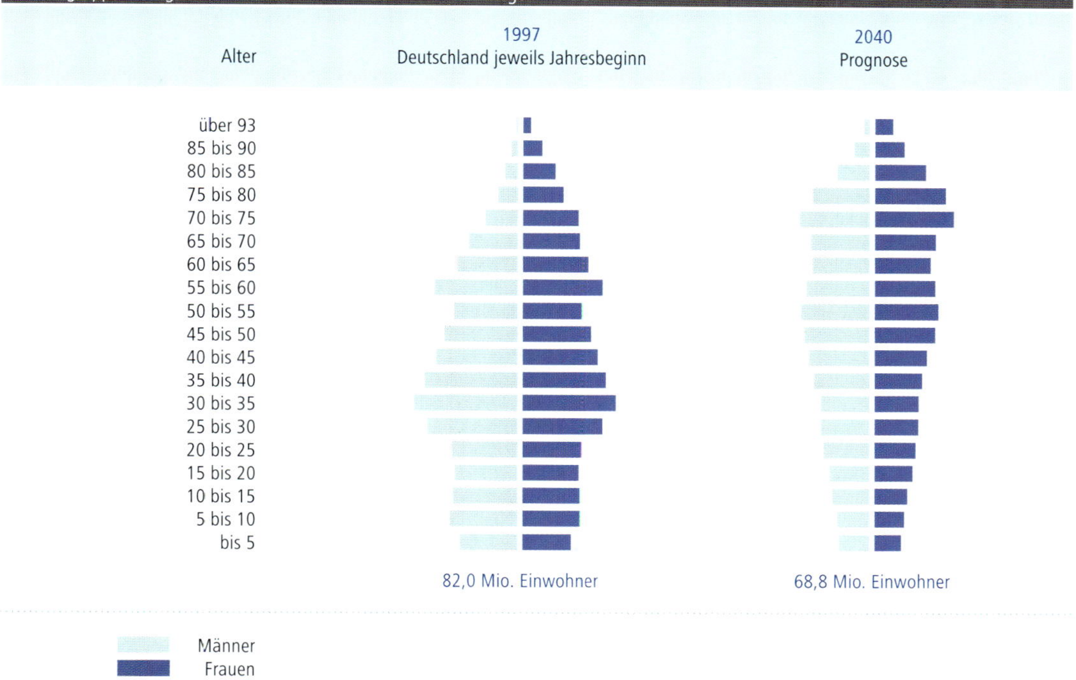

Derzeit bereits verfügen die »Best Ager« – Menschen in den Fünfzigern – über 300 bis 400 Milliarden Euro an Kaufkraft. Die Nürnberger Gesellschaft für Konsumforschung hat errechnet, dass allein die Senioren (65 plus) in Deutschland eine Kaufkraft von 339 Millionen Euro besitzen. Ihre finanzielle Situation erlaubt ihnen, einen nicht unerheblichen Teil ihres Einkommens in Gesundheit und Vorsorge zu investieren, um so lange wie möglich selbstständig und aktiv zu bleiben – nicht zuletzt in private Zusatzversicherungen, da die gesetzlichen Versicherungssysteme allein die Millionenschar der vitalen Senioren nicht mehr angemessen abzusichern vermögen.

Wer bei den KQV eine solche Police abschließt, hat unverzüglich Anspruch auf die versicherten Leistungen – ohne Wartezeit und ohne Altersbegrenzung. Anträge werden überdies zügig bearbeitet, bewilligte Zuschüsse in kürzester Zeit überwiesen – ein Service, den die Versicherten umso mehr zu schätzen wissen, als sich Bearbeitung und Erstattung bei herkömmlichen Zusatzversicherungen oftmals über Monate hinziehen.

Peter M. Endres ist gelernter Fotograf und Ingenieur und – mit kurzer Unterbrechung – seit der Aufbauphase des Direktversicherers dabei. Als Marketingspezialist in der Fototechnikbranche und Abteilungsleiter Direktmarketing bei einem Finanzdienstleister sammelte er erste berufliche Erfahrungen, ehe er 1990 zu den Quelle Versicherungen wechselte. Fünf Jahre darauf wurde er in den Vorstand der DBV Winterthur berufen, kehrte jedoch 1998 als Vertriebsvorstand nach Fürth zurück. Daneben verantwortet er auch die Ressorts Marketing und Unternehmenskommunikation.

So kundenfreundlich kurzen Prozess können die KQV aus zwei Gründen machen: Weil ihr neues Produkt versicherungsmathematisch zwar komplex, auf der »Benutzeroberfläche« aber so simpel konstruiert ist, dass Mitarbeiter ohne aufwändige Ausbildung die Erstattungsbeträge rasch errechnen können. Und weil die KQV über einen aufwändigen und seit vielen Jahren eingespielten Kundenservice speziell für die Bevölkerungsgruppen über 45 verfügen. Nicht umsonst sind die KarstadtQuelle Versicherungen hierzulande bei den Lebensversicherungen ohne Gesundheitsfragen Marktführer – vor Branchengrößen wie HUK Coburg und vor etablierten Direktversicherern wie CosmosDirect und Hannoversche Leben.

Sowohl die innovativen Produkte der KarstadtQuelle Versicherungen als auch das für die Branche ungewöhnliche Servicekonzept tragen die Handschrift von Peter M. Endres, seit 2003 Vorstandsvorsitzender des Unternehmens. Nach eigener Einschätzung hat sich Endres von seinen beruflichen Anfängen einen »fotografischen« Blick bewahrt: Er versucht jedes neu zu entwickelnde Produkt zuerst und zuletzt mit den Augen des Kunden zu sehen.

Was erwarten Menschen jenseits der Fünfzig, die eine Lebensversicherung abschließen wollen? Zum Beispiel, dass man ihnen nicht allzu sehr auf den Zahn fühlt – das heikle Thema Gesundheitsfragen also ausgeklammert bleibt. Was erwarten Senioren, die im vorgerückten Alter noch eine private Pflegeversicherung abschließen möchten? Nicht zuletzt, dass die Beiträge erschwinglich bleiben; hierfür nehmen sie auch eine Beschränkung der Leistungen auf Pflegestufe III in Kauf. Und bei jedem einzelnen Produkt erwarten sie eine leicht verständliche Beschreibung der Versicherungsleistungen – ohne undurchsichtige Klauseln und schwer miteinander vergleichbare Tarife, für die die Branche berüchtigt ist. *»Sie müssen immer vom Kunden her denken«, lautet eine der so simplen wie umwälzenden Grundregeln, mit denen »Kunden-Fotograf« Endres die Konkurrenz das Fürchten gelehrt hat.*

INNOVATIONSPROZESS (I): WIE ES ZUR IDEE KOMMT

Am Anfang steht kein aufwändiger institutionalisierter Ideenfindungsprozess. Der Einfall einer Zahn-Zusatzversicherung durch Verdopplung der Festzuschüsse kommt Peter M. Endres vielmehr beim Gespräch mit einem Vertreter einer gesetzlichen Krankenversicherung: Was die Kunden jetzt brauchen, versteht Endres, ist eine Police, die schnell, transparent und fair die entstandene Finanzierungslücke zu stopfen hilft. Endres beauftragt ein Team, ausgehend von seinem Einfall, das Produkt einer Zahn-Zusatzversicherung zu entwickeln. Dem Team gehören Repräsentanten aus Marktkommunikation, Vertrieb, internen Prozessen und Versicherungstechnik an. In dieser Phase tritt Endres bewusst als Provokateur auf, der die Teammitglieder absichtlich irritiert, um sie zu möglichst einfachen, kundennahen Lösungen zu bringen. Dazu gehört auch die branchenunübliche Preisbildung: Preise von 9,90 oder 12,90 Euro erinnern eher an das Karstadt-Sortiment oder den Quelle-Katalog – und diese Assoziation von »günstig und solide« ist natürlich beabsichtigt.

INNOVATIONSPROZESS (II): WIE DER MARKT ENTSCHLOSSEN DURCHDRUNGEN WIRD

Die Marktdurchdringung gelingt in schnellen Schritten. Im Startjahr 2005 werden 125000 Policen verkauft, zwei Jahre später bereits 320000 Neuverträge abgeschlossen. Die KarstadtQuelle Versicherungen erringen die Marktführerschaft bei den Zahn-Zusatzversicherungen – und verteidigen sie bis heute, obwohl mächtige Konkurrenten wie die Allianz mit Nachahmerprodukten kontern. Voraussetzung hierfür sind – außer dem knallhart kalkulierten Preis – die besonderen Stärken des Unternehmens: schneller Service, hohe Verarbeitungskapazität bei geringen Stückkosten, basierend auf bestens geschultem Personal, hohem Automatisierungsgrad und spartenübergreifenden Servicestrukturen.

Anzahl der Verträge der Zahn-Zusatzversicherung »Dental-Vorsorge +100«

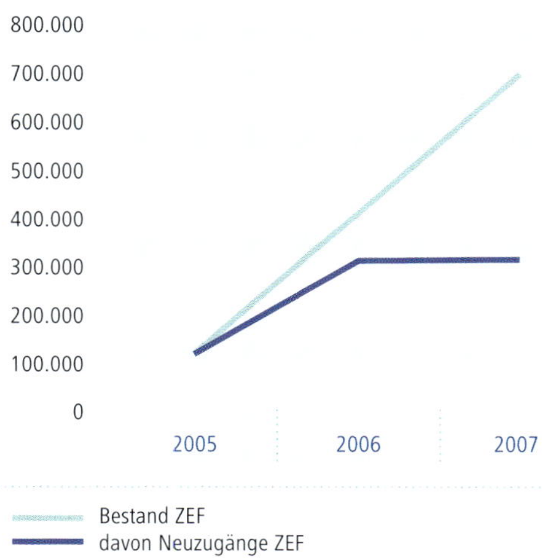

Zwei Jahre nach Einführung der Zahn-Zusatzversicherung »Dental-Vorsorge +100« flacht die Kurve der Neuverträge zwar langsam ab. Aber die Kündigungsrate ist nahe 0. Daher steigt der Bestand an Verträgen kontinuierlich an: von knapp 125 000 im Startjahr 2005 über zirka 420 000 in 2006 auf fast 670 000 Verträge im Jahr darauf – davon gut 320 000 Neuverträge allein im Jahr 2007.

Auch seine Idee der Zahn-Zusatzversicherung durch Zuschussverdopplung entspringt dieser Fähigkeit, die Kundenperspektive einzunehmen und den Entwicklungsprozess vom Endprodukt her zu betrachten. Als Endres mit Managern einer Betriebskrankenkasse darüber spricht, wie sich die neuen Erstattungsregeln auf gesetzlich Versicherte auswirken, wird ihm schlagartig klar, was gerade Silver Ager jetzt von ihm erwarten: eine Police, die schnell, transparent und fair die entstandene Finanzierungslücke zu stopfen hilft.

Die Konstruktion selbst ist scheinbar trivial. Aber gerade darauf kommt es Endres an – die Versicherung »so verständlich wie möglich zu konstruieren«. So kann die Konkurrenz das Produkt zwar recht einfach nachahmen, aber als *Marketing- und Verkaufsfachmann ist Endres überzeugt: »Können ist wichtiger als Wissen.«*

Denn Wissen lässt sich generell mehr oder weniger einfach kopieren, das Können aber schon sehr viel schwerer – etwa, Versicherungen über Mailings und Call-Center zu verkaufen, auch bei starker Nachfrage hohe Servicequalität beizubehalten, Kunden langfristig zu binden und per Cross-Selling auch mit weiteren maßgeschneiderten Angeboten aus dem Unternehmensportfolio anzusprechen. Wie wenig es da genügt, einfach ähnliche Produkte im Sortiment zu haben, bekommt selbst ein Branchenprimus wie etwa die HUK immer wieder zu spüren: Deren Direkttochter HUK24 liegt weit hinter den KarstadtQuelle Versicherungen zurück.

Von der innovativen Zahn-Zusatzversicherung werden die Wettbewerber kalt erwischt: Die KQV sind der erste Versicherer, der eine Verdopplung des gesetzlichen Festzuschusses anbietet. Der Erfolg des neuen Produkts übertrifft selbst die kühnsten Erwartungen in der Fürther Firmenzentrale: Statt 4 Prozent wie kalkuliert trägt die Zahn-Zusatzversicherung »Dental-Vorsorge +100« bereits im Einführungsjahr sensationelle 45 Prozent zum Neugeschäft des Direktversicherers bei. Als Branchenchampion Allianz drei Monate später mit einem ähnlichen Angebot kontert, verteidigen die KQV gleichwohl die Pole-Position im lukrativen Markt der Zahn-Zusatzversicherungen. *»Wir waren ein Niemand«, fasst CEO Peter M. Endres den Sensationserfolg zusammen. »Jetzt sind wir im Neugeschäft Marktführer.«*

So viel Kundenvertrauen hat eine Vorgeschichte: Ursprünglich als Quelle & Partner Versicherungen gegründet, ist das Unternehmen bereits seit 1984 am Markt. Die Anfänge sind bescheiden: In einem Büroraum des Fürther Versandhauses Quelle bauen drei Mitarbeiter den Direktvertrieb von Lebensversicherungen auf. Sie sollen speziell Verbraucher über 45 Jahren ansprechen, die seit jeher zu den wichtigsten Kunden des Katalogversenders zählen. 1985 kommen Sachversicherungen dazu, sechs Jahre darauf überdies Krankenversicherungen. Jedes einzelne Produkt wird konsequent auf die Bedürfnisse von Menschen in der zweiten Lebenshälfte zugeschnitten – von Lebensversicherungen ohne Gesundheitsfragen bis zur Seniorenunfallversicherung, die noch jenseits der Achtzig abgeschlossen werden kann.

Kundenansprache mit personalisierten Mailings.

Den Sonderboom durch die deutsche Wiedervereinigung kann der Branchenneuling für ein rasantes Wachstum nutzen: Von 1990 bis 1994 steigert der Direktversicherer seine Beitragseinnahmen um nahezu 500 Prozent. Die Zahl der Mitarbeiter steigt ebenso eindrucksvoll: 2001 zählt das Unternehmen bereits knapp 1000 Beschäftigte; heute sind es fast 1900 Mitarbeiter, davon über 1600 in der Fürther Firmenzentrale.

Als das Mutterunternehmen Quelle im September 2002 mit der Kaufhauskette Karstadt fusioniert, wird auch die Tochter umgetauft und später weiterverkauft. Doch obwohl die KQV heute zu 100 Prozent zur ERGO Versicherungsgruppe AG gehören, hält man in Fürth wohlweislich an dem klangvollen »KarstadtQuelle« im Namen fest. Denn gerade für die Kundengruppe der

Silver Agers sind die Marken Quelle und Karstadt gleichbedeutend mit gutem Service und verlässlicher Qualität zu fairen Preisen. Und Quelle-Kunden sind überdies an Direktvertrieb per Katalog und Kommunikation via Post und Telefon gewöhnt.

Herkömmliche Versicherungsunternehmen wie Allianz oder HUK Coburg arbeiten mit einem Netz von Vertretern und Vertriebsbüros. Dagegen sind Direktversicherer für ihre Kunden nur per Internet und Telefon, E-Mail oder Briefpost erreichbar. Umso entscheidender ist es, dass die Kommunikation auf diesen Kanälen so reibungslos funktioniert, wie das gerade die anspruchsvolle Klientel der Silver Ager erwartet. Hier haben die KQV einen entscheidenden Wettbewerbsvorteil.

Nicht nur mit innovativen Versicherungsprodukten, sondern ebenso mit ihrem hocheffizienten Marketing-, Vertriebs- und Service-System setzen die KQV Maßstäbe weit über Branchenniveau: Die Kunden werden mit personalisierten Mailings angesprochen, die auf ihre individuellen Bedürfnisse zugeschnitten und seniorenfreundlich aufbereitet sind – etwa mit leicht nachvollziehbaren Beispielrechnungen und Schlüsselaussagen, die auffällig markiert werden. Sieben Millionen Mailings werden pro Monat aus Fürth verschickt; dazu kommen Fernsehspots, Anzeigen und Beilagen in den Printmedien sowie interaktive Plattformen im Internet: Im virtuellen »Zahnportal« bieten die KQV Informationen rund um die Zahnpflege – und zu den unternehmenseigenen Versicherungsprodukten. Im hauseigenen Vertriebs- und Servicecenter arbeiten rund 600 Mitarbeiter, weitere knapp 400 Beschäftigte im Kundenservice be-

Interaktive Plattformen im Internet für die Silver Ager.

DIREKTVERSICHERER AUF DEM VORMARSCH

Herkömmliche Versicherungsunternehmen wie Allianz oder HUK Coburg verfügen über bundesweite Netze von Vertretern und Vertriebsagenturen. Dagegen verkaufen Direktversicherer ihre Produkte per Telefon, Post oder Internet. Noch liegt ihr Anteil an Neuverträgen lediglich bei 5 Prozent, doch sie wachsen weit stärker als der Gesamtmarkt: Im Jahr 2007 nahmen sie um 4,5 Prozent zu – gegenüber nur 0,8 Prozent aller Versicherer zusammen genommen.

Von den zirka zwanzig reinen Direktversicherern hierzulande machen drei das Geschäft nahezu unter sich aus. Gemessen an den Bruttoeinnahmen ist CosmosDirekt (1,3 Milliarden Euro im Jahr 2007) der größte deutsche Direktversicherer, gefolgt von den KQV (1 Milliarde Euro) und Hannoversche Leben (798,5 Milliarden Euro). Bei den Risikolebensversicherungen ist CosmosDirekt seit 1994 Marktführer, doch kein anderes Versicherungsunternehmen wächst so schnell wie KarstadtQuelle Versicherungen: Gegenüber dem Vorjahr legen die Fürther 2007 um satte 9,6 Prozent zu (CosmosDirekt: 5,5 Prozent). Mit nunmehr 3,5 Millionen Kunden (plus 9 Prozent) sind die KQV seit 2007 der meistgewählte deutsche Direktversicherer und liegen auch bei den Kundenverträgen (5,3 Millionen in 2007) deutlich vor dem Rivalen CosmosDirekt (2,3 Millionen). Ebenso stehen die KQV beim Gewinn (Jahresüberschuss von 32,7 Millionen Euro) im Jahr 2007 ganz oben auf dem Treppchen – vor CosmosDirekt (Jahresergebnis vor Gewinnabführung 17,7 Millionen Euro) und Hannoversche Leben (Jahresüberschuss 9,4 Millionen Euro).

treuen die Bestandskunden. Karstadt-Quelle Versicherungen sind für ihre Kunden montags bis samstags von frühmorgens um 7 bis abends um 21 Uhr erreichbar – weit über dem Branchendurchschnitt. Nicht weniger als 3,7 Millionen Anrufe im Jahr lassen die KQV-Leitungen glühen.

So viel Aufwand rechnet sich, denn die über Fünfzigjährigen hierzulande verfügen über eine erhebliche Kaufkraft – und sie sind die einzige Bevölkerungsgruppe, die in Zukunft noch nennenswert wächst. Doch die hohe Servicequalität ist auch zwingend erforderlich, denn wer sich für eine Direktversicherung entscheidet, ist meist sehr preissensibel und wechselt schnell zu einem billigeren Anbieter – es sei denn, das Unternehmen kann ihn durch intensiven Kontakt dauerhaft an sich binden.

Qualifizierte Kundenbetreuung durch hauseigene Servicecenter.

Um dieses Ziel zu erreichen, verknüpfen die KQV transparente Versicherungsangebote mit garantierter Servicequalität, die durch unternehmensinterne Leitlinien definiert ist und ständig gemessen wird. *Rufen Versicherungsnehmer beim Kundenservice an, so können sie sicher sein, dass ihr Gespräch spätestens nach dem dritten Klingeln entgegengenommen wird* und sie nach maximal einer weiteren Verbindung ihren zuständigen Ansprechpartner am Hörer haben. Im Einzelnen sichern die KQV ihren Kunden Folgendes zu:

— *Anträge* werden innerhalb von fünf Tagen policiert. Branchenüblich sind je nach Produktart mehrere Wochen, im Extremfall bis zu zwei Monate, etwa bei Kraftfahrzeugversicherungen.

— *Schäden* werden binnen zehn Tagen nach Vorlage aller Unterlagen reguliert, anderenfalls erhält der Versicherte 50 Euro zusätzlich. Eine vollständige Schadenregulierung kann in der Branche hingegen zwischen 40 und 50 Arbeitstagen dauern.

— *Anfragen* werden innerhalb von 48 Stunden bearbeitet. Branchendurchschnitt sind mehrere Tage bis zu einer Woche.

— *Vertragskündigungen* werden jederzeit zum Monatsende akzeptiert. Üblich ist sonst die Kündigung zum Jahresende beziehungsweise eine Mindestlaufzeit für Verträge von einem Jahr.

— *Service comes first:* Das Telefon darf auf keinen Fall mehr als dreimal klingeln, und ein Anrufer darf auch nicht mehr als einmal weiterverbunden werden.

Diese überragende Servicequalität lässt sich das Unternehmen einiges kosten: Die Mitarbeiter im Vertriebs- und Servicecenter und im Kundenservice sind nicht etwa nach Indien oder Irland ausgelagert, sondern werden in Deutschland ausgebildet und beschäftigt. Die Angestellten an den Vertriebstelefonen benötigen Fachkenntnisse und entsprechende Schulungen. Aber sie müssen auch ein besonderes Einfühlungsvermögen besitzen, um im Telefongespräch mit den Kunden den richtigen Ton zu treffen. Um sie auf diese Herausforderung vorzubereiten, erhalten die Mitarbeiter bei den KQV zum Einstieg eine zweimonatige Vollzeitschulung. Für ihre Motivation und ihr Engagement sorgen ein attraktives Gehaltspaket, das leistungsbezogene Prämien mit einem Festgehalt kombiniert, außerdem ein 13. Monatsgehalt, großzügige Urlaubsregelungen und vermögenswirksame Leistungen. Das Management weiß, wie wertvoll gerade die Vertriebsmitarbeiter im Call-Center sind, und versucht, sie entsprechend an das Unternehmen zu binden.

Der große Verkaufserfolg und die hohe Kundenzufriedenheit zeigen, dass die KQV nicht nur die richtigen Produkte anbieten, sondern auch bei Unternehmenskultur und Servicequalität branchenunübliche Maßstäbe setzten. Das gilt erst recht, seit 2005 – zeitgleich mit der neuen Zahn-Zusatzversicherung – das spartenübergreifende KundenServiceCenter (KSC) eingeführt worden ist. Die bis dahin übliche Trennung in Call-Center (Vertrieb und Marketing) und Kundenservice (Kundenhotline für Auftragsabwicklung, Beschwerdemanagement et cetera) ist mit dem neuen Service-Center aufgehoben. Die Mitarbeiter können seitdem auf alle relevanten Kundendaten und Systeminformationen zurückgreifen. *Der Kunde hat einen einzigen Ansprechpartner – ob er eine Lebensversicherung abschließen, sich über eine Krankenversicherung informieren oder einen Sachschaden reguliert sehen will.* Auf diese Weise können seither 85 Prozent der eingehenden Kundenanliegen während des Telefongesprächs oder unmittelbar danach abschließend bearbeitet werden.

Im Auftrag des Unternehmens prüft der TÜV Saarland regelmäßig Servicequalität und Kundenzufriedenheit. Mehrere Tausend Befragte geben den KQV insgesamt im Jahr 2007 die Note 1,71. Besonders in den Kategorien telefonische Erreichbarkeit (1,56), schnelle und unbüro-

Die Zahn-Zusatzversicherung garantiert beste Versorgung.

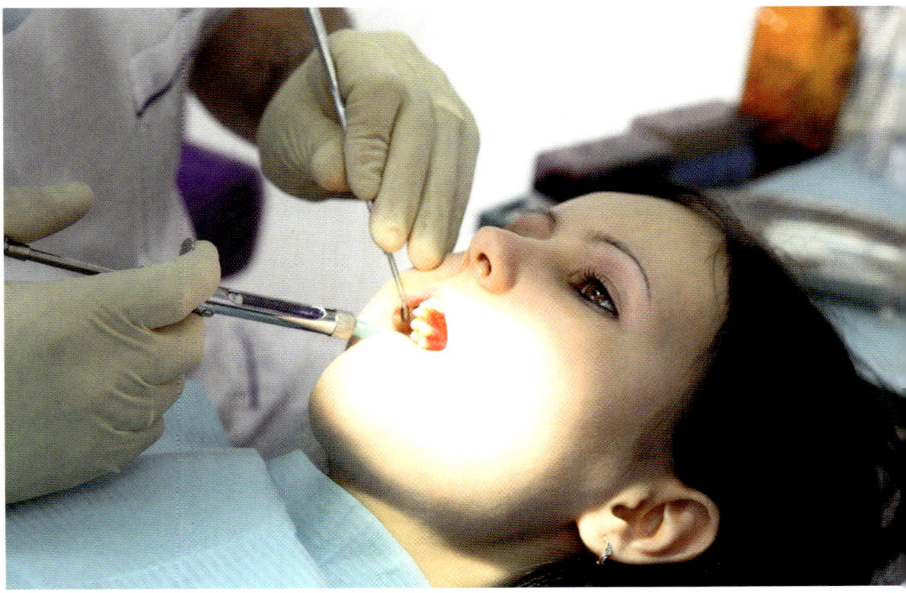

Mit Gütesiegel: Der TÜV Saarland bescheinigt den KQV eine hohe Servicequalität und Kundenzufriedenheit.

kratische Schadenshilfe (1,46) und Zuverlässigkeit (1,59) erzielen die Fürther Spitzennoten. Und mit 1,78 schneidet auch die Zahn-Zusatzversicherung exzellent ab.

»Wir haben keine klassische Marktforschung«, sagt CEO Peter M. Endres. »Das haben wir versucht, und es hat überhaupt nicht funktioniert.« Stattdessen wird bei den KQV jeder einzelne Mitarbeiter ermutigt, eigene Ideen zu entwickeln und an das Management weiterzugeben. »Irrtümer müssen erlaubt sein«, bringt Endres einen weiteren Unternehmensgrundsatz auf den Punkt.

Das jüngste Produkt dieser innovationsfreundlichen Unternehmenskultur ist die »Maxi-Rente«, eine Sofortrente mit »Kosten-Flatrate«. Wichtigste Zielgruppe sind wiederum die Silver Agers: Ein Mann von 65 Jahren beispielsweise, der 150000 Euro investiert, erhält monatlich 713 Euro. Verbraucherschützer loben die einmalige Pauschale von 300 Euro für Abschluss und Vertrieb – hinzu kommt nur noch eine »Kosten-Flatrate« von im Durchschnitt 60 Euro jährlich für die Policen-Verwaltung. »Innovation ist jedermanns Sache bei den KQV«, erklärt CEO Endres das Erfolgsgeheimnis seines Unternehmens lapidar.

ERFOLGSGRÜNDE IM ÜBERBLICK: DENTAL-VORSORGE +100

Mit der neuartigen Zahn-Zusatzversicherung befriedigen die KarstadtQuelle Versicherungen einen echten *Kundenbedarf*: Seit 2005 erhalten gesetzlich Krankenversicherte von ihrer Ersatzkasse nur noch einen Festzuschuss zur sogenannten »Regelversorgung«. Wie viel herkömmliche private Zusatzversicherungen jeweils zuschießen, ist für die Versicherten meist schwer zu durchschauen. Dagegen ist das Angebot der KQV leicht zu verstehen: Der Versicherte erhält noch einmal den gleichen Betrag, den seine Ersatzkasse zahlt, maximal 100 Prozent der tatsächlich anfallenden Kosten.

Zum großen Erfolg des neuen Produkts trägt die Servicequalität des Direktversicherers maßgeblich bei, die weit über dem Branchendurchschnitt liegt. Auch beim Know-how im Direktvertrieb und der hochautomatisierten Auftragsbearbeitung liegen die KQV deutlich vor ihren Wettbewerbern. Noch vor der intensiven Eingangsschulung müssen die Mitarbeiter im KundenServiceCenter Verkaufserfahrung und Leistungsbereitschaft, hohe Motivation und Freude am Umgang mit Kunden unter Beweis stellen. *»Können und Tun sind wichtiger als Wissen«*, wie CEO Peter M. Endres diesen Erfolgsfaktor umschreibt.

Die Unternehmenskultur bei den KQV ist offen gegenüber Neuerungen. Durch dieses *innovationsfördernde Umfeld* werden alle Mitarbeiter ermutigt, Verbesserungen und Neuerungen vorzuschlagen. Eine regelmäßig tagende Produktkommission, der Mitglieder aller Unternehmensbereiche angehören, diskutiert neue Ideen und deren Umsetzbarkeit. Durch jährlich 3,7 Millionen telefonische Anrufe sind die Mitarbeiter in kontinuierlichem Kontakt mit den Kunden und können deren Feedback ins Unternehmen tragen.

Unermüdlicher Antreiber im Innovationsprozess ist CEO Peter M. Endres. Er sieht sich nicht als alleinigen oder wichtigsten *Innovator*. Doch er selbst als »Agent provocateur« und ein eigens berufener Innovationsmanager sorgen dafür, dass die *Innovationsprozesse strikt und durchgängig* verlaufen – von der Idee bis zur Marktdurchdringung.

Zentral für den Unternehmenserfolg ist auch der *rigoros angelegte Business-Case*: Das Unternehmen bietet lediglich zirka vierzig Produkte an, davon zehn Kernprodukte. Wettbewerber dagegen haben eine Palette von über vierhundert Produkten oder teilweise sogar deutlich mehr – mit entsprechend höheren Kosten, die vor allem auf der deutlich höheren Komplexität beruhen.

Bei der Neuentwicklung von Produkten betreibt Endres striktes Target-Costing: Darf ein Produkt nicht mehr als zum Beispiel 2 Euro Verwaltungskosten verursachen, so wird so lange am Zuschnitt gearbeitet, bis dieses Ziel erreicht worden ist – anderenfalls muss das Projekt aufgegeben werden. Diese Methode ist in den meisten anderen Industrien längst üblich – in der Versicherungsbranche aber betreten die KQV auch in dieser Hinsicht Neuland.

Zentrale der KarstadtQuelle Versicherungen in Fürth.

KKH

Wie die innovativste deutsche Krankenkasse Risikopatienten coacht

In den zehn Jahren als Vorstandsvorsitzender hat Ingo Kailuweit gemeinsam mit Vorstandsmitglied Rudolf Hauke die KKH zur innovativsten Krankenkasse Deutschlands geformt. Sein neuester Coup: Beim 2007 eingeführten Gesundheitscoaching werden mithilfe eines datenschutzsicheren IT-Systems ausgewählte chronisch Kranke sowie akut gefährdete Risikopatienten von geschulten KKH-Coaches individuell telefonisch beraten. Für Patienten und Unternehmen zeigen sich schon jetzt so beeindruckende Erfolge, dass kürzlich auch die Deutsche BKK in das Coaching-Programm der KKH eingestiegen ist; weitere Kooperationen könnten folgen. Für die KKH war das Investment erheblich, aber schon mittelfristig dürfte sich das Engagement rechnen: Die Versicherten profitieren von mehr Qualität durch zusätzliche Beratungsangebote – und die KKH spart in den nächsten Jahren Millionenbeträge ein.

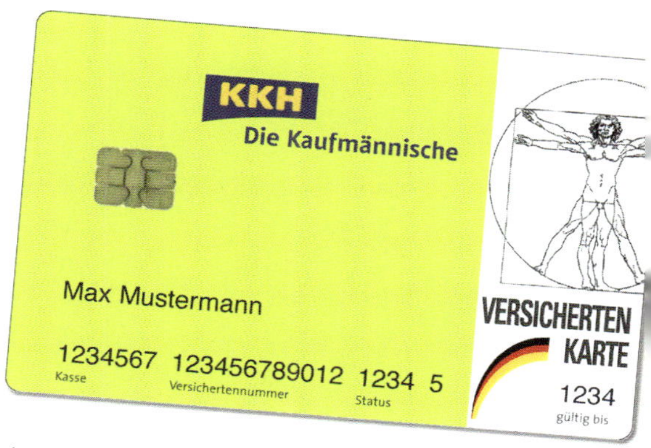

Versichertenkarte der KKH.

Die Deutschen werden immer älter – und damit, statistisch gesehen, auch immer kränker. Denn vor allem chronische Erkrankungen treten überwiegend im späteren Lebensalter auf. Heute bereits leiden über 40 Prozent aller deutschen und sogar mehr als 70 Prozent der über 65-jährigen Patienten hierzulande an chronischen Erkrankungen wie Diabetes, dauerhafter Atemwegsverengung oder koronarer Herzerkrankung, die durch Arteriosklerose entsteht. Etwa die Hälfte von ihnen hat mit mehreren chronischen Leiden gleichzeitig zu kämpfen. Vor allem viele Senioren leiden nicht selten an drei oder mehr dauerhaften Erkrankungen – zum Beispiel an Bluthochdruck, an Diabetes und an Herzinsuffizienz.

Die Zukunft ist chronisch. Die Krankenkassen bekommen diese Entwicklung seit vielen Jahren durch scheinbar unaufhaltsam steigende Kosten zu spüren. Mit sogenannten Disease-Management-Programmen (DMP) versuchen sie, die Krankheit besser zu verstehen, um auf dieser Basis den Behandlungsaufwand für einzelne chronische Erkrankungen zu minimieren. Doch dieser herkömmliche Ansatz hat zwei entscheidende Nachteile: Er versagt bei Patienten mit sogenannter Co-Morbidität, also mit mehreren chronischen Erkrankungen – und er lenkt den Fokus erst dann auf einzelne Versicherte, wenn sie bereits an dauerhaften Leiden erkrankt sind.

In einem breit angelegten Projekt verfolgt die Kaufmännische Krankenkasse Halle (KKH) dagegen seit Juli 2007 einen neuartigen Ansatz: In vier Bundesländern – Bayern, Sachsen, Sachsen-Anhalt und Thüringen – werden derzeit mehr als dreitausend ausgewählte Patienten durch sorgsam geschulte Gesundheitscoaches betreut. Der Fokus liegt hier also nicht mehr auf der einzelnen Krankheit und den Kosten, die bei deren Behandlung entstehen. Im Mittelpunkt steht vielmehr der Versicherte als Person mit seinen individuellen Risiken und Leiden: Diese sollen durch Gesundheitscoaching verringert werden oder im Idealfall gar nicht erst entstehen. Denn das Programm setzt bei der vorbeugenden Aufklärung und Beeinflussung gefährdeter Personen an – und nicht erst, wie klassische Disease-Management-Programme, beim Management bereits eingetretener Erkrankungen und Therapien.

KKH: INNOVATIONSFÜHRER IN DER GESETZLICHEN KRANKENVERSICHERUNG

Bereits 1890 wurde die traditionsreiche Krankenkasse in Halle an der Saale gegründet. Aus der »eingeschriebenen Hilfskasse« wurde später eine Ersatzkasse, die nach dem Zweiten Weltkrieg ihren Sitz nach Hannover verlegte. Bis 1995 waren bei der KKH überwiegend Angestellte aus kaufmännischen und verwandten Berufen versichert. 1996 wurde in Deutschland Wahlfreiheit für Krankenversicherungspflichtige eingeführt; seitdem können der KKH alle Personen beitreten, soweit sie nicht privat krankenversichert sind.

Als Körperschaft des öffentlichen Rechts wird die KKH von einem hauptamtlichen Vorstand mit Ingo Kailuweit und Rudolf Hauke geführt. Die dreißig ehrenamtlichen Mitglieder des Verwaltungsrats repräsentieren die rund 1,9 Millionen Versicherten. Das Haushaltsvolumen der viertgrößten bundesweiten Krankenkasse betrug 2008 rund 4 Milliarden Euro. Mit fast 1,2 Milliarden Euro gab die KKH im Jahr davor mehr als ein Viertel ihres Etats für Krankenhausbehandlungen aus. Weitere Ausgabenposten waren Arzneikosten (722 Millionen Euro) und ärztliche Behandlungen (645 Millionen Euro). 4300 Mitarbeiter sind in Servicecentern, regionalen Kompetenzzentren und der Hauptverwaltung in Hannover beschäftigt. Die Krankenkasse arbeitet nach dem Kostendeckungsprinzip: Sie darf keine Gewinne machen; sämtliche Einnahmen müssen den Versicherten zugute kommen.

Seit Ingo Kailuweit den Vorstandsvorsitz inne hat, macht die KKH immer wieder mit kreativen Ideen und innovativen Projekten von sich reden. Um medizinische Verbesserungen voranzubringen, verleiht sie einen eigenen Innovationspreis: 2007 etwa wurde ein neues Verfahren zur Erkennung von Vorhofflimmern ausgezeichnet, einer Herzrhythmusstörung, die das Schlaganfallrisiko stark erhöht. Bei den Behandlungsmethoden setzt die KKH schwerpunktmäßig auf innovative Therapien und präventive, also vorbeugende Verfahren – ein Ansatz, der mit dem Gesundheitscoaching weiter ausgebaut und auf ein breites Fundament gestellt werden soll.

»Die KKH bemüht sich seit acht Jahren, Verbesserungen zu erreichen«, erklärt Kailuweit 2008 im Gespräch. »Anfangs nur bei den Kosten, etwa bei optimierter Rechnungsprüfung und Fallmanagement, später auch beim Einfluss auf die Kostenentstehung, bei der Prävention, der Optimierung der Behandlung einzelner Krankheitsbilder und letztlich bei integrierten Versorgungskonzepten beispielsweise für Migräne, Schwindel oder Vorhofflimmern. Das Gesundheitscoaching passt gut in diese Linie. Doch es ist bei den Krankenversicherungen wie in der Autoindustrie: Hätte nicht ein Innovator den Airbag eingeführt, gäbe es ihn heute nicht in allen Wagen. Im Gesundheitswesen wird das auch so sein: Medizinische Innovationen, Telemedizin und Prozessinnovationen jeder Art werden von einigen wenigen Leadern eingeführt werden müssen, damit sie irgendwann Standard werden.«

Derzeit geht es bei 80 Prozent aller Beratungen in der ärztlichen Praxis um chronische Erkrankungen. Durch ihr Gesundheitscoaching-Programm will die KKH dazu beitragen, dass diese Rate in Zukunft deutlich zurückgeht – zum Wohl der Versicherten, denen vermeidbare Leiden und Therapien erspart bleiben, und zum Nutzen der Krankenkasse, deren Kosten sinken, wenn ihre Versicherten gesünder sind und sich folglich seltener aufwändigen Behandlungen unterziehen müssen. »An dieser Stelle werden wir das Gesundheitswesen ein ganzes Stück verbessern, indem wir die Patienten spezifisch auf ihre Bedürfnisse hin informieren«, erklärt der KKH-Vorstandsvorsitzende Ingo Kailuweit. »Weil die Telefonberater der KKH eine medizinische und kommunikative Fachausbildung mitbringen und weil ausreichend Zeit für eingehende Beratungsgespräche zur Verfügung steht, verbessert das neue Angebot der KKH die Gesundheitsversorgung deutlich.«

Ingo Kailuweit, seit 1999 Vorstandsvorsitzender der Kaufmännischen Krankenkasse Halle. Bei der KKH Lübeck wurde er Anfang der Siebzigerjahre zum Sozialversicherungsfachangestellten ausgebildet – Beginn einer steilen Karriere, die ihn bis ganz an die Spitze der viertgrößten bundesweiten deutschen Krankenkasse führte.

Nicht nur die demographische Entwicklung, sondern auch immer aufwändigere Behandlungsmethoden lassen die Kosten im Gesundheitssektor explodieren. Zusätzlich unter Druck stehen die gesetzlichen Krankenkassen seit Einführung des Gesundheitsfonds im Januar 2009. In diesen Finanzpool fließen die Arbeitnehmer- und Arbeitgeberbeiträge zur Krankenversicherung sowie Steuermittel ein. Die Krankenkassen erhalten für jeden Versicherten den gleichen Betrag sowie ergänzende Zuschläge je nach Alter, Geschlecht und Gesundheitsstatus ihrer Mitglieder. Auch die Beiträge, die die Kassen erheben dürfen, wurden vom Gesetzgeber festgelegt: Sie betragen für alle Beitragszahler einheitlich 14,9 Prozent.

Die Beträge, die den einzelnen Kassen aus dem Gesundheitsfonds zufließen, sollen mindestens 95 Prozent ihrer tatsächlichen Gesundheitsausgaben decken. Krankenkassen, die mit diesem Betrag nicht auskommen, dürfen von ihren Versicherten einen Aufschlag verlangen – mit dem Risiko, dass die Beitragszahler zu einem günstigeren Wettbewerber wechseln. Umgekehrt können Versicherungen, die ihren Anteil aus dem Finanzpool nicht vollständig für Gesundheitsausgaben benötigen, ihren Mitgliedern Beiträge erstatten oder zusätzliche Leistungen anbieten.

Da keine Krankenkasse weniger als die gesetzlich vorgeschriebenen 14,9 Prozent von ihren Beitragszahlern verlangen darf, haben die Kassen nicht mehr die Möglichkeit, sich durch niedrige Beiträge von anderen Anbietern zu differenzieren. Um sich von den Konkurrenten positiv abzuheben, müssen sie folglich bessere oder zusätzliche Services offerieren und ein »Mehr an Gesundheit« bieten.

Eine der eindrucksvollsten Serviceinnovationen auf diesem Gebiet ist das individuelle Gesundheitscoaching der KKH: Dieses Betreuungsangebot für eine genau definierte Gruppe chronisch kranker Risikopatienten wurde von der Krankenkasse zusammen mit einem auf medizinisches Management spezialisierten Dienstleistungspartner entwickelt. Das Ziel des Programms: die Gesund-

Gesundheitscoaching bei der KKH.

heit der Patienten zu verbessern und damit zugleich die Behandlungskosten der KKH (und indirekt die finanzielle Belastung für alle Versicherten) zu senken.

Für Gesundheitsexperten steht außer Zweifel, dass die Qualität der Krankenbetreuung deutlich steigt, wenn die Patienten über Risiken und Behandlungsmöglichkeiten besser informiert sind. Doch obwohl es ähnliche Programme seit einem Jahrzehnt in den USA gibt, bietet die KKH als erste Krankenkasse hierzulande einen solchen Service an. Dabei sind die Ergebnisse eindeutig; in punkto präventive Patientenbetreuung sind die oft gescholtenen Gesundheitssysteme in den USA und in Großbritannien der deutschen Praxis weit voraus: Gecoachte Patienten lernen rechtzeitig, riskante Gewohnheiten zu vermeiden oder abzulegen – etwa Rauchen, Bewegungsmangel oder fettreiche Ernährung. Dadurch bleiben ihnen intensivere ärztliche Behandlungen erspart: Sie werden gesünder – und die Gesundheitsausgaben, die ihre Krankenkasse für sie aufwenden muss, liegen entsprechend um 10 bis 20 Prozent niedriger als bei Patienten, die nicht in dieser Weise betreut werden.

Gecoachten Patienten bleiben vermeidbare Leiden erspart – und ihrer Krankenkasse die entsprechenden Behandlungskosten.

Es ist jedoch kein Zufall, dass in Deutschland erst zehn Jahre nach der US-Premiere ein Gesundheitscoaching-Programm auf den Markt kommt: Die strengen deutschen Datenschutzbestimmungen erlauben es nicht, das amerikanische Modell zu übernehmen. Hierzulande dürfen keine Patientendaten an Dritte weitergegeben werden. Die Krankenkasse allein aber kann den Aufwand für individuelles und datengestütztes Gesundheitscoaching nicht stemmen – sie braucht einen spezialisierten Dienstleister als Kooperationspartner. Die zentrale Herausforderung für die Innovatoren um KKH-Chef Kailuweit bestand also darin, das US-Modell so zu adaptieren, dass es den deutschen Daten- und Versichertenschutzgesetzen entspricht und die Gesundheitscoaches die Patienten dennoch individuell betreuen können.

Der Kunstgriff, der diese Quadratur des Kreises ermöglicht, ist im Prinzip simpel, die praktische Umsetzung aber äußerst anspruchsvoll: Die Patientendaten müssen wasserdicht pseudonymisiert werden. *Nach strenger Prüfung wurde das Coaching-System der KKH vom Bundesamt für Versicherung freigegeben, da es den deutschen Datenschutzrichtlinien vollauf entspricht.* Die Versicherten können also gewiss sein, dass ihre Krankenkasse keinerlei Daten herausgibt, die sich realen Personen zuordnen lassen. Gleichwohl können die Gesundheitscoaches auf alle relevanten Daten zugreifen, die sie für die individuelle Beratung benötigen.

Ingo Kailuweit ist überzeugt, dass das KKH-Coaching sogar noch bessere Ergebnisse erbringt als die in den USA laufenden Programme. Denn in Deutschland ist zwar der Datenschutz strenger, dafür ist aber die Qualität der Patientendaten höher als jenseits des Atlantiks. Welche enormen Vorteile solche vorbeugende Betreuung den Versicherten bieten könnte, zeigen einige Fakten, die der Medizinische Sachverständigenrat 2000/2001 in seinem Bericht aufführt: Allein im Jahr 2000 hätte man in Deutschland zehntausend Fußamputationen vermeiden können – wenn bei diesen Patienten rechtzeitig vorher ein diabetischer Fuß diagnostiziert worden wäre. Ein anderes Beispiel: In deutschen Kliniken werden zwar etwa doppelt so viele Herzkatheter gesetzt wie im europäischen Durchschnitt – bei der Verhinderung von Herzinfarkttoten ist die deutsche Medizin von einer führenden Rolle jedoch weit entfernt. Hunderttausende überflüssiger oder verspäteter ärztlicher Eingriffe bedeuten also für die Patienten unnötige Leiden – und für die Krankenkasse Kosten in Millionenhöhe, die bei einer angemessenen und rechtzeitigen Versorgung der Patienten nicht angefallen wären.

Beim Gesundheitscoaching werden ausgewählte chronisch kranke ebenso wie akut gefährdete Risikopatienten individuell und ganzheitlich beraten. Die Coaches sollen ihre Gesprächspartner über Erkrankungsrisiken informieren und sie dazu bringen, ärztliche Empfehlungen auch umzusetzen sowie gesundheitsgefährdende Verhaltensweisen und Gewohnheiten aufzugeben. Das Coaching-Programm besteht also aus drei Kernpunkten:

- Die für das Programm geeigneten Patienten werden aus der Gesamtheit der Versicherten herausgefiltert und durch persönliche Beratungsgespräche für die Teilnahme gewonnen.
- Erfahrene Krankenschwestern und -pfleger, die eigens für das Programm zu Gesundheitscoaches geschult wurden, betreuen die Patienten durch telefonische Kommunikation.
- Schließlich wird anhand von definierten Parametern – beispielsweise der Art, Anzahl und Kosten der ambulanten beziehungsweise stationären Behandlungen und Arzneimittelverschreibungen – gemessen, wie sich das Coaching in medizinischer und psychologischer sowie für die Krankenkasse in finanzieller Hinsicht ausgewirkt hat.

Hauptverwaltung der KKH in Hannover.

Vorhersagemodell - Gesundheitscoaching

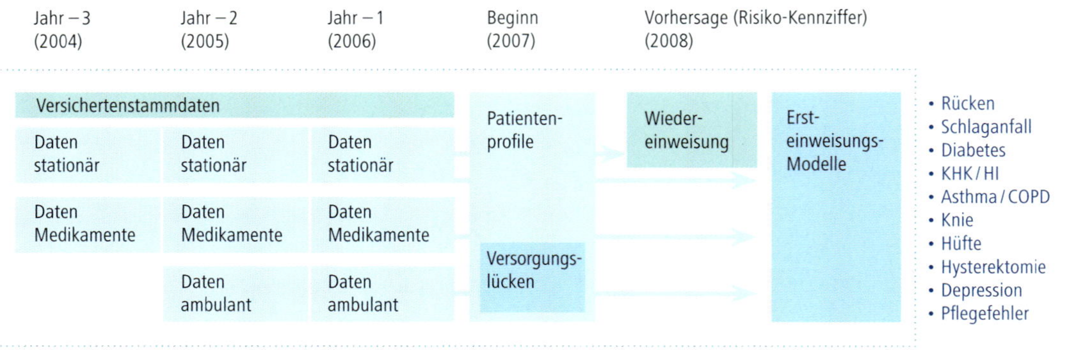

COPD = Chronisch obstruktive Lungenerkrankung
KHK = Koronare Herzerkrankung
HI = Herzinsuffizienz

Mit diesem Vorhersagemodell kann man die für Gesundheitscoaching geeigneten Risikopatienten identifizieren – und die ihnen in naher Zukunft drohenden Folgeerkrankungen oder Verschlimmerungen voraussagen.

Ein umfassender Satz von Prädiktoren erlaubt die präzise Erstellung von Patientenprofilen

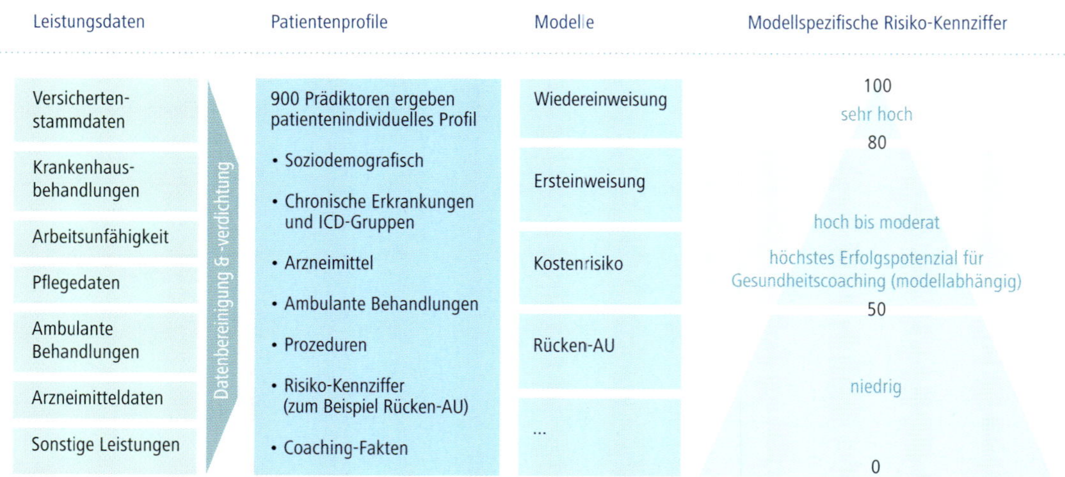

AU = Arbeitsunfähigkeit
ICD = »International Classification of Diseases and Related Health Problems«, zum Beispiel E 10 = Diabetes mellitus Typ1

Ein Servicepartner im Coaching-Programm erhält von der KKH ausschließlich pseudonymisierte Daten, aus denen die Identität der Versicherten nicht entschlüsselt werden kann. Die verschlüsselten Daten werden so aufbereitet, dass man schließlich die Patienten mit dem höchsten Erfolgspotenzial für Gesundheitscoaching herausfiltern kann.

Um tatsächlich die Patienten auszuwählen, die von dem Gesundheitscoaching am meisten profitieren, hat das KKH-Projektteam ein innovatives Vorhersagemodell entwickelt: Es erlaubt, aus der jüngeren Krankengeschichte eines Patienten – also aus seiner stationären, medikamentösen und ambulanten Behandlung während der letzten drei Jahre – abzuleiten, welche Krankheiten oder Verschlimmerungen dem Betreffenden in näherer Zukunft drohen.

Aufgrund dieses Patientenprofils sagt das Vorhersagemodell auf einer Skala von 1 (gering) bis 100 (sehr hoch) voraus, mit welcher Wahrscheinlichkeit sich der ganzheitliche Gesundheitszustand des Patienten verschlechtern wird – und welche kostenintensiven medizinischen Behandlungen diese Entwicklung nach sich zieht. Alle Patienten, die auf diese Weise noch vor vermeidbaren Behandlungen bewahrt werden können, kommen also für das Coaching-Programm in Frage. Neben chronisch kranken Patienten, die beispielsweise bereits an Diabetes und Herzinsuffizienz leiden, sind dies vor allem akut gefährdete Personen, die bis dahin noch nicht (chronisch) krank sind.

Bei den sogenannten Chronikern lässt sich vor allem der Therapieablauf durch Coaching verbessern: Die Betreuer informieren die Patienten über den Zweck einzelner Behandlungsschritte und den zu erwartenden Heilungsverlauf und motivieren sie, die Therapie auch über Krisen und Rückschläge hinweg bis zum Ende fortzuführen. Akut gefährdete Personen – etwa Versicherte mit psychischen Leiden, Rückenschmerzen oder Fettleibigkeit – können die Coaches unter Umständen noch vor Erkrankungen und Behandlungen bewahren, die ihnen aufgrund ihres Risikoprofils drohen.

Doch das Coaching-Programm hilft nicht nur, die Gesundheit und Lebensqualität der Versicherten zu verbessern und auf diese Weise Kosten zu vermeiden – es verursacht auch beträchtliche Kosten. Denn ein präzises IT-System für Analyse, Vorhersage und Ergebnismessung sowie ein Team hoch-

INNOVATIONSPROZESS (I): WIE DAS COACHING-PROGRAMM GEPLANT WIRD

Mit dem Coaching-Projekt betritt die KKH Neuland. Daher müssen Ingo Kailuweit und seine Kollegen zunächst medizinische Experten von deutschen Hochschulen engagieren, um das US-Modell an die strengen Bestimmungen des deutschen Gesundheitswesens anzupassen. Außerdem werden Datenschutzexperten hinzugezogen, um sicherzustellen, dass das neu entwickelte Coaching-System den deutschen Datenschutzrichtlinien entspricht. Nach Prüfung wird das KKH-Gesundheitscoaching vom Bundesversicherungsamt schließlich zugelassen. Das Innovationsteam kombiniert analytische Ansätze aus den USA mit den in Deutschland verfügbaren Daten und entwickelte Indikatoren, um die für das Programm geeigneten Patienten herauszufiltern. Auf der Basis dieser Indikatoren entsteht das komplexe Vorhersagemodell, das diejenigen Risikopatienten identifiziert, bei denen Gesundheitscoaching den größten Nutzen für Patienten und Unternehmen erbringt. Außerdem werden für das Coaching erforderliche Hilfsmittel für den deutschen Markt entwickelt oder angepasst: Anschreiben der Versicherten, Trainings, Datenbanken und Coaching-Richtlinien.

Gesundheitscoaching via Telefon.

qualifizierter Gesundheitscoaches sind nicht zum Nulltarif zu haben. Auch deshalb ist es überaus wichtig, dass das Vorhersagemodell tatsächlich die »richtige« Patientengruppe herausfiltert. *»Beim Gesundheitscoaching muss sehr genau darauf geachtet werden«, erklärt KKH-Chef Ingo Kailuweit, »für welche Patientengruppe und welche Krankheitsbilder sich die Methode lohnt und für welche nicht. Es sollte nur dort eingesetzt werden, wo es wirklich eine Hilfe bietet und sich auch die Kosten rechtfertigen lassen.«*

Im nächsten Schritt werden nun die Gesundheitscoaches aktiv. Hierbei handelt es sich um Krankenschwestern und Krankenpfleger mit langjähriger Berufserfahrung, die bei der KKH angestellt und durch eine intensive Ausbildung auf ihre Tätigkeit vorbereitet worden sind. Die potenziellen Teilnehmer werden angeschrieben und anschließend am Telefon über die Vorzüge des Programms informiert. Der Gesundheitscoach versucht hier bereits eine persönliche Beziehung aufzubauen und sein Gegenüber für die Teilnahme zu motivieren – doch erst wenn der Versicherte schriftlich erklärt hat, dass er an dem Programm tatsächlich mitwirken will, kann die individuelle Beratung beginnen. Denn erst durch seine Teilnahmeerklärung genehmigt der Versicherte dem Coach, den gesamten Kommunikationsprozess zu dokumentieren und die im Gespräch gewonnenen medizinischen oder psychologischen Hinweise weiter zu verarbeiten.

Die Gesundheitscoaches der KKH können bei ihrer Beratungstätigkeit auf Know-how und Hilfsmittel zurückgreifen, die wissenschaftlich anerkannt und von unabhängigen Experten für dieses Programm geprüft worden sind. Im »Chronic Condition Guide« finden sie speziell aufbereitete Beratungsinhalte für Chroniker; ein Leitfaden hilft ihnen, gemeinsam mit dem Patienten die richtigen Entscheidungen zu treffen. Darüber hinaus verfügen sie über eine umfassende medizinische Wissensdatenbank mit Zugang zur Medikationsdatenbank des renommierten medizinischen Fachbuchverlags Thieme und eine Ressourcenbibliothek mit zusätzlichen Hilfsmitteln, Informationen zu Leistungsangeboten sowie detaillierte Coaching-Richtlinien.

Hat ein Versicherter eingewilligt, am Coaching-Programm teilzunehmen, so erhält er die Telefonnummer seines persönlichen Coaches. Für 6 bis 18 Monate gehen Betreuer und Patient eine enge und vertrauensvolle Beziehung ein. Die wichtigste Aufgabe des Coaches besteht darin, chronisch kranke oder akut gefährdete Versicherte mit für sie und ihren aktuellen Krankenstand relevanten Informationen zu versorgen, damit sich ihr Krankheitsbild nicht verschlechtert. Die Patienten sollen in die Lage versetzt werden, verantwortungsvoll mit sich selbst umzugehen und zu aktiven Managern ihrer Krankheiten zu werden – auch über den Coaching-Zeitraum hinaus. Der Coach informiert und motiviert sie und ist tagsüber ohne Voranmeldung für sie ansprechbar; spätabends oder nachts eintreffende Anrufe werden an die KKH-Hotline weitergeleitet. *Doch wie oft und intensiv er sie telefonisch berät, bestimmen die Versicherten selbst.*

Und wenn sie es wünschen, können sie auch jederzeit aus dem Programm wieder aussteigen.

Über die telefonische Betreuung hinaus erhalten die Teilnehmer schriftliche Informationsmaterialien und künftig auch Videofilme mit den für sie relevanten Informationen. Auch diese Hilfsmittel sind von Experten freigegeben worden. Akut erkrankte Versicherte können sich von ihren Gesundheitscoaches zudem individuell betreuen lassen, während sie sich im Krankenhaus oder in der Reha-Klinik befinden. Ihr Berater informiert und unterstützt sie auch vor Arztbesuchen und steht zur »moralischen Stärkung« in schwierigen Situationen immer zur Verfügung – zum Beispiel vor wichtigen Arztbesuchen, Diagnosen oder Operationen.

Zusätzliche medizinische Informationen, die der Coach aus dem Gespräch mit dem Versicherten gewinnt, gibt er in die Coaching-Datenbank ein. Ein Expertenteam der Datenanalytik wertet die Hinweise aus, um die Genauigkeit des Systems bei der Identifikation von Risikopatienten fortlaufend zu verbessern.

Für die nähere Zukunft ist auch ein direkter Datenaustausch zwischen dem Coaching-System und den Ärzten des Versicherten vorstellbar – etwa durch Datenspeicherung auf der elektronischen Gesundheitskarte des gecoachten Patienten. Jedoch stellt das Gesundheitscoaching keinerlei Konkurrenz zu den Ärzten dar – im Gegenteil: *Die Coaches sollen die Mediziner nicht etwa ersetzen, sondern den Patienten dabei helfen, die ärztlichen Empfehlungen umzusetzen.*

Das Ziel: besser Älterwerden mit Gesundheitscoaching.

COMPLIANCE: HEILUNG DURCH KOOPERATION

Ein Arzt sieht seine Patienten fast ausschließlich während der Sprechstunde – ob sie seine Verordnungen und Empfehlungen im Alltag tatsächlich befolgen, entzieht sich meist seiner Kenntnis. Dabei ist es für den Therapieerfolg von ausschlaggebender Bedeutung, dass der Patient die verordneten Medikamente auch tatsächlich einnimmt und Lebensstil sowie Ernährungsgewohnheiten so umstellt, wie es aus medizinischer Sicht geboten ist.

Diese Problematik der Compliance (englisch für »Therapietreue«) wird in der Medizin seit Jahren diskutiert. Entscheidend für den Heilungserfolg ist sie vor allem bei chronisch Kranken, die regelmäßig Medikamente einnehmen und eine bestimmte Diät beachten müssen. Aus psychologischer Sicht steigt die Compliance des Patienten unter anderem dann, wenn er erkennt, dass er ernsthaft erkrankt ist, an einen Heilungserfolg durch die verordnete Therapie glaubt, mit der medizinischen Betreuung zufrieden ist und in seiner Therapietreue durch ihm nahestehende Vertrauenspersonen unterstützt wird.

Jeden dieser Faktoren kann der Gesundheitscoach positiv beeinflussen und dadurch erheblich zu einem schnellen Heilungserfolg beitragen. Der Gesundheitscoach ist somit nicht etwa Konkurrent, sondern Sprachrohr und »verlängerter Arm« des Arztes, dessen Verordnungen er im Alltag umzusetzen hilft. Der volkswirtschaftliche Schaden durch mangelnde Compliance in der Arzneimitteltherapie in Deutschland wird auf zirka 10 Milliarden Euro jährlich geschätzt.

»Wir wollen die Patienten nur informieren, damit diese die richtigen Entscheidungen bezüglich ihrer Krankheit treffen können«, versichert Ingo Kailuweit. Dem KKH-Chef ist bewusst, dass das Coaching-Programm nur in Zusammenarbeit mit den Ärzten funktionieren kann. Der Betreuer gewinnt Einblick in den Alltag und die persönliche Gesamtsituation des Patienten und kann ihm daher individuellere Tipps zu Bewegung und Ernährung geben, als dies dem Arzt im Allgemeinen möglich ist. Wenn der Versicherte Medikamente einnimmt, die von verschiedenen Ärzten verordnet wurden, kann der Coach auch bei Fragen zur wechselseitigen Verträglichkeit beraten – gestützt auf seine umfangreichen elektronischen Hilfsmittel und seine langjährige Berufserfahrung. So kann er den Patienten motivieren, Therapien durchzuhalten, doch ärztliche Verordnungen und Entscheidungen bleiben allein Sache der behandelnden Mediziner.

Der große Erfolg dieser Serviceinnovation zeichnet sich jetzt bereits ab, obwohl das Projekt erst im Sommer 2007 gestartet worden ist. *Die Versorgungsqualität für Risikopatienten ist erheblich gestiegen: Ihnen bleiben Leiden, intensive Therapien, Verlust an Lebensqualität erspart.* Für die Krankenkasse schlägt sich dieser Erfolg in sinkenden Leistungsausgaben nieder. In den USA und in Großbritannien erbringen vergleichbare Programme deutliche finanziel-

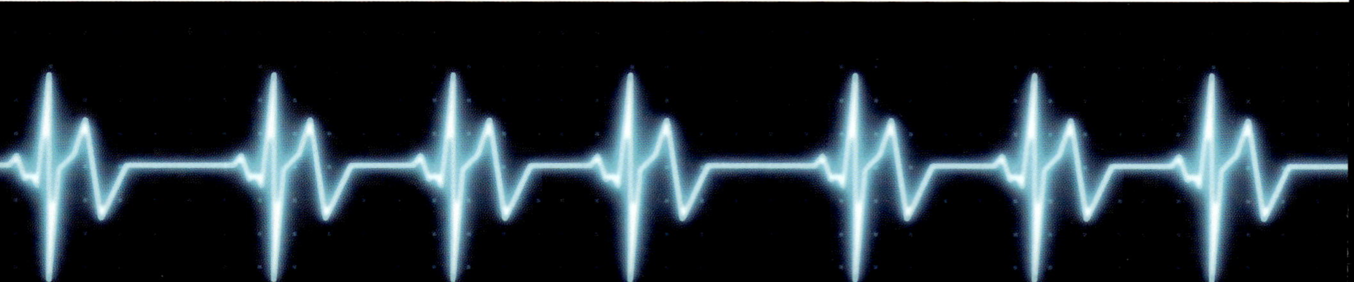

Durch regelmäßiges Monitoring wird das KKH-Gesundheitscoaching laufend optimiert.

le Effekte: Je nach Betreuungsniveau können dort bei gecoachten Patienten zwischen zehn und 20 Prozent der Gesamtleistungsausgaben vermieden werden, die ohne Gesundheitscoaching angefallen wären. Ähnliche Erfolge erwartet auch die KKH.

Zur Pilotphase seit Juli 2007 erläutert der KKH-Chef: »Die Städte München und Halle, von denen vier Bundesländer versorgt werden, sind unsere Pilotprojekte, aber es sind sehr teure Piloten. Denn die meisten Investitionen müssen bereits hier getätigt werden, und die Kosten sind siebenstellig.« Das Pilotprojekt kommt hier also eher einer ersten Phase der Markteinführung gleich.

Die Effektivität des KKH-Coachings wird nach strikten Monitoring-Kriterien gemessen, um das Programm fortlaufend zu optimieren. Doch schon heute steht außer Zweifel, dass diese Innovation gefährdeten Menschen tatsächlich hilft. Eine von der Universität Freiburg durchgeführte wissenschaftliche Befragung zum Gesundheitscoaching unter den Versicherten der KKH – sowohl Gesundheitscoaching-Teilnehmern als auch Versicherten, die die Teilnahme abgelehnt haben – bestätigt das Interesse der Versicherten wie auch erste positive Ergebnisse:

- Etwa 82 Prozent der Teilnehmer möchten das Programm weiterhin nutzen und würden es weiterempfehlen. Zwischen 51 (Westdeutschland) und 60 Prozent (Ostdeutschland) der bisherigen Ablehner könnten sich mittlerweile ebenfalls eine Teilnahme vorstellen oder sind diesbezüglich unentschieden.
- 87 Prozent (West) bis 91 Prozent (Ost) der behandelnden Ärzte der Teilnehmer stehen dem Gesundheitscoaching positiv oder neutral gegenüber.
- Gesundheitscoaching bewirkt Verhaltensänderungen beim Patienten, hilft Versorgungslücken zu schließen und zeigt somit positive Effekte bei klinischen Parametern (zum Beispiel Blutdruck, Cholesterin, Blutzucker), Vitalparametern (zum Beispiel Gewicht, BMI, körperliche Aktivität, Ernährungsgewohnheiten) und Risikoparametern (zum Beispiel Rauchen, Schlafen, Sozialkontakte): So haben bereits innerhalb des ersten Jahres etwa 81 Prozent der Teilnehmer ihre Ernährung umgestellt, rund 58 Prozent ihr Gewicht reduziert und über 57 Prozent ihren Tabakkonsum verringert.
- Nach bisher vorliegenden Ergebnissen aus ähnlichen Programmen in den USA und in Großbritannien begrüßen 75 Prozent der Patienten und 67 Prozent der Ärzte, dass mit dem Gesundheitscoaching eine Plattform entstanden ist, auf der Patienten und Ärzte »auf Augenhöhe« gemeinsam Entscheidungen treffen können.

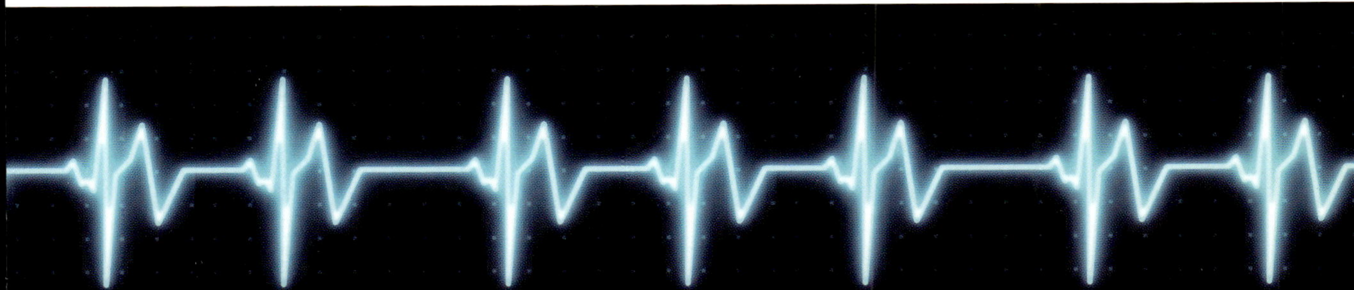

INNOVATIONSPROZESS (II): WIE DAS COACHING-PROGRAMM PILOTIERT UND AUF DEN MARKT GEBRACHT WIRD

Im Juli 2007 startet das Projekt mit zwei Coaching-Zentren in München und Halle und ausgewählten Risikopatienten in Bayern, Sachsen, Sachsen-Anhalt und Thüringen. Zuvor hatte die KKH erfahrene, für das Projekt besonders befähigte Krankenschwestern und Pfleger angestellt und intensiv als Coaches geschult. Ihre anfängliche Ausbildung dauert einen Monat und umfasste Schulungseinheiten in Versichertenkommunikation, Coaching-Systemen und den Abläufen innerhalb der KKH und ihrer Coaching-Center. Zunächst wird nur ein kleiner Kreis von Versicherten angesprochen. Auf diesen Erfahrungen aufbauend, erweitert das Projektteam die Indikatoren und nahm zusätzliche Versichertengruppen in das Coaching auf. So wurde das Konzept stufenweise ausgebaut. Die Testphasen werden durch qualitative Erfolgsmessung wissenschaftlich begleitet, die das Interesse der Versicherten wie auch erste (vorläufige) positive Ergebnisse belegt. Da in dieser Phase alle wesentlichen Investitionen schon getätigt werden müssen, fallen Pilot und Markteinführung zusammen.

Mit dem Gesundheitscoaching hat die KKH als erste deutsche Krankenkasse einen grundlegend neuen Ansatz bei der Krankenversicherung eingeführt: Die Steigerung der Gesundheitskosten wird eingedämmt – doch gleichzeitig werden die Versicherten besser als vorher versorgt. Damit macht die KKH als Vorreiter einen wichtigen Schritt bei der überfälligen Wandlung der Krankenkassen vom »Payer« zum »Player«, vom passiven Zahlmeister zum mitgestaltenden Akteur im Gesundheitswesen. *Durch das Coaching-Konzept entsteht eine Win-win-Situation für alle Beteiligten:* Die Patienten werden informierter und gesünder. Die KKH hebt sich positiv von den Wettbewerbern ab und bietet ihren Kunden einen verbesserten Nutzen. Durch Einsparung von Therapien, die den gecoachten Patienten erspart geblieben sind, verringern sich überdies die Kosten der KKH, und ihre Wirtschaftlichkeit steigt. Von geringeren Kosten und einer verbesserten Wirtschaftlichkeit profitiert letztlich die Gesamtheit der Versicherten.

Win-win-Situation für Patient und Krankenkasse

Das innovative Konzept hat mittlerweile auch die größte deutsche Betriebskrankenkasse überzeugt: unlängst ist die Deutsche BKK in das Coaching-Programm der KKH eingestiegen – Kooperationen mit weiteren Krankenkassen sind dabei durchaus denkbar.

Ein Blick über die nationalen Grenzen hinweg macht deutlich, dass auch in vielen anderen europäischen Staaten ähnliche innovative Gesundheitskonzepte für die Versicherten erprobt werden: Die französische Regierung beispielsweise arbeitet an einem Coaching-Programm für Diabetiker. Und es gibt noch einige weitere Vorreiter: Russland, die Niederlande und Österreich treiben vergleichbare Projekte in ihren Ländern voran.

ERFOLGSGRÜNDE IM ÜBERBLICK: GESUNDHEITSCOACHING

Der Vorstandsvorsitzende Ingo Kailuweit hat die KKH seit seinem Amtsantritt 1999 zur innovativsten Krankenkasse Deutschlands geformt. Auch das Gesundheitscoaching wäre ohne ihn als vorantreibenden *Innovator* nicht realisiert worden. Kailuweit fühlte sich dem Projekt von Anfang an verpflichtet: »Das ist ganz klar ein Vorstandsthema. Das Risiko kann sonst auch niemand tragen, denn es ist eine unternehmerische Frage und deshalb auch von Unternehmern zu entscheiden. Ich bin vom wirtschaftlichen Erfolg fest überzeugt.«

Die Serviceinnovation der KKH zeigt, wie wichtig *Netzwerke und Allianzen* oftmals für Innovationen sind. In diesem Fall stand Accenture Care Management Services (ACMS) der KKH als auf den Gesundheitsbereich spezialisierter IT- und Beratungspartner zur Seite. ACMS stellte die erforderliche Plattform bereit: die Analytik, das Coaching-Customer-Relation-Management-System sowie die medizinischen Beratungsinhalte, die in Zusammenarbeit mit weiteren lokalen medizinischen Spezialisten entwickelt und von der KKH abgenommen wurden. Auf dieser Basis kann die KKH heute das Coaching-Konzept mit eigenem Fachpersonal umsetzen, ohne eine eigene IT-Infrastruktur aufbauen und unterhalten zu müssen. In der Allianz von KKH und ACMS sind beide Partner auf ihre Kernkompetenzen fokussiert und können das Coaching-Projekt partnerschaftlich weiterentwickeln.

Durch die Kooperation mit ACMS sicherte sich die KKH einen Wettbewerbsvorsprung vor großen und kleinen nationalen und internationalen Organisationen, die seit Sommer 2007 mit ähnlichen Projekten auf den europäischen Markt drängen. Das Konzept des Gesundheitscoachings stammt ursprünglich von dem US-Unternehmen Health Dialog. ACMS hält die Lizenz für die Anpassung und Anwendung dieses Ansatzes in Deutschland und der Schweiz und war deshalb in der Lage, bereits praxiserprobte und weiterentwickelte analytische Modelle sehr schnell für den deutschen Markt zu adaptieren. Dieser »Könnensvorsprung« zeigt einmal mehr, dass für Innovationen oftmals *Fähigkeiten wichtiger als Kreativität* sind.

Ein ebenso wichtiger Faktor bei dieser Innovation war das erfolgreiche *Managen von gesellschaftlichen, politischen und rechtlichen Hindernissen*. Zusammen mit ihrem Kooperationspartner hat die KKH einen Ansatz entwickelt, der den strengen deutschen Bestimmungen von Daten- und Versichertenschutz Rechnung trägt und dennoch die individuelle Beratung der gecoachten Patienten ermöglicht – eine Markteintrittshürde, die der KKH auf Jahre hinaus einen Vorsprung vor Wettbewerbern sichert.

Das KKH-Gesundheitscoaching deckt einen echten *Kundenbedarf* – auch wenn dieses den Versicherten vorher nicht unbedingt bewusst war. »Man kann vom Patienten nicht erwarten, dass er sich Gesundheitscoaching wünscht«, erklärt KKH-Chef Kailuweit, »weil er gar nicht auf die Idee käme, so etwas brauchen zu können.« Doch aus den Rückmeldungen beim Coaching selbst, aus Briefen und Anfragen wird deutlich, dass dieses Angebot bei einem großen Teil der Patienten auf einen echten Bedarf trifft und wirklich geschätzt wird. Für den Patienten ist das Gesundheitscoaching eine wichtige Unterstützung. »Wenn es Sie schon früher gegeben hätte«, bekommen die KKH-Coaches etwa am Telefon zu hören, »dann hätte ich meinen Fuß vielleicht noch.« Oder: »Füße selbst untersuchen? Wie geht das?« Die meisten Patienten sind nur zu gern bereit, bei der Verbesserung ihrer Gesundheit aktiv und verantwortungsvoll mitzuwirken – wenn man sie nur besser darüber informiert, was sie hierbei beachten müssen.

STROKE ANGEL

Wie eine Prozessinnovation das Leben von Schlaganfall-Patienten retten hilft und Kosten spart

Noch vor wenigen Jahrzehnten hielt man ihn für gottgegebenes Schicksal: den Schlaganfall, dessen Ursache meist eine Mangeldurchblutung im Gehirn ist. Mittlerweile kann die moderne Medizin die große Mehrheit der Betroffenen vor dem Tod und meist auch vor bleibenden Behinderungen retten – wenn die Symptome sofort erkannt werden, der vom »Schlag« Getroffene umgehend in eine Spezialklinik gebracht wird und dort entscheidende Maßnahmen unverzüglich erfolgen.

Einen Schlaganfall erleiden überwiegend Menschen im Seniorenalter – die am schnellsten wachsende Bevölkerungsgruppe in Deutschland. 80 Prozent dieser Erkrankungen ereignen sich bei Personen über sechzig Jahren, das sind bereits heute 150000 Schlaganfälle pro Jahr. Alle 9 Minuten stirbt hierzulande ein Mensch an Hirninfarkt oder Hirnblutung. Hochgerechnet werden von 2008 bis 2025 mehr als 3,4 Millionen Menschen in Deutschland einen Schlaganfall erleiden – unermessliches Leid für die Betroffenen und ihre Angehörigen sowie eine enorme Kostenlawine von 108 Milliarden Euro für unser Gesundheitssystem.

Der Schlaganfall ist bis heute die weltweit häufigste Ursache für eine lebenslange Behinderung. Auch in Deutschland behalten noch immer viel zu viele Betroffene vermeidbare Dauerschädigungen zurück. Denn nur ein Viertel aller Patienten wird in den ersten drei Stunden nach dem Schlaganfall in einem qualifizierten Akutkrankenhaus versorgt. Dabei gehen Experten davon aus, dass sich 70 Prozent der Schlaganfälle oder zumindest der schweren Folgeschäden vermeiden ließen, wenn alle Potenziale der Aufklärung und Vorbeugung, optimalen Behandlung und Versorgung ausgeschöpft würden.

Die Thrombolyse ist die derzeit innovativste und wirksamste medizinische Waffe bei Schlaganfällen, die auf Mangeldurchblutung zurückgehen. Erfolgreich anwenden lässt sich diese Methode jedoch nur in einem Zeitfenster bis zu viereinhalb Stunden nach den Erstsymptomen des Schlaganfalls – danach sind die mangeldurchbluteten Gehirnregionen unwiderruflich zerstört. Wird das Gerinnsel, das die Blutzufuhr blockiert, dagegen rechtzeitig aufgelöst, so bleiben meist keine dauerhaften Schäden zurück.

Welche Verwüstungen ein Schlaganfall in den unversorgten Hirnregionen anrichtet, verdeutlichen einige Zahlen: Pro Stunde sterben 120 Millionen Neuronen, 830 Milliarden Synapsen und 714 Kilometer nervenschützender Myelinfasern. Schlaganfall-Patienten altern buchstäblich im Zeitraffer: um 8,7 Stunden pro Sekunde, um 3,1 Wochen pro Minute, um 3,6 Jahre in einer einzigen Stunde! In der kritischen Zeitspanne zwischen Hirnschlag und Beginn der Akutversorgung am Klinik-»Point of Care« kommt es also auf jede einzelne Minute an. Anders als beim Herzinfarkt kann die Thrombolyse nicht bereits im Rettungswagen, sondern erst in der auf Schlaganfall spezialisierten Klinik, der sogenannten »Stroke Unit«, beginnen.

Wo, so muss also die Frage lauten, lassen sich im Zeitraum zwischen Notruf und Diagnose im Krankenhaus kostbare Minuten einsparen? Die »klassische« Schlaganfall-Rettungskette sieht so aus:

- Bei der Notruf-Zentrale geht ein Notruf ein, daraufhin werden Rettungsdienst und Notarzt losgeschickt.
- Der Notarzt trifft direkt am Notfallort eine Erstdiagnose.
- Das Rettungsteam transportiert den Patienten in das vom Notarzt ausgewählte Krankenhaus.
- Im Krankenhaus erfolgt die Notaufnahme aufgrund von Informationen des Rettungsdienstes.
- Es erfolgt die Untersuchung mittels Computer-Tomografie.
- Schließlich entscheiden die Klinikärzte über die notwendige Therapie.

Bisherige Versuche, den Therapiebeginn zu beschleunigen, erschöpften sich in der Optimierung einzelner Abschnitte. Dem Patienten hilft es jedoch wenig, wenn man ihn zwar in Rekordzeit in die Klinik transportiert – dort aber bei der Aufnahme die vorher eingesparte Zeit wieder vergeudet wird. Das innovative deutsche Projekt »Stroke Angel«, wörtlich »Schlaganfall-Engel«, geht daher ganz anders vor. Hier liegt der Fokus auf dem gesamten Prozess. Hier wird gefragt: Wie lassen sich die einzelnen Abschnitte optimal miteinander verketten und der Prozess insgesamt optimieren, sodass die Zeitspanne zwischen Notruf und »Point of Care« deutlich verkürzt werden kann?

»Die initiale Idee kam von der Stiftung Deutsche Schlaganfall-Hilfe, welche im Frühjahr 2005 an Professor Siebler von der Neurologischen Universitätsklinik der Universität Düsseldorf, Philips und mich herantrat, um die Schnittstelle zwischen ›Präklinik‹ und Klinik zu optimieren«, erklärt Professor Griewing, Ärztlicher Direktor der Neurologischen Klinik Bad Neustadt/Saale. Stroke Angel ist ein interdisziplinäres Gemeinschaftsprojekt, das Möglichkeiten der modernen Telemedizin nutzt, also der computergestützten medizinischen Dienstleistungen. Es liegt auf der Hand, dass die Rettungskette von der Erstversorgung bis zur klinischen Akutversorgung nur durch ein Netz von Partnern optimiert werden kann, deren Kompetenzen jeden einzelnen Prozessschritt abdecken.

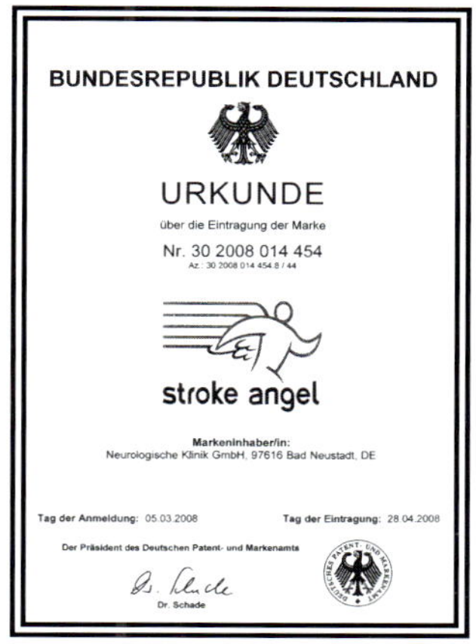
BUNDESREPUBLIK DEUTSCHLAND

URKUNDE

über die Eintragung der Marke

Nr. 30 2008 014 454

stroke angel

Markeninhaberin:
Neurologische Klinik GmbH, 97616 Bad Neustadt, DE

Tag der Anmeldung: 05.03.2008 Tag der Eintragung: 28.04.2008

Der Präsident des Deutschen Patent- und Markenamts

Dr. Schade

Markenurkunde von Stroke Angel.

Funktionsprinzip von Stroke Angel

Erstdiagnose und Übermittlung der Daten per PDA-Gerät

Der Rettungsassistent nimmt Daten zur Erstdiagnose in sein PDA-Gerät auf und übermittelt sie per GPRS direkt an die Klinik. Dort kann bereits die Akutversorgung vorbereitet werden; die Therapie beginnt sofort bei Eintreffen des Patienten.

Ausschnitt aus der Eingabemaske, die die Stroke-Angel-Rettungsassistenten am Notfallort ausfüllen, um eine Diagnose-Unterstützung zu erhalten und die Daten direkt an die »Stroke Unit« zu übertragen.

Als technologischen Turbo zur Prozessbeschleunigung nutzt Stroke Angel die Übermittlung von Daten zur Erstdiagnose per Personal Digital Assistent (PDA) und Mobilfunk (GPRS). Auf dem PDA des Rettungspersonals ist eine speziell für Stroke Angel entwickelte Software installiert, mit der Patientenstammdaten und diagnoserelevante Informationen erfasst werden können. Auf Basis dieser Daten wird eine Kennziffer berechnet, beispielsweise über den Los Angeles Prehospital Stroke Screen (LAPSS), der die Rettungskräfte in der präklinischen Phase bei der Erstdiagnose unterstützt.

Über eine Schnittstelle ist der Rettungsdienst mit dem Krankenhausinformationssystem (KIS) verknüpft. So können die lebenswichtigen Daten direkt an die Klinik weitergegeben werden, die der Notarzt für die Akutversorgung ausgewählt hat. Während der Rettungswagen den Patienten zum Krankenhaus transportiert, läuft dort bereits die Notaufnahme. Wenn der Kranke in der Klinik eintrifft, ist alles für die sofortige Computer-Tomografie (CT) und den unverzüglichen Beginn der Therapie vorbereitet.

Vorantreibende Innovatoren im Team waren vor allem die Stiftung Deutsche Schlaganfall-Hilfe (Qualitätsmanagement, integrierter Versorgungsansatz), die Neurologische Klinik Bad Neustadt, das Bayerische Rote Kreuz als außerklinischer, operativer Partner sowie das FZI als Technologiespezialist. Unterstützend tätig waren Sanofi-Aventis und Boehringer Ingelheim, die sich um Fortbildungsveranstaltungen und Informationsmaterialien für die Rettungsdienste kümmerten. Darüber hinaus nahmen in dieser Phase auch die Neurologische Universitätsklinik der Heinrich-Heine-Universität Düsseldorf (für die Evaluation im städtischen Umfeld) und Philips (für den Kommunikations-Prototypen) teil. Die Partner beschlossen, die Fördergelder, die das Bundesministerium für Wissenschaft und Forschung zur Anschubfinanzierung zur Verfügung stellte, für die Entwicklung der speziellen Software, die Schulung des Rettungspersonals und die Ausrüstung von zunächst fünf Rettungswagen mit der benötigten Stroke-Angel-Technik zu verwenden.

Die Prototyp- und Pilotphase dauerte von Oktober 2005 bis Oktober 2007. Danach ging Stroke Angel in den Landkreisen Bad Kissingen, Rhön-Grabfeld und inzwischen auch in Teilen des Landkreises Haßberge in den Regelbetrieb über. Bereits jetzt sind die Zeit- und Effizienzgewinne durch die Prozessinnovation sehr bemerkenswert. »Beeindruckend ist, dass Stroke Angel inzwischen ein Einzugsgebiet von rund 300000 Menschen erreicht«, führt Professor Griewing aus. »Die meisten von ihnen leben in ländlichen Gebieten.« Zur Erfolgsmessung wurden allein am Standort Bad Neustadt 226 Einsätze nach dem Stroke-Angel-Prinzip mit 184 Einsätzen verglichen, die von Januar bis Oktober 2005 noch nach herkömmlichem Schema abgelaufen waren. Die wichtigsten Ergebnisse:

— Die präklinische Zeitspanne vom Notruf bis zur Aufnahme im Krankenhaus stieg bei allen Patienten zusammen von 53 auf 55 Minuten, da wichtige Daten schon am Notfallort erhoben werden.

— Der anschließende Zeitraum bis zum Beginn der Akutversorgung (»Door-to-CT«) schmolz jedoch dramatisch zusammen – von 53 auf nur noch 30 Minuten.

— Bei den Schlaganfall-Patienten allein verkürzte sich der Abschnitt »Door-to-CT« sogar um mehr als die Hälfte – von 52 auf 24 Minuten.

— Auch bei der Untergruppe der Thrombolyse-Patienten schrumpfte die Zeitspanne von der Ankunft in der Klinik bis zum Computer-Tomografen um glatte 50 Prozent – von 32 auf 16 Minuten. Die Zeitspanne bis zur Behandlung (»Door-to-Needle«) verkürzte sich von 61 auf 38 Minuten.

»Durch diese Zeitersparnis konnte die Thromolyse-Quote von sechs auf 11 Prozent gesteigert werden«, erklärt Professor Griewing. »Dies ist angesichts eines bundesdeutschen Durchschnitts von etwa 3 Prozent ein großer Erfolg. Trotzdem gibt es immer noch Luft nach oben. Bis zu 25 Prozent können theoretisch erreicht werden.«

Da jede eingesparte Minute für den Patienten gerettete Lebenszeit und vermiedene Behinderungen bedeuten, steht der überragende Nutzen von Stroke Angel ohnehin außer Frage. Darüber hinaus hilft die Innovation aber auch, immense volkswirtschaftliche Kosten einzusparen. Nach einer Studie des Erlanger Schlaganfall-Registers beliefen sich im Jahr 2004 die medizinischen Kosten des Schlaganfalls in Deutschland auf 7,1 Milliarden Euro. Davon entfielen 40 Prozent auf ambulante, 22 Prozent auf stationäre Behandlung, 21 Prozent auf Reha-Maßnahmen und 17 Prozent auf Krankenpflege. Für den Zeitraum 2006 bis 2025 haben die Erlanger Wissenschaftler insgesamt 108,6 Milliarden Euro an direkten medizinischen Kosten durch Schlaganfälle in Deutschland errechnet. Selbst wenn man davon ausgeht, dass sich durch den bundesweiten Einsatz von Stroke Angel nur 10 Prozent dieser Kosten vermeiden ließen, ergäben sich Einsparungen von über 500 Millionen Euro – pro Jahr allein in Deutschland.

Die segensreiche Innovation elektrisiert mittlerweile die gesamte Gesundheitsbranche. Im September 2008 wurde Stroke Angel mit dem renommierten Golden Helix Award ausgezeichnet – einer der bedeutendsten Auszeichnungen im deutschen und österreichischen Gesundheitswesen. »Es gibt großes Interesse weiterer Landkreise, die die Schnittstelle zwischen Rettungsdienst und Klinik verbessern wollen«, erklärt Professor Griewing.

Und Dr. Ziegler, leitender Oberarzt an derselben Klinik, ließ schon zwei Jahre vorher seinen Blick über die nationalen Grenzen hinaus schweifen: »Das System überträgt die Daten unabhängig von der Sprache. Eine Ausbreitung des Stroke-Angel-Projekts auf andere Länder kann ich mir durchaus vorstellen.« Konkrete Anfragen gibt es bereits, beispielsweise aus Singapur.

Der Erfolg des Pilotprojekts ist längst eindrucksvoll belegt. Dr. Carsten Holtmann, Bereichsleiter am FZI, dem Informatik-Netzwerkpartner von Stroke Angel, ist überzeugt, dass die Innovation nur durch eine Allianz starker Partner mit unterschiedlichen Kompetenzen zustande kommen konnte. »Medizinisches, ökonomisches und technisches Wissen mussten zusammen eingesetzt werden, um diesen Fortschritt möglich zu machen.« Heute bereits gibt es mehr als ein Dutzend Rettungsteams, die mit Stroke Angel ausgestattet sind – weitere sollen folgen.

»Inzwischen ist Stroke Angel auch in der Luft«, erklärt Professor Griewing. »Seit dem 1. November 2008 ist ein Hubschrauber der Deutschen Rettungsflugwacht mit dem Stroke-Angel-System ausgestattet.« So können Patienten auch in ländlichen Gebieten jenseits eines 30-Minuten-Radius der Rettungsfahrzeuge rechtzeitig erreicht werden.

Von den Erfolgen des innovativen Rettungskonzepts motiviert, entsteht derzeit ein weiteres Projekt namens »Cardio Angel«: Auch die Versorgung von Herzinfarktpatienten soll in Zukunft nach dem Prinzip von Stroke Angel interdisziplinär organisiert und dadurch stark beschleunigt werden.

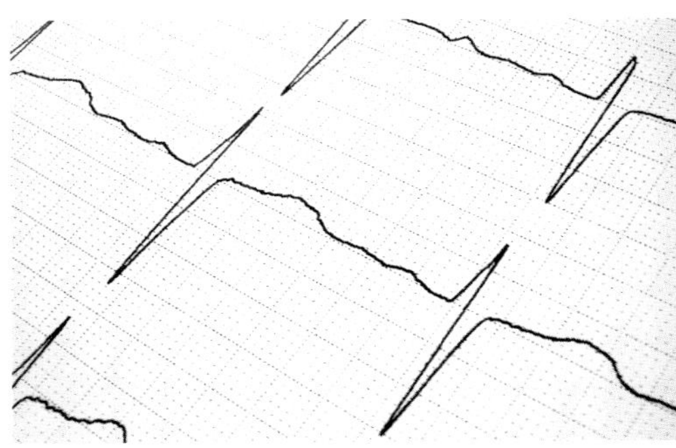

Gesundes Herz.

5 PROZESS- UND ORGANISATIONSINNOVATIONEN

MAAHANMUUT-TOVIRASTO

Wie der finnische Immigrationsservice zur Dienstleistungsagentur wird

Als Jorma Vuorio die Leitung der finnischen Einwanderungsbehörde übernimmt, ist das Immigrationssystem widersprüchlich und ineffizient. Zahlreiche Behörden und Ministerien sind am Entscheidungsprozess beteiligt, und alle verfolgen ihre eigenen Interessen. Als weltweiter Vorreiter entschließt sich Finnland, einen einheitlichen Immigrationsprozess einzuführen – mit der Messung von Kosten und Nutzen nach der Public-Service-Value-Methode, einem gemeinsamen IT-System und einem übergeordneten Steuerungsorgan. Schon nach kurzer Zeit ist klar, dass die neu geschaffenen Prozesse die Immigrationsprozesse nicht nur beschleunigen, sondern auch die Kosten um 30 bis 40 Prozent reduzieren.

Im Februar 2004 gibt das finnische Innenministerium den Startschuss für ein so ehrgeiziges wie überfälliges Reformprojekt: Die schwerfällige Einwanderungsbehörde soll serviceorientierter und leistungsfähiger, der gesamte administrative Immigrationsprozess vereinfacht und beschleunigt werden. Hierdurch will das Land den Vorgaben der EU-Immigrationspolitik und den Good-Governance-Prinzipien Rechnung tragen sowie – viel wichtiger – seine Attraktivität als Einwanderungsland für qualifizierte Arbeitskräfte steigern. Die demografische Überalterung macht Finnland wie den meisten westlichen Ländern zu schaffen – gleichzeitig liegt der Einwandereranteil weit unter dem EU-Durchschnitt: Von den etwa 5,3 Millionen Finnen sind gerade einmal 132000 oder 2,5 Prozent Immigranten.

Abgeschreckt werden Zuwanderer nicht nur durch die schwer zu erlernende Landessprache – hohe Hürden türmen auch die strengen Immigrationsvorschriften auf. Dabei hat Finnland traditionell mehr mit Auswandererströmen als mit einem Run auf seine Landesgrenzen zu kämpfen: In der Nachkriegszeit flohen Millionen Finnen vor der wirtschaftlichen Misere im Schatten des Eisernen Vorhangs: Über eine halbe Million zog allein ins prosperierende Nachbarland Schweden. Und noch im Jahr 2007 beträgt der Nettozuwachs der finnischen Bevölkerung, bezogen auf Ein- und Auswanderung, lediglich 2,6 Promille.

MAAHANMUUTTOVIRASTO
MIGRATIONSVERKET
FINNISH IMMIGRATION SERVICE

Das Logo der finnischen Einwanderungsbehörde.

Generaldirektor Jorma Vuorio wandelte die finnische Einwanderungsbehörde in einen modernen öffentlichen Dienstleistungsbetrieb um. »Das Ziel der Veränderungen besteht darin, Leistungsfähigkeit und Transparenz des Apparats zu steigern«, erklärte Vuorio 2004.

Unter der Leitung von Innenminister Kari Rajamäki startet ein aufwändiges Projekt, durch das die gesamte Immigrationsverwaltung und vor allem die Einwanderungsbehörde effizienter werden sollen. Treibende Kraft bei diesem tiefgreifenden Transformationsprozess ist der neue Generaldirektor der Behörde, Jorma Vuorio.

Zu Beginn der Neuorganisation arbeitet die Behörde mit ihren 230 Angestellten langsam und schwerfällig. Im Durchschnitt vergehen drei Monate, bis über einen Antrag auf Aufenthaltsgenehmigung entschieden worden ist. Asylsuchende müssen ganze zehn Monate auf ihren Bescheid warten. Eine noch härtere Geduldsprobe aber steht ausgerechnet den relativ wenigen Zuwanderern bevor, die sich um einen finnischen Pass bewerben: Zweieinhalb Jahre dauert es im Durchschnitt, bis ein Antrag auf Einbürgerung komplett bearbeitet worden ist.

Nicht zuletzt die lauter werdende Kritik an derlei Missständen zwingt die Behörde zum Handeln. Die einheimische Industrie beklagt wachsenden Fachkräftemangel und fordert, den Zuzug ausländischer Spezialisten zu erleichtern. Interessenvertreter des steigenden Bevölkerungsanteils mit Migrationshintergrund verlangen eine fairere und transparentere Immigrationspolitik – von gut 26000 im Jahr 1990 wuchs die Zahl der Einwanderer auf fast 133000 im Jahr 2007. Auch durch das neue finnische Ausländergesetz gerät die Behörde unter Druck: Der Gesetzgeber in Helsinki hat einen massiven Abbau von bürokratischen Hürden beschlossen, der bereits im Mai 2004 wirksam werden soll. Entsprechend liegt für das Jahr 2004 eine Rekordzahl von 3900 Asylanträgen vor – dabei warten weitere 4800 Altfälle noch auf ihren amtlichen Bescheid. Für Generaldirektor Jorma Vuorio ist also klar, dass die finnische Immigrationsprozedur von Grund auf umgebaut werden muss – und Steuerungszentrale soll fortan die Einwanderungsbehörde sein. *»Einwanderungsfragen sind in der EU ein ziemlich wichtiges Thema«, erklärt Jorma Vuorio. »In Brüssel werden unablässig Entscheidungen getroffen, die sich auch auf die Aktivitäten des finnischen Immigrationsservices auswirken.«*

Bis dahin sind mindestens fünf Ministerien und zehn Behörden in den Einwanderungsprozess eingebunden. Nicht weniger als fünfzig IT-Systeme sind auf die eine oder andere Weise beteiligt, wenn über Asyl, Aufenthaltsrecht oder Einbürgerung entschieden wird. Was vollkommen fehlt, ist eine übergeordnete Instanz, die die einzelnen Prozesse und Entscheidungen zu einem konsequenten Zuwanderungsprozess bündeln könnte. Stattdessen ist manchen Ämtern – wie etwa Polizei, Grenzschutz und Einwanderungsbehörde – das Innenministerium übergeordnet, während andere – die Aufnahmezentren für Asylbewerber beispielsweise – ans Arbeitsministerium berichten. Für die Gerichte wiederum ist allein der Justizminister zuständig, für die Botschaften einzig das Auswärtige Amt – und jedes Ministerium sieht und verfolgt in der Praxis nur seine eigenen Interessen. Das Arbeitsministerium versucht vor allem hoch qualifizierte ausländische Arbeitskräfte für den finnischen Arbeitsmarkt zu gewinnen. Das Innenministerium sieht die innere Sicherheit Finnlands durch viel zu laxe Grenzkontrollen und allzu liberale Zuwanderungspolitik bedroht. Und zu allem Überfluss sind etliche der beteiligten Ämter und Ministerien gerade erst im digitalen Zeitalter angekommen: Anträge werden immer noch in Papierform bearbeitet, Behörden korrespondieren äußerst umständlich per Telefax und versenden Durchschläge und maschinenschriftliche Berichte per Schneckenpost.

Die langen Bearbeitungszeiten in der Einwanderungsbehörde sind also nur ein Teil des Problems: Solange eine Vielzahl von Behörden in einem unkoordinierten Prozess über jeden Antrag mit zu entscheiden hat, bleibt der Immigrationsprozess in hohem Maß widersprüchlich und ineffizient. Eine übergreifende Einwanderungsstrategie muss sich vor allem auf diesen drei Problemfeldern bewähren:

— Die Zahl der Immigranten hat während der letzten Jahre zwar zugenommen, aber nur 5 bis 10 Prozent von ihnen sind aus beruflichen Gründen nach Finnland gekommen. Nach einer Analyse des Arbeitsministeriums sind 65 Prozent der Zuwanderer Familienangehörige von nicht finnischstämmigen Staatsbürgern, 15 Prozent Flüchtlinge und 10 Prozent Heimkehrer. *Dringend erforderlich ist also eine aktive Immigrationspolitik, um hoch qualifizierte ausländische Arbeitskräfte zur Einwanderung zu bewegen.* Gelingt dies nicht, wird die Zahl der aktiv Erwerbstätigen bis 2030 um 13 Prozent auf 2,1 Millionen sinken, während die der Ruheständler um 70 Prozent steigt.

— *Die Zahl der Zuwanderer wächst, doch ihre Integration hält mit der Entwicklung nicht Schritt.* Erforderlich sind also Programme, die eine schnellere und reibungslose Integration der Neubürger erlauben: Die Zahl der ausländischen Mitbürger hat sich zwischen 1990 und 2007 verfünffacht – und sie muss weiter steigen, damit die Bevölkerungszahl in Finnland trotz der demografischen Entwicklung wächst.

— *Bedingt durch die globale Mobilität und die weiter zunehmende EU-Integration steigt das nationale Sicherheitsrisiko* bei mehr als 15 Millionen Grenzüberschreitungen jährlich: Die Reform der Immigrationsprozesse muss letztlich auch dazu führen, dass illegale Grenzübertritte, Menschenschmuggel, illegale Einwanderung und grenzüberschreitendes organisiertes Verbrechen immer stärker zurückgedrängt werden.

Es liegt auf der Hand, dass diese Ziele, die zwangsläufig teilweise in Konflikt miteinander stehen, nur durch einen übergreifenden Ansatz erreicht werden können, indem die Interessen aller beteiligten Behörden aktiv gemanagt werden. Es sind viele Akteure, die hierfür ins Boot geholt werden müssen:

- das Innenministerium, das für die Verwaltung in Einwanderungsfragen und die Vergabe der finnischen Staatsangehörigkeit verantwortlich ist,
- die Einwanderungsbehörde, die dem Innenministerium unterstellt und zuständig für die meisten Immigrationsentscheidungen ist,
- die Polizei und der Grenzschutz bei Asylverfahren,
- die finnischen Botschaften, die dem Außenministerium unterstellt und zuständig für die Visavergabe sind,
- die Polizei zusammen mit der Einwanderungsbehörde bei Aufenthaltsgenehmigungen,
- das Arbeitsministerium zur Koordination der Integration von Zuwanderern und die Aufnahme von Asylsuchenden,
- die Gerichte, die dem Justizministerium unterstellt sind, bei rechtlichen Beschwerden.

Keine dieser Behörden ist gewöhnt, mit anderen Ämtern zu kooperieren, und es existieren keinerlei überwölbende Instanzen und bereichsübergreifende Prozesse. Zwar wird das Arbeitsministerium im Zuge der Reformen mit dem Wirtschaftsministerium verschmolzen und – soweit es bis dahin für Immigrationsfragen zuständig war – seine Aufgaben gehen an das Innenministerium über, aber das ändert nur wenig an der Zersplitterung des Einwanderungsprozesses. Hinzu kommt, dass selbst die Leistung der einzelnen Bereiche nur partiell gemessen wird, etwa die Zahl der bearbeiteten Anträge und die Bearbeitungsdauer in einer Behörde. Damit die Einwanderungsbehörde als Schlüsselinstitution künftig den gesamten Immigrationsprozess steuern und optimieren kann, muss also auch ein übergreifendes Kennzahlensystem (Performance-Management-System) mit definierten einheitlichen Zielen eingeführt werden.

Polarkreis: Grenzen im hohen Norden.

Im März 2004 beginnen die Vorbereitungen für die künftige elektronische Erfassung und Bearbeitung von Asylanträgen. *»Unser Ziel ist es«, sagt Direktorin Kaarina Koskinen, »alle wesentlichen Prozesse innerhalb der Einwanderungsbehörde bis Ende 2006 zu digitalisieren. Dadurch wird die Effizienz der Prozesse steigen, die Bearbeitungszeit sinken. Wir können künftig die Durchläufe besser kontrollieren und so auch Kosten einsparen.«* Die Behörde wird überdies dezentralisiert. Die regionalen Niederlassungen – in Kuhmo und Lappeenranta, später auch am Internationalen Flughafen Helsinki – sollen in die Lage versetzt werden, selbstständig bessere Entscheidungen zu treffen. »Die regionalen Einheiten hatten einen guten Start«, erklärt Esko Repo, einer der Regionaldirektoren, am Ende des ersten Reformjahres. »In den Regionalbehörden herrscht ein konstruktiver Geist, und das Personal tut alles, um gute Ergebnisse zu erzielen« – was ja überhaupt erst möglich ist, seit für alle nachvollziehbar festgelegt wurde, worin »gute Ergebnisse« bestehen.

Anfang 2006 gibt Jorma Vuorio den Startschuss für das Herzstück des tiefgreifenden Transformationsprozesses: In der Behörde soll ein Performance-Management-System auf Basis der Public-Service-Value-Methode (PSV-Methode) eingeführt werden. Alle Behörden, die am Einwanderungsprozess beteiligt sind, sollen zusammenarbeiten, um ihre Effizienz zu steigern. Sie sollen sich auf gemeinsame Zielsetzungen einigen und ihre Leistung künftig nach einheitlichen Kriterien messen. Die PSV-Methode ermöglicht überdies, das Verhältnis von Kosten und Nutzen bei den beteiligten Behörden und Ministerien miteinander zu vergleichen.

Die finnische Staatsflagge Siniristilippu.

PUBLIC-SERVICE-VALUE: WIE MAN DAS GEMEINWOHL MISST

Die Leistungsstärke börsennotierter Unternehmen drückt sich unter anderem im Shareholder-Value aus. Wie aber berechnet man die Wertschöpfung in der öffentlichen Verwaltung? Hierfür wurde die Kategorie des »Public-Service-Value« (PSV) entwickelt. Die PSV-Methode erlaubt es, die »Wirkung« von Behörden zu messen und in Relation zu den eingesetzten finanziellen Mitteln – hier also Steuern und Abgaben – zu setzen.
Für eine Behörde wie den finnischen Einwanderungsservice bedeutet dies: Ihre »Wirkung« besteht aus den sozialen und ökonomischen Erfolgen, den Änderungen und Leistungen, die sie für die Gesellschaft erbracht hat – also beispielsweise eine kürzere Bearbeitungszeit bei Anträgen oder eine sinkende Zahl von illegalen Grenzübertritten. Diese Wirkung wird zu allen Kosten, die die Behörde für diese Resultate verursacht hat, ins Verhältnis gesetzt. Der Nutzen oder Public-Service-Value der Einwanderungsbehörde ist folglich umso höher, je effizienter die angestrebten sozialen und ökonomischen Ergebnisse für die Bürger erreicht worden sind. Die Wertschöpfung lässt sich hierbei durch verschiedene Hebel steigern:

- strategische Richtlinien und effektive Steuerung des Gesamtprozesses,
- Automatisierung von Prozessschritten durch Datenbanken und Bearbeitungs-Software,
- Kooperation mit internationalen Organisationen,
- Zusammenarbeit mit nationalen Ministerien und Behörden,
- Fokus auf Bedürfnisse der Kunden (Einheimische und Einwanderer),
- professionelles Management der internen Personalkapazitäten.

Aber wie genau sollen die gemeinsamen Ziele der beteiligten Behörden und Ministerien aussehen? Wie soll der bereichsübergreifende Einwanderungsprozess strukturiert werden? Hierfür richtet Vuorio ein Projektmanagementteam ein. Ihm gehören Vertreter der Führungsebenen aller beteiligten Ministerien und Behörden an, die zunächst einmal zu Protokoll geben, welche Ziele für sie wichtig sind und wie diese ihrer Ansicht nach am besten erreicht werden.

Jorma Vuorio und sein Team von Transformationsexperten erstellen daraufhin eine Liste der wichtigsten potenziellen Ziele, die mit der Neuorganisation erreicht werden sollen. Es folgen Diskussionen und Workshops, in deren Verlauf allmählich die Umrisse eines angepassten Public-Service-Value-Modells sichtbar werden. Schließlich einigt man sich auf vier strategische Hauptziele.

Diese Übereinkunft wird aber erst möglich, als das Projektmanagementteam beschließt, einen Hauptausschuss für Immigrationsangelegenheiten einzurichten. Diesem Gremium gehören Vertreter aus dem mittleren Management der am Immigrationsprozess beteiligten Behörden und Ministerien an: Zuvor war keine der beteiligten Regierungsorganisationen bereit, die Verantwortung für die Entwicklung eines neuen Prozessmodells zu übernehmen. Für die meisten Aufgaben sind mindestens zwei Regierungsstellen zuständig, die jede auf ihrer Entscheidungsgewalt und ihrem Lösungsansatz bestehen – und gleichzeitig versuchen, ihre Kosten möglichst auf andere Stellen abzuwälzen. Doch der übergeordnete Hauptausschuss bewertet Ziele und Nutzen des angestrebten neuen Prozesses nicht mehr durch die Brille der einzelnen Behörden, sondern nach der Public-Service-Value-Methode – und einigt sich auf vier Kernergebnisse, die die angestrebte Wirkung des neuen Prozesses umschreiben:

- Förderung der Immigration qualifizierter Arbeitskräfte nach Finnland, um Arbeitskräftemangel in bestimmten Berufen auszugleichen,
- Verbesserung der Kapazitäten des Einwanderungsprozesses, auch im Hinblick auf einen möglichen künftigen Anstieg der Zahl von Asylanträgen,
- Berücksichitung internationaler Abkommen und Stärkung der Rechte von Einwanderern,
- Definition von Prioritäten, Zielen und Maßnahmen für das gesamte finnische Einwanderungsprogramm einschließlich der Sicherheitsaspekte.

INNOVATIONSPROZESS (I): WIE DIE IDEE ENTSTEHT

Als Jorma Vuorio 2004 zum Generaldirektor der finnischen Einwanderungsbehörde ernannt wird, ist eine Vielzahl von Behörden und Ministerien am Immigrationsprozess beteiligt. Sie alle verfolgen ihre Eigeninteressen, die sich teilweise widersprechen. Was gänzlich fehlt, ist ein übergeordnetes Steuerungsorgan. Von Innovator Vuorio angetrieben, führt Finnland als weltweit erster Staat einen einheitlichen Immigrationsprozess ein – mit der Messung von Kosten und Nutzen nach der Public-Service-Value-Methode, einem gemeinsamen IT-System und einem übergeordneten Hauptausschuss, der die divergierenden Ziele miteinander in Einklang bringt.

INNOVATIONSPROZESS (II): WIE DAS NEUE MODELL ERFOLGREICH PILOTIERT UND UMGESETZT WIRD

Schon fünf Monate nach Projektstart wird das neue Organisations- und Prozessmodell eingeführt. Kernelement ist ein interministeriell besetzter Hauptausschuss als Steuerungsorgan. Nach einer Testphase und einigen Anpassungen wird das Modell seither im Innen- und im Außenministerium, im Arbeits- und Justizministerium sowie bei der Einwanderungsbehörde selbst umgesetzt. Schon nach kurzer Zeit ist klar, dass die neu geschaffenen Prozesse die Immigrationsprozesse bei gestiegenen Zuwandererzahlen nicht nur beschleunigen, sondern auch die Kosten um 30 bis 40 Prozent zu reduzieren helfen.

Auf dieser Basis kann das Projektmanagementteam zügig ein neues Organisations- und Prozessmodell entwerfen, das alle Bereiche umfasst. Zusätzlich wird eine maßgeschneiderte IT-Lösung entwickelt – eine Datenbank, auf die alle beteiligten Instanzen zugreifen können, nebst Anwendungssoftware zur elektronischen Bearbeitung der meisten manuellen Prozessschritte.

Bereits im Mai 2006, nur fünf Monate nach Start dieses Projekts, wird das Performance-Management-Modell bei der Einwanderungsbehörde und allen anderen beteiligten Staatsorganisationen eingeführt. Nach einer Testphase und einigen Anpassungen wird das Modell seither im Innen- und im Außenministerium, im Arbeits- und Justizministerium sowie bei der Einwanderungsbehörde selbst umgesetzt. Der »Hauptausschuss für Immigrationsangelegenheiten« fungiert nunmehr als Steuerungseinheit, die einzelnen Bereiche sind in einem einheitlichen Prozess zusammengeschaltet, mit der Einwanderungsbehörde als Kernelement.

Um sicherzustellen, dass sich der finnische Immigrationsprozess auch künftig weiterentwickelt, wurde im Herbst 2007 ein Beratungsausschuss unter Leitung des erfahrenen Elder Statesman Ole Norrback eingesetzt. Neben Behörden, Ministerien und Nichtregierungsorganisationen wie dem Roten Kreuz gehören ihm beispielsweise auch Repräsentanten von Einwanderergruppen an. Auch diese Idee stammt von Jorma Vuorio, dem unermüdlichen Antreiber im Innovationsprozess. *»Die Aufgabe des Ausschusses besteht darin, über die Weiterentwicklung unserer Dienstleistungen zu diskutieren und Empfehlungen abzugeben«, erklärt Vuorio. »Die Ausschussmitglieder sollen ihre Expertise einbringen.«* Im Ausschuss vertretene Institutionen sind:

- die Einwanderungsbehörde der Stadt Helsinki sowie die Einwanderungs- und die Polizeiabteilung des finnischen Innenministeriums,
- der Grenzschutz und das Außenministerium,
- die finnische Menschenrechtsliga und der finnische Flüchtlingsrat,
- das Büro des Ombudsmanns für Minderheiten,
- der finnische Industrieverband,
- regionale Arbeitsmarkt- und Entwicklungszentren.

Begehrt: der finnische Reisepass.

Die Arbeit des Ausschusses soll auch dabei helfen, die Beziehungen zu Neubürgern zu intensivieren: Wenn die Einwanderungsbehörde die Erwartungen der Betroffenen kennt, kann sie ihr Serviceangebot gezielt verbessern. »Hierfür entwickeln wir Feedback-Kanäle via Internet«, erklärt Hanna Koskinen, die neu ernannte Direktorin für Kundenservice, »und wir befragen unsere Kunden, wie zufrieden sie mit unserem Service sind.« Ihre Position wurde eigens geschaffen, um die Behörde zu einer wirklichen Dienstleistungsorganisation zu machen. Alle Abläufe sind fortan am Interesse der Anspruchsberechtigten orientiert, die folgerichtig nicht mehr »Antragsteller«, sondern »Kunden« heißen. *»Serviceorientierung bedeutet, dass wir alle Vorgänge im gesamten Büro hinterfragen und dann entscheiden, was daran aus Kundensicht besser laufen könnte: welche Services wir weiterentwickeln sollten, welche Qualitätsstandards wir benötigen und wie wir die Kundenzufriedenheit messen können. Durch guten Service zeigen wir, dass wir unsere Sache verstehen.«*

Seit Anfang 2008 hat die Behörde auch einen neuen Namen: Sie heißt nun nicht mehr Immigrationsabteilung, sondern Einwanderungsservice. Die Umbenennung stellt nicht etwa eine kosmetische Maßnahme dar, sondern ein konkretes Versprechen: Das Servicebüro will kundenorientiert und offen sein und sich als gesellschaftlicher Akteur engagieren – und dies alles in sehr viel höherem Maß als die Vorgängerbehörde.

Der neue Slogan des Einwanderungsbüros heißt »Besserer Service für alle«. »Es ist unsere Pflicht sicherzustellen, dass sich die guten Ideen und Initiativen des mit Experten besetzten Beratungsausschusses in der Praxis des Immigrationsservices niederschlagen«, betont Jorma Vuorio. 2009 wird das neue interministerielle IT-Einwanderungssystem UMA eingeführt. Dadurch wird auch die Qualität des elektronischen Serviceangebots massiv gesteigert: Das neue System erlaubt es den Kunden fortan, den Status ihrer Anträge im Internet einzusehen. Schon im Jahr 2006 ist allen Beteiligten klar, dass die Effizienz des Immigrationsprozesses durch die Prozess- und Organisationsinnovation deutlich gestiegen ist:

- Der Einbürgerungsprozess für Zuwanderer hat sich von 2,5 auf 1,5 Jahre drastisch verkürzt.
- Die Kosten in den verschiedenen Bereichen sind – durch Personaleinsparung und Steigerung der Produktivität – um 30 bis 40 Prozent gesunken.
- Gleichzeitig hilft das neue Modell, qualitative Immigrationsziele zu erreichen: Die Zufriedenheit der Kunden ist gestiegen, das Vertrauen von Einheimischen und Einwanderern in Transparenz und Fairness des Immigrationsprozesses gestärkt, das Sicherheitsgefühl in der Bevölkerung und zwischen den Bevölkerungsgruppen hat zugenommen.

ERFOLGSGRÜNDE IM ÜBERBLICK: FINNISCHER IMMIGRATIONSSERVICE

Die grundlegende Umgestaltung des Immigrationsprozesses wurde vor allem von *Innovator* Jorma Vuorio vorangetrieben. Als er im Jahr 2004 die Leitung der Einwanderungsbehörde übernahm, erkannte er, dass die hochgesteckten Ziele der verschiedenen Ministerien mit den bisherigen Strukturen nicht zu erreichen waren: Diese bewirkten, dass die – durchaus berechtigten – Einzelinteressen der beteiligten Ministerien sich häufig gegenseitig blockierten. Vuorio initiierte daher die Umstrukturierung der Prozesse im finnischen Immigrationssystem und führte das weltweit erste bereichsübergreifende Public-Service-Value-Projekt (PSV) durch, das mehrere Ministerien und Behörden miteinander verbindet.

Jorma Vuorio berief einen übergeordneten Ausschuss ein, dem Experten aller beteiligten Ministerien und Behörden angehörten. Als zentrales Steuerungsorgan ermöglichte das Expertenteam einen offenen, transparenten und überparteiischen Entscheidungsprozess. Hierdurch wurde ein *strikter, durchgängiger Innovationsprozess* gewährleistet, bei dem Zielsetzungen der einzelnen Bereiche erfasst, bewertet und in übergeordnete Ziele integriert wurden. Auf diese Weise konnte die Aufgabe rasch und effizient bewältigt werden.

Durch die Neugestaltung des finnischen Einwanderungssystems wurde ein *Kundenbedarf* gedeckt. Das gilt nicht nur für die deutlich beschleunigte Einwanderung als Vorteil für die Immigranten; als »Kunde« half sich der Staat mit dieser Innovation auch selbst: Bei rückläufiger Geburtenrate wären seine Steuereinnahmen ohne steigende Zuwanderung gut ausgebildeter Arbeitskräfte rasch gesunken.

Das *Managen von gesellschaftlichen und politischen Hindernissen* war ein entscheidender Erfolgsfaktor bei dieser Innovation: Der neu geschaffene Prozess mit übergeordnetem Leitungsgremium, IT-Unterstützung und Messsystem hat Silodenken, Eigeninteresse und kurzfristige Zielsetzungen der einzelnen Ämter und Ministerien in einer einheitlichen Struktur mit übergreifenden Zielen überwunden.

Durch die Wahl der PSV-Methode entschieden sich die Verantwortlichen automatisch für einen *rigorosen Business-Case*. Sie lenkte den Fokus des Innovationsprojekts auf die angestrebten Ergebnisse und setzte sie in Relation zu den entstehenden Kosten. Die Resultate sind eindrucksvoll: Die Bearbeitungszeit für Einbürgerungsanträge wurde – bei steigenden Immigrantenzahlen – nahezu halbiert, die Einsparungen belaufen sich auf 30 bis 40 Prozent.

Geregelte Zuwanderung gleicht eine rückläufige Geburtenrate aus.

EVONIK

Wie ein Chemieunternehmen grüne Zukunft verspricht und schwarze Zahlen schreibt

Das Science-to-Business-Center Nanotronics am Chemiepark Marl ist ein lang gestrecktes Gebäude mit großen Glasfronten. Zukunftsweisend sind nicht nur die Nanomaterialien für elektronische Anwendungen, die rund fünfzig hoch qualifizierte Wissenschaftler in dem ultramodern ausgestatteten Komplex entwickeln. Neuartig ist auch die Form der Zusammenarbeit von Forschern und Entwicklern aus Unternehmen und Hochschulen: Evonik, führend in der Spezialchemie, setzt dort seit 2005 eine innovative Organisation seines strategischen Forschungs- und Entwicklungsbereichs um.

Mit einem Umsatzanteil von 75 Prozent ist die Chemie das mit Abstand wichtigste Geschäftsfeld des 2007 neu geschaffenen Evonik-Konzerns. Weltweit arbeiten zirka 2300 Wissenschaftler in den Forschungslaboren von Evonik. Mit rund 20000 angemeldeten Patenten und einem Forschungsbudget von 307 Millionen Euro im Jahr 2007 ist die Chemie der Innovationstreiber des Konzerns, der im selben Jahr einen Gesamtumsatz von 14,4 Milliarden Euro und ein operatives Ergebnis (EBITDA) von mehr als 2,2 Milliarden Euro erzielt hat.

Die Unternehmensspitze hat 2008 das Ziel verkündet, Evonik bis 2013 zum profitabelsten und kreativsten Unternehmen der Spezialchemie zu machen. Um diese ehrgeizige Vision zu verwirklichen, erklärt Vorstandsmitglied Dr. Alfred Oberholz im Jahr 2005, dass die Investitionen in Forschung und Entwicklung von gut 3 auf 4 Prozent des Umsatzes erhöht werden sollen. Vor allem aber will das Topmanagement durch eine umfassende Neuorganisation die unternehmens-

Das Science-to-Business-Center von Evonik in Marl.

internen Forschungs- und Entwicklungsprozesse produktiver machen. Die Entwicklungszeiten sollen sinken, der Ausstoß an innovativen Produkten und Lösungen deutlich steigen, damit Evonik auch im multipolaren Zeitalter seine Führungspositionen halten und möglichst noch ausbauen kann.

In kaum einer Branche ist der Innovationsdruck mittlerweile höher als in der Chemie. Die Wissenschaftler in den Laboren der führenden Unternehmen entwickeln ganz neue Produkt- und Anwendungswelten auf der Basis von Zukunftstechnologien wie Nano- oder Biotechnologie. Hauchdünne Displays, die sich wie Papier rollen und falten lassen, oder genetisch optimierte Mikroorganismen, die Kraftstoff aus Stroh und Holzresten gewinnen – in der Welt der Spezial- und Biochemie scheint nur wenig unmöglich.

Noch stärker hängt damit aber der Erfolg der Unternehmen von ihrer Innovationskraft ab: 80 Prozent der Umsätze machen Chemieunternehmen wie Evonik heute mit marktführenden Produkten. Und 20 Prozent der Umsätze werden sogar mit Innovationen erzielt, die jünger als fünf Jahre sind. Nur wer schnell ist, kann in der globalen Champions League bestehen.

Zugleich sind jedoch die Entwicklungsprozesse gerade in der Spezialchemie außerordentlich zeitaufwändig – häufig vergehen von der Idee bis zur Markteinführung eines neuartigen Produkts weit mehr als zehn Jahre. Dabei sieht der traditionelle Entwicklungsprozess so aus: Die Forschungsabteilungen sind nach den Geschäftsfeldern des Unternehmens aufgeteilt. Auf der Basis nachwachsender Rohstoffe entwickeln die Wissenschaftler beispielsweise einen neuartigen Dämmstoff für die Bauindustrie. Erst in diesem Stadium werden Projektmanager hinzugezogen: Sie präsentieren den Kunden die Neuentwicklung, die sodann nachträglich den Kundenbedürfnissen angepasst wird. Diese Adaptionsprozesse aber kosten wiederum sehr viel Zeit und Geld – und erhöhen überdies das Risiko, dass Wettbewerber mit einer ähnlichen Lösung schneller am Markt sind.

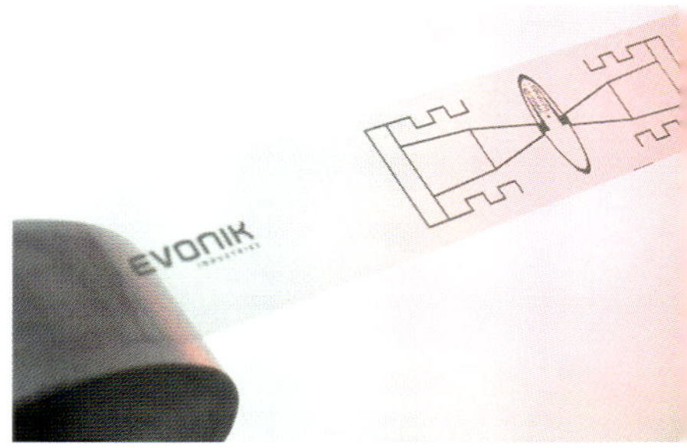

Leistungfähige Li-Tec-Zelle (links) und gedruckte RFID-Antenne (rechts).

Von diesem altväterlichen Modell hat sich Evonik längst verabschiedet. Investitionen in Forschung und Entwicklung werden seitdem flexibler gehandhabt: Je höher der erwartete Kundennutzen einer Neuentwicklung, desto höher kann auch das projektbezogene Forschungsbudget ausfallen. 85 Prozent des gesamten Entwicklungsetats werden in die Forschung für bestehende Produkte investiert. Die übrigen 15 Prozent entfallen auf »Explorative Research« – Forschungsaktivitäten zu »Technologien, Anwendungen und Systemlösungen für Zukunftsmärkte mit überdurchschnittlichen Wachstumsraten«, wie es in einer Selbstdarstellung des Geschäftsfeldes Chemie von 2006 heißt. Für dieses Segment mit dem höchsten Innovationspotenzial wurde die strategische Forschungs- und Entwicklungseinheit »Creavis Technologies & Innovation« geschaffen, in der auch die Science-to-Business-Center in Marl integriert sind. Bei der Entwicklung neuer Geschäfte folgt Creavis zwar grundsätzlich der klassischen Struktur des Innovationsprozesses – von der Ideenentwicklung bis zur Markteinführung. Doch je nach Neuartigkeitsgrad und finanziellem Risiko werden die Projekte von Beginn an in zwei unterschiedliche Pipelines eingespeist:

— Besonders grundlegende, geschäftsbereichsübergreifende Forschungsthemen mit mittlerem Risiko werden in den sogenannten Projekthäusern bearbeitet. Für einen Zeitraum von drei Jahren kommen Forscher aus den am Projekthaus beteiligten Ge-

Innovationsprozess Evonik

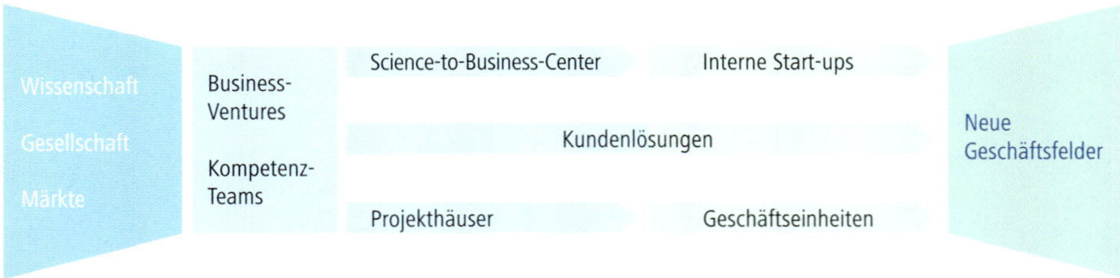

Durch die innovative Organisation wird der Innovationsprozess bei Creavis beschleunigt.

schäftsbereichen am Standort Hanau-Wolfgang zusammen und arbeiten gemeinsam an den Forschungsthemen des jeweiligen Projekthauses. Die Projekthäuser werden zu je 50 Prozent von der Creavis und von den beteiligten Geschäftsbereichen finanziert. Nach Ablauf der drei Jahre kehren die Forscher mit dem gewonnenen Wissen in ihre Geschäftsbereiche zurück. Die in den Projekthäusern entwickelten Produkte und Technologien werden in der Regel durch den Geschäftsbereich vermarktet.

Forschungsthemen mit hohem Risiko, die völlig neue Gebiete für Evonik darstellen, werden in den Science-to-Business-Centern bearbeitet. Das Konzept dieser Center beruht auf der Integration aller Forschungs- und Entwicklungsaktivitäten entlang der Wertschöpfungskette unter einem Dach – von der Grundlagenforschung über die Produktentwicklung bis hin zur Pilotproduktion. Ziel ist die schnelle Entwicklung neuer Geschäfte bis hin zur Produktion fertiger Systeme für den Endanwender. Durch die Kooperation mit Hochschulen und Forschungsinstituten als gleichberechtigte integrierte Partner kann das Wissen in der Grundlagenforschung vertieft werden. Bei der Entwicklung von Produkten arbeiten die Forscher von Anfang an mit den potenziellen Kunden zusammen, um deren Anforderungen besser zu verstehen und adäquate Problemlösungen zu finden.

Die Science-to-Business-Center sind mit der gesamten Technologie ausgestattet, die man für die Entwicklung von Innovationen entlang der Wertschöpfungskette benötigt – von Forschungslaboren bis hin zur Pilotfertigung. Wissenschaftler aus dem Unternehmen und aus Hochschulen sowie Zulieferer und Kunden treffen in Bauten mit betont offener Architektur aufeinander. »Rund 80 Prozent aller Innovationen entstehen durch persönliche Kommunikation und nicht durch Telefon oder E-Mail«, sagt Architekturprofessor Günter Henn, Schöpfer des zukunftsweisenden Baus in Marl. »Wir brauchen Räume zum Denken, denn Letzteres ist auch ein kollektiver Prozess.« Die innovationsfördernde und kommunikationsfreundliche Architektur begünstigt auch die Knüpfung von Allianzen und Netzwerken über Fach- und Abteilungsgrenzen hinweg.

Obwohl das Science-to-Business-Center Nanotronics erst 2005 eröffnet wurde, kann die Innovationsschmiede bereits erste eindrucksvolle Erfolge vorweisen. Projektteams haben keramische Separatoren entwickelt, die Sicherheit und Leistungsfähigkeit von Lithium-Ionen-Großbatterien drastisch verbessern – ein wesentlicher Baustein für die Entwicklung alltagstauglicher Elektroautos. Im Dezember 2008 haben Evonik und Daimler ein ehrgeiziges Kooperationsprojekt vereinbart: Gemeinsam wollen sie den Energiespeicher der Zukunft entwickeln. Auf Basis der Lithium-Ionen-Technologie von Evonik und mit dem Know-how von Daimler werden beide Großkonzerne die Erforschung, Entwicklung und Produktion von Batteriezellen und Batteriesystemen am Standort

Deutschland vorantreiben. Li-Tec-Zellen werden kurzfristig in Elektrofahrzeugen aus dem Autokonzern eingesetzt. Evonik hat auf dem Weg zur Technologieführerschaft in den vergangenen Jahren rund 80 Millionen Euro investiert. Das Ergebnis sind serienfähige Hightech-Batteriezellen, die Konkurrenzprodukten in wesentlichen Punkten deutlich überlegen sind. Experten sagen für den Markt der Batteriematerialien ein überaus rasantes Wachstum voraus – von 1,4 Milliarden im Jahr 2005 auf 3,9 Milliarden Euro zehn Jahre später.

Weitere zukunftsträchtige Projekte in der Nanotronics-Pipeline sind transparente leitfähige Schichten für preiswerte Displays oder Materialien für kostengünstige gedruckte Elektronik wie zum Beispiel gedruckte RFID-Antennen (»Radio Frequency Identification«).

Wie erfolgreich die Forschungs- und Entwicklungsorganisation von Evonik ist, kann man an der Anzahl der Patente ablesen: Bereits im Geschäftsjahr 2006 ist ihre Zahl um 350 gestiegen, 2007 dann nochmals um über 300 auf inzwischen mehr als 20000 Patente.

Durch die Erfolge ermutigt, hat die Unternehmensführung grünes Licht für eine zügige Ausweitung des Science-to-Business-Konzepts gegeben. Anfang 2007 wurde das Science-to-Business-Center Bio eröffnet. Der Fokus liegt hier auf nachhaltigen Produktionsprozessen wie Fermentation und Biokatalyse auf der Basis von nachwachsenden Rohstoffen. Ziel ist die Synthese von biobasierten Materialien mit herausragenden Funktionen oder einem signifikanten Kostenvorteil.

Das dritte Science-to-Business-Center Eco² bündelt die im Konzern vorhandenen Kompetenzen rund um das Themenfeld Energieeffizienz und Klimaschutz in Form von geschäftsbereichs- und geschäftsfeldübergreifenden Entwicklungsprojekten und forscht an innovativen Lösungen, um die Erde vor dem Klimakollaps zu bewahren – und um Evonik bis 2013 zum kreativsten und profitabelsten Spezialchemieunternehmen der Welt zu machen.

Herstellung von Separion-Seperatoren.

PUMA

Wie die Raubkatze mit Riesensprüngen wieder an die Spitze vorprescht

Mit gerade 30 Jahren wird Jochen Zeitz 1993 der jüngste Vorstandsvorsitzende eines börsennotierten Unternehmens in Deutschland.

In den goldenen Achtzigern gehen die Geschäfte des Herzogenauracher Sportartikelherstellers Puma glänzend. Fußballlegende Diego Maradona stürmt und schießt mit Puma-Schuhen. Tennisidol Boris Becker schlägt in Wimbledon Asse mit Rackets von Puma. Doch auf die fetten Jahre folgt der Absturz: Ende der Achtziger erobern Nike und Reebok den europäischen Markt. Maradona setzt die »Hand Gottes« fast nur noch zum Koksen ein. Boris Becker geht immer öfter gegen Champions mit Nike-Schlägern baden.

Pumas Erzfeind Adidas, auf der anderen Seite des fränkischen Flüsschens Aurach beheimatet, muss zwar gleichfalls Marktanteile an die Wettbewerber aus Übersee abgeben. Aber weit härter erwischt es Puma: Der erfolgsverwöhnte Sportartikler hat die Globalisierung verschlafen. Die Bilanz von Puma färbt sich rot. Zweifel an der Liquidität des Unternehmens werden laut. Überdies liegt Firmenchef Armin Dassler mit einer tödlichen Krankheit danieder.

Verzweifelt halten die Gesellschafter nach einer Führungspersönlichkeit Ausschau, die Puma wieder auf die Beine helfen kann. Als ihre Wahl 1993 auf den jungen Marketingfachmann Jochen Zeitz fällt, klopft man sich bei Adidas vor Lachen auf die Schenkel: Dieser erst 30-jährige Neuling soll Puma retten?

Doch die Häme bleibt der Konkurrenz bald schon im Hals stecken. Innovator Jochen Zeitz beweist herausragende Macher- und Marathonqualitäten. »Mich interessiert nicht, ob das ein Schleudersitz ist«, erklärt er in einem Interview mit der Zeitschrift *Capital*. »Ich wollte Verantwortung, die ganz große Herausforderung!« Seine Arbeit beginnt der neue Vorstandschef mit einer illusionslosen Bestandsaufnahme. Bei seinem Amtsantritt weist die Puma AG einen Verlust von 36,9 Millionen Euro aus. Das Unternehmen wird vom Beamtengeist gelähmt: Kaum jemand fühlt sich für den Erfolg der Firma mitverantwortlich. Zwischen den verschiedenen Unternehmensbereichen herrscht Funkstille.

Zusammen mit seinem engsten Führungskreis entwickelt Zeitz ein umfassendes Sanierungskonzept. Den schwedischen Hauptgesellschafter Aritmos erschreckt er mit der Voraussage, dass Puma noch weitere zwei Jahre rote Zahlen schreiben werde. Doch Zeitz kann die Skandinavier von seinem radikalen Umbauprogramm überzeugen, das aus vier Phasen besteht:

— Von 1993 bis 1997 will er durch drastische Reorganisation die Kosten senken. Puma soll zu einer »virtuellen Organisation« umgebaut werden, die flexibler und kostengünstiger produzieren kann als andere Unternehmen.

— Von 1998 bis 2001 will Zeitz die virtuelle Organisation des Unternehmens vorantreiben, damit es durch Dezentralisierung noch schneller und effizienter wird. Zugleich will er den in Phase 1 gewonnenen finanziellen Spielraum für Investitionen in Produktentwicklung und Marketing nutzen: Puma soll sich vom Sportartikelhersteller zum Anbieter sportiver Lifestyle-Produkte wandeln.

— In Phase 3, die von 2002 bis 2005 dauern soll, will der hünenhafte Unternehmenschef mit der jugendlich-unbekümmerten Ausstrahlung das Image der Marke tunen: Puma soll zu einer begehrten Sport-Lifestyle-Marke werden – und zugleich zu einem der profitabelsten Unternehmen der Branche.

— 2006 schließlich beginnt die letzte Restrukturierungsphase: Bis 2010 will er Puma zur weltweit heißesten Marke im Sport-Lifestyle-Markt machen.

Boris Becker siegt in Wimbledon – mit Puma.

Maradona schießt Tore mit Puma-Schuhen.

Das Konzept der virtuellen Organisation ist in den Neunzigern noch Neuland. Als eines der ersten Unternehmen macht Puma den Praxistext: Zeitz zerlegt die Firmenzentrale in drei Kompetenzzentren mit Sitz in Deutschland, Hongkong und Boston. Die Zahl der Unternehmensfunktionen wird auf sieben reduziert: Produkt, Logistik und Marke, Wachstum, Struktur, Unternehmenswert und -kultur. In einer rigorosen Analyse ermitteln Zeitz und seine Vorstandskollegen, welche Abschnitte der Wertschöpfungskette externe Anbieter besser und kostengünstiger übernehmen können. Produktion, Logistik und Vertrieb werden daraufhin ausgegliedert: Fortan sollen Puma-Schuhe von wechselnden Anbietern rund um den Globus genäht, gelagert und vertrieben werden – je nachdem, wo sich gerade die günstigsten Konditionen für die benötigte Qualität bieten. In Zeiten schwacher Nachfrage muss das Unternehmen so keine Fixkosten für brachliegende Produktionsstätten und unterbeschäftigte Angestellte mehr aufbringen. Und wenn Puma-Produkte in Fabriken rund um den Globus produziert werden, lassen sie sich regionalen Bedürfnissen sehr viel leichter und rascher anpassen – ein oftmals entscheidender Wettbewerbsvorteil in schnelllebigen Zeiten.

Nach dem Prinzip von Nabe und Speiche werden die einzelnen Funktionen direkt mit der Zentrale in Herzogenaurach verbunden. Dort behält die Firmenleitung die Schlüsselfunktionen in der Hand – insbesondere strategische Planung und Kontrolle, Koordination und das Management der Wertschöpfungskette. Das Kompetenzzentrum in Boston dagegen steuert die globalen Marketingaktivitäten, da Trends in der Sportmode zu dieser Zeit von Nordamerika ausgehen. Für die Funktion Beschaffung wird das Unternehmen World Cat gegründet und in die drei Kompetenzzentren eingegliedert. Der vertikale Aufbau des Unternehmens wird zudem durch eine horizontale Struktur ergänzt: Fünf regionale Satelliten sollen sicherstellen, dass Puma-Produkte und Marke-

Pumas virtuelle Organisation nach der ersten Restrukturierungsphase 1997

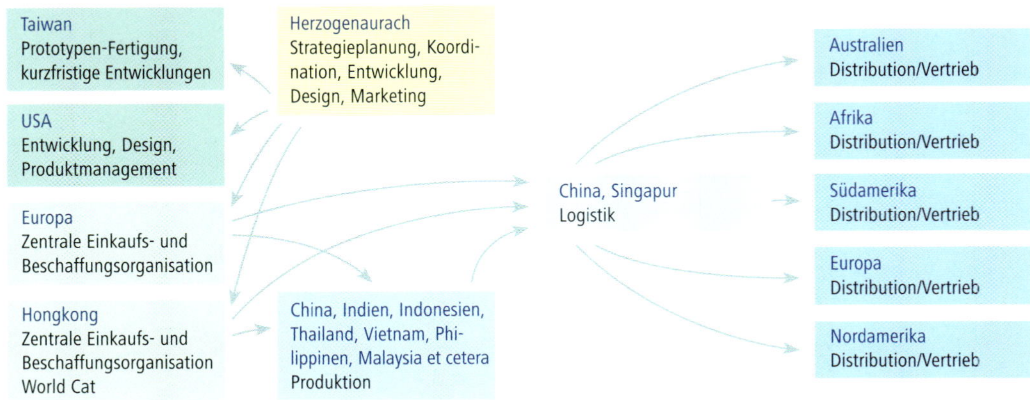

tingmethoden stets auf lokale Besonderheiten abgestimmt werden. So betreuen die drei Kompetenzzentren gleichzeitig die Regionen Europa, USA und Fernost. Ein vierter Satellit mit Sitz in Australien ist für den pazifischen Raum zuständig. Das Regionalzentrum für Osteuropa, Afrika und den Mittleren Osten schließlich ist in Österreich angesiedelt.

Die einschneidenden Änderungen rufen in Herzogenaurach anfangs beträchtliche Aufregung hervor. Rigoros reduziert Zeitz die Personalkosten: Allein 1993 müssen 360 Mitarbeiter gehen, rund ein Drittel der Belegschaft. Aber Zeitz wirbt zugleich um Verständnis für seine Umbaumaßnahmen: Die freigesetzten Mitarbeiter erhalten großzügige Abfindungen oder werden bei anderen Firmen in der Region untergebracht. Die Sanierer sparen aber nicht nur bei den »Kleinen« – auch die gesamte Führungsebene der Generalmanager wird durch die neue Organisation überflüssig. Das bedeutet Einsparungen von 1 Million D-Mark jährlich – und trägt zur Akzeptanz des Sanierers Zeitz bei Mitarbeitern und Gewerkschaftsvertretern bei.

Überdies führt der neue Chef leistungsbezogene Vergütungsmodelle, regelmäßige Meetings und neue Unternehmenswerte ein, um die Angestellten auf Offenheit, Kreativität und unternehmerisches Handeln einzuschwören. Das Vertrauen auch der skeptischsten Mitarbeiter gewinnt er spätestens zum Ende der Turn-around-Phase: 1997 hat der Personalbestand wieder den Wert von 1993 erreicht – und liegt ein Jahrzehnt später bei 9200 Mitarbeitern.

Zeitz setzt eine drastische Kostensenkung in allen Unternehmensbereichen durch: Der Schuh »World Tech Top« etwa muss fortan zu 51 Prozent der bisherigen Kosten produziert werden. Insgesamt will er die Fixkosten um 40 Prozent senken – und gegen alle Widerstände setzt er seinen Plan durch. Sämtliche Firmenbereiche werden zur Ader gelassen – im Durchschnitt um 30 bis 40 Prozent. Damit der Wind des Wandels keinen Unternehmenswinkel verschont, erhalten fast alle Tochterfirmen neue Geschäftsführer. Auf der Führungsebene holt sich Zeitz Verstärkung durch Vertraute wie Martin Gansler, dem er die Leitung der reorganisierten Entwicklung und Beschaffung überträgt.

Schon 1997 ist der Spott der Konkurrenz anerkennendem Raunen gewichen. Mit eindrucksvollen Sprüngen klettert die Raubkatze auf der Umsatz- und Gewinnleiter wieder nach oben. Entgegen seiner Ankündigung hat Zeitz den Konzern bereits 1994 mit einem Plus von 17,3 Millionen Euro in die Gewinnzone zurückgeführt. Nur drei Jahre darauf hat sich der Vorsteuergewinn auf 37,4 Millionen Euro mehr als verdoppelt. Im gleichen Zeitraum ist der konsolidierte Umsatz von knapp 200 auf 280 Millionen Euro gewachsen – eine Steigerung der Umsatzrendite von 7,5 auf satte 12,4 Prozent.

Gewinn und Marge des Konzerns brechen zwar in den beiden Folgejahren nochmals kräftig ein – exakt nach dem Plan des unbeirrbaren Innovators Zeitz. Die Gewinne investiert er in dieser zweiten Etappe in Marketing und Produktentwicklung, um Pumas Wandlung vom Sportschuh- zum Lifestyle-Produzenten ebenso voranzutreiben wie die Virtualisierung des Unternehmens. Auch dieses Etappenziel erreicht er mit einer Präzision, die den Rivalen allmählich unheimlich wird: 2001 macht der Konzern fast 600 Millionen Euro Umsatz, und der Gewinn vor Steuern liegt bei 57,4 Millionen Euro.

Wie nachhaltig die Organisationsinnovation die Kostensituation verbessert hat, zeigen einige weitere Zahlen:

Die Einsparungen im Marketing betragen 30 Prozent. Bei der Distribution liegen die Kosten um 41 Prozent unter dem Wert von 1993. Die Produktion, 1993 noch zu 60 Prozent in Europa angesiedelt, ist heute vollständig ausgegliedert. Der Return-on-Equity der Puma AG lag im September 2008 mit 24 Prozent um gut einen Prozentpunkt über dem Branchendurchschnitt. Der Umsatz ist von 2003 bis 2008 durchschnittlich um 21 Prozent gewachsen – und damit deutlich schneller als beim Durchschnitt der Wettbewerber: Die kommen gerade mal auf 12 Prozent.

Mit einem Wachstum um 113 Prozent auf 607 Millionen Euro ist der Markenwert der fränkischen Raubkatze von 2000 bis 2005 sogar schneller gestiegen als bei jedem anderen deutschen Unternehmen. Puma kommt seinem Ziel, das begehrteste Sport-Lifestyle-Unternehmen zu werden, also mit Riesensprüngen näher. Und die Aufholjagd, die die Mittelfranken zumindest beim Markenwert bald schon in Augenhöhe mit dem ewigen Widersacher Adidas katapultieren soll, ist noch lange nicht zu Ende – gegenwärtig baut Puma seine virtuelle Organisation aus, um die nächste Phase der weltweiten Expansion zu eröffnen und die aktuellen Herausforderungen zu meistern.

Die Produktionskosten für den Puma-Schuh »World Tech Top« drückt Zeitz um die Hälfte – bei unveränderter Qualität.

6 GESCHÄFTSMODELLINNOVATIONEN

ZARA

Wie ein galicischer Textilproduzent sämtliche Regeln der Modebranche bricht und mit »Fast Fashion« Welterfolge feiert

Amancio Ortega ist erfolgreicher Bekleidungshersteller, doch er will mehr und von der Produktion bis zum Verkauf den gesamten Wertschöpfungsprozess kontrollieren. Und so bricht Ortega alle bis dahin gültigen Branchenregeln, baut mit der Marke Zara im Zentrum ein globales Mode-Imperium mit über 4200 Läden in mehr als 70 Ländern auf und wird vielfacher Milliardär. Sein innovatives Erfolgsrezept: Zara ist topmodisch und trotzdem bezahlbar. Anstatt den Kunden viermal jährlich Eigenkreationen vorzulegen, lässt Zara durch Trendscouts und Konsumentenbefragung erforschen, was die Kunden tatsächlich wünschen – und spült in Rekordtempo unaufhörliche Ströme trendiger Artikel in die attraktiv gestalteten und zentral gelegenen Zara-Shops. »Fast Fashion« ist geboren.

Anfang der Siebzigerjahre ist der Spanier Amancio Ortega Gaona bereits ein erfolgreicher Bekleidungshersteller. In seinen Schneidereien im galicischen A Coruña lassen bekannte Fashion-Marken Bademäntel und Dessous fertigen. Aber Ortega ärgert, dass »seine« Produkte in den Verkaufsstellen nicht so präsentiert werden, wie er sich das vorstellt. So gründet er 1972 ein eigenes Modelabel, das er GOA nennt – eine Wortschöpfung aus seinen rückwärts gelesenen Initialen. GOA bietet aktuelle Mode zu günstigen Preisen – und kommt so gut an, dass die neue Fashion-Line bald schon über Spaniens Grenzen hinaus in verschiedenen europäischen Städten zu haben ist. Doch auch dieser Erfolg stellt Ortega noch nicht zufrieden: Nach wie vor hat er keinen Einfluss darauf, wie die Händler seine Kollektionen in ihren Shops präsentieren.

Inditex-Präsident Amancio Ortega 2001, im Jahr des Börsengangs.

Zusammen mit seiner damaligen Frau Rosalia Mera gründet er 1975 ein Unternehmen, das seit 1985 Inditex heißt. Ihr Plan: Sie wollen eine eigene Ladenkette aufbauen, um die Kleidung aus ihren Werkstätten direkt zu vermarkten. Den letzten Anstoß für dieses Unterfangen liefert unfreiwillig ein deutscher Großhändler. Als der eine umfangreiche Dessous-Bestellung storniert und Ortega keinen Ersatzkäufer findet, eröffnet er kurzerhand in der Nähe seines Firmensitzes einen Outlet-Shop und bietet dort die stornierte Ware an. Den Laden tauft er auf den Fantasienamen Zara.

INNOVATIONSPROZESS (I): WIE ES ZUR IDEE KOMMT

Amancio Ortega ist bereits ein erfolgreicher Textilhersteller, als er beschließt, eine eigene Mode-Ladenkette aufzubauen. Es ärgert den Zulieferer für bekannte Fashion-Labels, dass »seine« Artikel in den Läden nicht so präsentiert werden, wie er selbst das für richtig hält, und dass Mode so oft an Kundenbedürfnissen vorbei produziert wird. Seine bis dahin unerhörte Vision: Er will nicht nur die Produktions-, sondern auch die Verkaufsseite der Supply-Chain steuern. Ein deutscher Großhändler sorgt ungewollt dafür, dass es nicht nur bei der Idee bleibt.

Amancio Ortega Gaona kam am 28. März 1936 in Busdonga de Arbas in der spanischen Provinz León zur Welt. Er wuchs in bürgerlichen Verhältnissen auf und verdiente sich bereits mit 14 Jahren sein Taschengeld als Aushilfe in einem kleinen Bekleidungsgeschäft in A Coruña.

Nach seiner kaufmännischen Ausbildung eröffnete er 1963 eine Schneiderei für Bademäntel, mit der er bereits sehr erfolgreich war. Aber Ortega wollte seine eigenen Kollektionen in eigenen Läden verkaufen. Also gründete er zunächst 1972 das Mode-Label GOA und drei Jahre später mit seiner damaligen Ehefrau Rosalia Mera ein Unternehmen, das seit 1985 Inditex heißt. Gleichfalls 1975 eröffnete er in A Coruña den ersten Zara-Shop.

Im Forbes-Ranking der weltweit reichsten Menschen belegt Ortega 2008 mit einem Vermögen von geschätzten 20 Milliarden US-Dollar Platz 22 und gilt heute als der reichste Einwohner Spaniens. Der medienscheue Modemogul lebt mit seiner zweiten Frau und drei Kindern zurückgezogen in A Coruña. Fashion-Zar Ortega trägt am liebsten Jeans und verschmäht Krawatten. »Der reichste Mann Spaniens«, schrieb die spanische Tageszeitung El País, »kleidet sich wie ein Arbeiter und huscht ohne Begleiterschar durch die Werkshallen. So kann er der Frau von der Straße, seiner Inspirationsquelle, nahe bleiben.«

In den ersten Jahren überzieht Inditex Spaniens Städte mit einem Netz von Zara-Läden. Dabei achtet Ortega von Anfang an auf 1A-Citylagen für seine Shops. Leicht erreichbar müssen sie sein und so exponiert an stark frequentierten Einkaufsstraßen gelegen, dass niemand die Schaufensterfronten unter dem klassisch gestylten Zara-Logo übersehen kann

Ende der Achtziger beschließt Ortega, über die Landesgrenzen zu expandieren – und nun geht es Schlag auf Schlag: 1988 öffnet der erste Inditex-Shop im Nachbarland Portugal seine Tore. Im Jahr darauf wagt das Unternehmen den Sprung in die Vereinigten Staaten. Neben Zara gehören Labels wie Pull and Bear und Massimo Dutti zu Ortegas explosiv wachsendem Textilimperium.

Seinen tausendsten Shop eröffnet das Unternehmen im Oktober 2000 medienwirksam in Londons nobler Oxford Street. *Als Inditex im Jahr darauf an die spanische Börse geht, stürzen sich Interessenten aus aller Welt regelrecht auf die Aktie, die zum Start 26-fach überzeichnet ist – und machen Ortega zum mehrfachen Milliardär.*

Die prall gefüllte Kriegskasse nutzt Ortega, um bei der Eroberung neuer Märkte nochmals einen Zahn zuzulegen. Seinen zweitausendsten Shop eröffnet Inditex im Mai 2004 in Hongkongs Boom- und Luxustempel, dem International

Geografische Verteilung der Inditex-Umsatzanteile 2007

Finance Center. Erstmals 2005 macht das Unternehmen mehr Umsatz als der schwedische Erzrivale H&M – satte 6,7 Milliarden Euro. Im September 2008 knallen die Korken in Tokios Ginza-Marronnier-Street: Zara-Mode ist nun auch auf der Luxusmeile in Japans Hauptstadt zu haben – im viertausendsten Shop des Inditex-Imperiums, dessen märchenhafter Aufstieg 1975 mit einem Outlet für Storno-Ware begann.

Schon Ende 2007 besitzt Inditex mit seinen Zara-, Massimo Dutti- und anderen Markenläden deutlich mehr Filialen (3691) als der einst übermächtige Konkurrent GAP (3143) – und mehr als doppelt so viele wie H&M (1600). Im Fiskaljahr 2007 erwirtschaftet der Textilgigant 9,4 Milliarden Euro – fast zwei Drittel davon jenseits der spanischen Landesgrenzen. Nahezu 80000 Mitarbeiter erwirtschaften einen Nettogewinn von 1,25 Milliarden Euro – eine Steigerung um fette 25 Prozent gegenüber dem Vorjahr, während der Umsatz im gleichen Zeitraum »nur« um 15 Prozent zugelegt hat.

Im Ranking der Top-Companies for Leaders 2007 liegt Inditex auf Rang 11 – der einzige Fashion-Konzern unter den Top 20. Zu Ortegas Modereich gehören – außer den schon erwähnten Labels – Marken wie Bershka, Stradivarius und Uterque sowie der Zara-Ableger für Möbel und Einrichtung namens Zara Home. *Doch das Herzstück des Unternehmens, das weitaus stärkste Triebwerk der Inditex-Erfolgsstory bleibt die Fashion-Marke Zara.*

Von den heute (Stand Ende 2008) über 4200 Inditex-Läden in aller Welt sind fast 1500 reine Zara-Shops. Zara ist auf vier Kontinenten in 72 Ländern vertreten. Knapp 6,3 Milliarden Euro oder zwei Drittel des Gesamtumsatzes von Inditex gingen 2007 auf das Konto von Zara. Das jährliche Gewinnwachstum des Gesamtkonzerns beträgt seit dem Jahr 2000 durchschnittlich 24 Prozent. Hauptsächlich dank Zara trotzt Inditex 2008 sogar der globalen Finanz- und Wirtschaftskrise: Der Umsatz steigt in den ersten neun Monaten um

Zara-Shop in bester Lage.

INNOVATIONSPROZESS (II): WIE DIE WELTMÄRKTE EROBERT WERDEN

Bis Ende der Achtzigerjahre wird Spanien mit einem Netz von Zara-Shops überzogen. 1988 expandiert Inditex, zu dem neben Zara weitere Modemarken wie Massimo Dutti zählen, erstmals über die Landesgrenzen – und nun geht es Schlag auf Schlag: Schon im Jahr 2000 ist Inditex mit 1000 Shops in 30 Ländern vertreten; nur vier Jahre später wird der zweitausendste Laden im fünfzigsten Auslandsmarkt eröffnet. Ende 2008 ist das Unternehmen bereits mit über 4200 Stores in 72 Ländern präsent. Der weitaus größte Teil dieser Eroberungserfolge geht auf das Konto der Marke Zara. Im Fiskaljahr erwirtschaftet Inditex gut 9,4 Milliarden Umsatz – knapp 6,3 Milliarden davon allein durch Zara. Die Marke Zara wächst weit schneller als das Mutterunternehmen – allein 2007 öffnen Zara-Shops in 41 Ländern erstmals ihre Pforten. Das jährliche Gewinnwachstum des Gesamtkonzerns beträgt seit 2000 durchschnittlich 24 Prozent.

Präsentation im Zara-Shop.

11 Prozent auf 7,35 Milliarden Euro. In diesem Zeitraum hat der spanische Konzern vor allem in aufstrebende Märkte investiert: Ein Schwerpunkt bei der Eröffnung von mehr als 450 Läden in den ersten drei Quartalen des Jahres 2008 ist Russland, wo Inditex auch 2009 weiter stark wachsen will. Im Ranking der Interbrand Best Global Brands 2008 belegt Zara mit einem Markenwert von rund 6 Milliarden US-Dollar Rang 62. Damit liegt die spanische Fashion-Line zwar immer noch weit hinter H&M (Platz 22), aber bereits deutlich vor dem amerikanischen Modekonzern GAP (Rang 77).

Zara ist zu einem der begehrtesten und erfolgreichsten Model-Labels der Welt aufgestiegen. Was aber macht das Unternehmen anders und besser als Rivalen wie GAP, Benetton oder H&M?

Wie die Optimierung der Unternehmensorganisation und Wertschöpfungsprozesse bei Inditex im Einzelnen abgelaufen ist, kann hier leider nicht dargestellt werden – das Unternehmen hütet diese Interna wie einen Schatz. Aber das Erfolgsgeheimnis von Zara lässt sich dennoch entschlüsseln. Auf einen Nenner gebracht: *Als einziges Unternehmen der Modebranche verfügt Zara über einen durchgängigen Innovationsprozess.* Sämtliche Unternehmensbereiche und -funktionen sind einem einzigen Ziel untergeordnet: topaktuelle, aber bezahlbare Mode schneller und in höherer Frequenz in die Verkaufsstellen in aller Welt zu bringen, als das den Wettbewerbern gelingt.

Die Produktlinien von Zara sind in sechs Untersegmente eingeteilt: Lower Garment, Upper Garment, Schuhe, Kosmetika, Accessoires sowie Kinderbekleidung. 60 Prozent des Umsatzes werden mit Damenmode erwirtschaftet; Kinder- und Herrenmode machen dagegen nur jeweils rund 20 Prozent aus. Die wichtigste Zielgruppe von Zara sind Frauen bis 45 Jahre, die modisch aktuelle, individuelle und dennoch preisgünstige Bekleidung suchen. Es ist eine anspruchsvolle Klientel, die neue Modetrends möglichst schnell aufgreifen, aber gleichwohl keine Luxuspreise à la Gucci zahlen will. Das Preis-Leistungs-Verhältnis spielt für sie also nach wie vor eine wichtige Rolle – nur sind diese urbanen Kundinnen nicht mehr bereit, sich mit nur vier Kollektionen pro Jahr zu begnügen, sondern erwarten von »ihrer« Marke ein ständig wechselndes Angebot.

Aufgrund der fortschreitenden Globalisierung bleibt den Modeanbietern keine andere Wahl, als diesen Kundenerwartungen zu entsprechen: International agierende Modekonzerne wie H&M oder Benetton lassen ihre Ware kostengünstig in Niedriglohnländern produzieren und können so den Konsumenten eine immer breitere Produktauswahl bei sinkenden Preisen bieten. Das Internet ermöglicht den Kunden, per Mausklick Angebote und Preise zu vergleichen. *Der immer schnellere Wechsel von Modetrends lässt den Produzenten überdies immer weniger Zeit, mit neuen Produkten Gewinne zu erzielen: Nachahmer kommen in der Regel zu spät.* Und Fashion-Anbieter, die nicht mit dem richtigen Angebot zur richtigen Zeit in der richtigen Qualität aufwarten können, bleiben auf ihrer Ware sitzen. Die Optimierung des Time-to-Cash-Zyklus ist damit der entscheidende Erfolgsfaktor in der heutigen Mode-Industrie. Aber erst Zara hat daraus die praktische Konsequenz gezogen – und den Fokus von »Time-to-Market« auf »Time-to-Cash« umgestellt.

Die klassische Supply-Chain in der Fashion-Branche erstreckt sich über drei Monate. Von der Idee bis zum Produktionsbeginn vergehen durchschnittlich fünf Wochen – und dann nochmals drei Wochen, bis die Ware in den Läden angekommen ist. Das war so lange unproblematisch, wie alle großen Modemarken sich an den Branchenrhythmus hielten und nur vier Mal im Jahr neue Kollektionen auf den Markt brachten. Nach wie vor stellt dieser gemächliche Zeittakt dort kein Problem dar, wo modische Aktualität keine oder eine untergeordnete Rolle spielt – also bei zeitlosen Schnitten für den Mainstream.

Durch Verlagerung der Produktion in Niedriglohnländer, vor allem nach China, lassen sich zwar die Herstellungskosten deutlich senken – ein wichtiger Faktor in der arbeitsintensiven Modebranche, in der etwa ein Fünftel des Um-

Die Mannequins sind noch auf dem Catwalk, da beginnen die Designer von Zara bereits, die neuesten Haute-Couture-Schnitte zu adaptieren.

satzes auf Personalkosten entfallen. Jedoch bezahlen Hersteller, die in Asien nähen lassen, für sinkende Arbeitskosten mit geringerer Angebotsflexibilität und einem verlängerten Time-to-Cash-Zyklus. Modehersteller, die ihre Produktion nach China oder neuerdings in vietnamesische oder kambodschanische Produktionsstätten verlagern, gehen also das Risiko ein, dass sie auf neue Trends in der schnelllebigen Modewelt nicht rechtzeitig reagieren können: Im schlimmsten Fall ist ihre aktuelle Kollektion zwar kostengünstig, verfehlt aber den Kundengeschmack. Verzichten sie jedoch, um flexibler agieren zu können, auf Offshoring ihrer Produktion, so laufen sie andererseits Gefahr, mit ihren Kosten nicht konkurrenzfähig zu sein: Ihr Angebot entspricht nach Design und Qualität dem aktuellen Trend, ist aber schlichtweg zu teuer.

Diesem Zielkonflikt sehen sich sämtliche Modeanbieter ausgesetzt. Wie sich einige der bekanntesten Marken im Spannungsfeld zwischen Preis und modischer Aktualität positionieren, zeigt die Grafik. Sie macht deutlich, dass Zara offenbar die Quadratur des Kreises gelingt: Zara-Kleidung liegt auf der Skala der modischsten Marken ganz vorne – und ist im Preis-Ranking gleichwohl deutlich günstiger als Konkurrenten wie Benetton oder GAP. Das hat offenbar mit Ortegas Erfolgsformel zu tun, die vollständig so lautet: *»Bleibe mit der einen Hand in der Fabrik und mit der anderen im Laden. Unternimm alles, damit die eine Hand der anderen helfen kann. Und was auch immer du tust: Behalte das Produkt so lange im Auge, bis es verkauft ist.«* Mit anderen Worten: Gib weder die Produktions- noch die Verkaufsseite deiner Supply-Chain aus der Hand – und tu alles Erdenkliche, um den Zeitraum von der Idee bis zum Verkauf zu verkürzen.

Preis-Fashion-Ranking im Vergleich

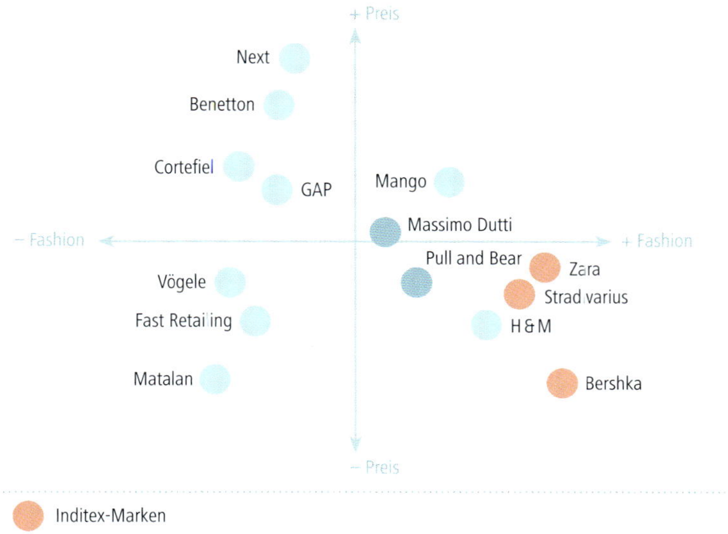

Modisch top, preislich günstig: Zara gelingt das Kunststück, topmodische Kleidung zu bezahlbaren Preisen anzubieten. Dagegen sind GAP und vor allem Benetton deutlich teurer – und zugleich weniger aktuell.

Bei dem individuellen, topmodischen Teil der Zara-Mode ist das in herausragender Weise gelungen: Statt mehrerer Monate wie in der Branche üblich, braucht Zara gerade mal drei Wochen, um die komplette Prozesskette zu durchlaufen: 14 Tage von der Idee bis in die Läden, eine weitere Woche bis zum Verkauf. Um diese rekordverdächtige Verkürzung zu erreichen, hat Zara vom Design bis zum Verkaufsprozess jeden einzelnen Abschnitt der Wertschöpfungskette auf das Ziel »Fast Fashion« hin optimiert.

Welche Bedeutung bei Zara dem Design zukommt, zeigt sich bereits an der Anzahl der Modezeichner: Mehr als 250 Kreative arbeiten für die Marke in flexiblen 20er-Teams (gegenüber rund hundert internen Designern beispielsweise bei H&M). Bei den neuen Kreationen werden Informationen über Kundenwünsche und Konsumentenverhalten berücksichtigt, die die Shop-Manager per Personal Ditigal Assistant (PDA) erfassen und in die galicische Zentrale zurücksenden. Außerdem schickt Zara Trendscouts zu Modeschauen und Messen in aller Welt, aber auch in angesagte Diskotheken und Nachtclubs, um die neuesten Trends aufzuspüren. Überdies lässt das Unternehmen Haute-Couture-Schnitte angesehener Designer nicht selten vom Laufsteg weg adaptieren – und verkauft die geschickt nachempfundenen eigenen Designs ungleich früher und preisgünstiger in seinen Shops. *Mehr als 40000 Designs werden in den Zara-Ateliers alljährlich entworfen – und gewaltige 12000 davon in Nähereien und Textilfabriken auch realisiert.* Hierfür werden die am Bildschirm designten Muster online zu den Produktionsstätten gesendet – ein schnelles und flexibles Konzept, das zu Recht den Namen »Design-on-Demand« erhalten hat.

Zara-Fashion in Shanghai.

Nicht anders als die Wettbewerber in Italien oder Kalifornien lässt auch Zara Kleider und T-Shirts in asiatischen Niedriglohnländern produzieren – allerdings nur Mainstream-Artikel, bei denen es weniger auf aktuelle Designs als auf den Preis ankommt. Diese Massenware wird effizient in China und Indien hergestellt und von dort nach Europa und Amerika transportiert. Das kostet Zeit, aber der Lebenszyklus dieser Waren ist auch deutlich länger als bei den trendigen Textilien. *Diese dagegen, die individuellen, topmodischen Kleidungsstücke, lässt Zara überwiegend in eigenen Nähereien am Inditex-Stammsitz und in geografischer Nähe produzieren.* Gut die Hälfte der Stoffe und Kleider, die schließlich in Zara-Shops gelangen, werden in Spanien und Portugal, Marokko und weiteren nordafrikanischen Ländern gefertigt – anders als bei den Wettbewerbern, die ihre Produktion meist komplett nach Asien ausgelagert haben.

Während der Trend in der Bekleidungsbranche zum »virtuellen Unternehmen« geht, hält Zara also an eigenen Produktionsanlagen fest. Zudem vergibt das Unternehmen je nach Bedarf Auftragsarbeiten an bis zu 400 spezialisierte Nähereien, überwiegend kleinere Firmen unweit der Zentrale in A Coruña. Diese Nähereien erhalten aus Zeitgründen keine Verträge, sondern arbeiten gleichsam auf Zuruf mit Zara zusammen: Vertragsverhandlungen würden länger dauern als die Produktion selbst und damit den Time-to-Cash-Zyklus unnötig verlängern. So aber kann das Unternehmen schnell und effizient seine Kapazitäten jederzeit steigern und wieder verringern, ohne hohen Verwaltungsaufwand und je nach aktuellem Bedarf. Die Zulieferbetriebe erhalten zwar keine Sicherheiten – aber auch sie profitieren von der hocheffizienten Kooperation, die es Zara ermöglicht, in der Nähe seiner Zentrale und trotzdem relativ kostengünstig zu produzieren.

Allerdings hat der Verzicht auf Produktionsverlagerung in Länder mit niedrigeren Löhnen seinen Preis: Durch höhere Arbeitskosten und Investitionen in eigene Fertigungsanlagen entstehen Zara teilweise um 15 Prozent höhere Produktionskosten als Konkurrenten wie Benetton oder GAP. *Überdies leistet sich das Unternehmen den Luxus, seine Produktionskapazitäten nicht vollständig auszureizen: So bleibt immer genügend Spielraum, um auch kurzfristig auf neue Trends zu reagieren.* Die höheren Produktionskosten werden jedoch durch ein ausgeklügeltes Just-in-time-Prinzip aufgewogen: Zara hat geringere Lagerkosten als die Wettbewerber und kann die Produktion sofort stoppen, wenn die Shops rückmelden, dass eine Kollektion bestimmte Artikel nur schleppend verkauft.

Von einem vermeintlichen weiteren Vorteil des Just-in-time-Prinzips macht Zara dagegen nur höchst selten Gebrauch: Ebenso könnte das Unternehmen Artikel nachproduzieren lassen, die besonders gut bei den Konsumenten ankommen. Aber das wäre nicht im Interesse der Kunden – und damit letztlich auch nicht im Interesse von Zara. *»Wir wollen nicht, dass die Leute alle dieselben Sachen tragen«,* fasst Pablo Isla, Vorstandsvorsitzender von Zara, diese Leitlinie zusammen. Die künstlich erzeugte Verknappung animiert die Kunden zu raschem Kauf und steigert die Exklusivität der Artikel: Die Käufer können sicher sein, dass sie das eben erstandene Kleidungsstück nicht wenig später bei diversen Passanten auf der Straße wiedersehen werden.

Um die Ware derart zügig in die Läden zu bringen, genügt es aber nicht, Kleidungsstücke möglichst schnell zu entwerfen und zu produzieren – auch

Zara in der Mode-Metropole Mailand.

seinen Logistik- und Vertriebsprozess hat das Unternehmen unter dem Banner von »Fast Fashion« radikal neu strukturiert. Inditex betreibt in Spanien vier Logistikzentren – beim Stammsitz A Coruña, in Barcelona, Zaragoza und seit 2007 auch in Madrid. Das topmoderne Logistik-Center in der Hauptstadt hat sich das Unternehmen 100 Millionen Euro kosten lassen – ein klares Indiz dafür, dass Inditex auch bei der Logistik auf Hochgeschwindigkeit setzt. *Die Läden werden zwei Mal pro Woche mit neuen Artikeln beliefert – bei einer Fehlerquote von lediglich 1,1 Prozent.* Seine Shops in Europa beliefert Zara innerhalb von 24 Stunden. Auch die Filialisten in den USA müssen gerade mal 48 Stunden warten, bis die bestellten Artikel bei ihnen auf dem Tresen liegen. Selbst die Zara-Shops in Japan erhalten georderte Ware bereits nach 72 Stunden. Die Store-Manager müssen sich strikt an die Bestellzeiten halten: Spanien und Südeuropa kann mittwochs und samstags bestellen, der Rest der Welt dienstags und freitags. Die hocheffiziente Logistik hilft, den Lagerbestand bei Zara auf herausragende 10 Prozent des Umsatzes zu drücken – Konkurrenten wie Benetton oder H&M kommen auf bis zu 15 Prozent.

Besonderes Augenmerk liegt bei Zara auf den Shops. Ortegas Hauptmotiv für die Gründung von Inditex und Zara war es, seine Produkte so präsentieren zu können, wie dies für bestmöglichen Verkaufserfolg und optimale Kundenzufriedenheit erforderlich ist. Entsprechend ist in den Zara-Shops alles darauf ausgerichtet, den Einkauf für die Kunden zu einem angenehmen Erlebnis zu gestalten. Das beginnt mit der Lage der Läden, die an den Konsum- und Luxusmeilen der großen Städte positioniert sind. So braucht Zara kaum Werbung zu machen. Das Unternehmen gibt mit 0,3 Prozent vom Umsatz nur ein Zehntel für Werbung und Marketing aus wie die Konkurrenz. Der entscheiden-

Reihenweise Mode im Logistik-Center von Zara in Madrid.

de Werbeträger sind für Zara die Läden selbst. Am Stammsitz sind ständig 25 Originalschaufenster aufgebaut, deren Wirkung von Expertenteams analysiert wird.

Logistikzentrum von Zara – das Herzstück von Fast Fashion.

»Bei uns ist alles auf das Kauferlebnis im Shop fokussiert«, erklärt Jesus Echevarria, Direktor für Kommunikation und Unternehmensbeziehungen bei Inditex. »Wir verkaufen mehr als Produkte, wir verkaufen Vorstellungswelten.« Mit dem neuesten Shirt oder Kleid von Zara erwirbt der Kunde also stets auch ein unsichtbares Gut: die Gewissheit, modisch am Puls der Zeit und dem Mainstream einen Schritt voraus zu sein. Bei Wettbewerbern wie Benetton liegt der Schwerpunkt auf ihrer ausgeklügelten Werbeästhetik – mit dem Risiko, dass die realen Produkte im Laden weniger attraktiv erscheinen als in den Werbeclips. *Bei Zara aber werden die Produkte selbst durch das inszenierte Shopping-Erlebnis mit einer Aura der Attraktivität aufgeladen.* »Ohnehin verkaufen sich Zara-Kollektionen schneller, als es dauern würde, eine Marketingkampagne zu vereinbaren, zu entwickeln und umzusetzen«, wie Echevarria weiter ausführt. Tatsächlich bleiben in Zara-Shops durchschnittlich nur 10 Prozent der Warenbestände unverkauft – gut halb so viel wie im Branchenschnitt.

Rund 80 Prozent der Artikel werden monatlich ausgetauscht. *Allein 2007 hat Zara seiner Kundschaft über 12000 verschiedene Artikel angeboten – ein Vielfaches im Vergleich zur Konkurrenz.* Kein Wunder, dass die überwiegend weibliche Zara-Kundschaft durchschnittlich 17mal jährlich in einem der Shops einkauft – während die Kunden von H&M oder GAP bloß drei- bis viermal im Jahr dort die Kassen klingeln lassen.

VIER INNOVATIONEN FÜR »FAST FASHION«

Die Revolution, die Zara im Fashion-Handel angezettelt hat, beruht genau besehen auf vier Teilinnovationen:

— Das Unternehmen produziert nach einem ausgeklügelten Just-in-time-Prinzip – flexibel, schnell und trotzdem kostengünstig – und hat sich eine neuartige Logistik auf den Leib geschneidert, die rekordverdächtig schnell und präzise ist und damit auch die Lagerkosten drückt.

— Zara ist weltklasse in punkto »Time-to-Cash«: Die eingesparten Kosten helfen auch, neue Innovationen zu finanzieren.

— Auch die innovative Vertriebsstruktur bei Zara ist Weltspitze: Durch die unternehmenseigenen Shops, in denen nicht die Waren, sondern die Kunden im Mittelpunkt stehen, wird das Prinzip »Sell what you buy« in »Buy what you sell« umgekehrt.

— Die optimale Aufbau- und Ablauforganisation innerhalb von Inditex führt zu kürzeren Lieferzeiten, höheren Umsätzen, geringeren Misserfolgsrisiken bei neuen Kollektionen und niedrigeren Lagerkosten.

Über 90 Prozent der Zara-Läden sind im Besitz des Unternehmens – auch hierin unterscheidet sich Zara deutlich von Konkurrenten wie Mango oder Benetton, die ihre Shops von Franchise-Nehmern betreiben lassen. So kann die Zentrale in A Coruña steuern, wie die Läden ausgestattet und die Schaufenster dekoriert werden. Die Preise aber bestimmen die Store-Manager in gewissen Grenzen selbst. T-Shirts oder Kleider von Zara können daher nicht nur von Land zu Land oder Stadt zu Stadt, sondern auch in verschiedenen Shops in ein und derselben City zu unterschiedlichen Preisen angeboten werden. Und unternehmerisches Handeln der Laden-Manager wird unmittelbar belohnt: Ihre Vergütung ist zu 70 Prozent erfolgsabhängig.

»Zara bricht alle Regeln des Einzelhandels«, erklärt Jarrod Goentzel, Executive Director eines internationalen Logistik-Centers, das die Universität Zaragoza und das Massachusetts Institute of Technology gemeinsam in der spanischen Stadt Zaragoza betreiben. »Kunden, die bei Zara etwas sehen, das ihnen gefällt, müssen es auf der Stelle kaufen, denn nächste Woche ist es höchstwahrscheinlich nicht mehr da. Der Knappheitsfaktor erzeugt Nachfrage, anstatt sie abzuschrecken.«

Tatsächlich hat Zara sämtliche Branchengesetze neu definiert – und ist gerade dadurch erfolgreich: Das Unternehmen beschäftigt Heerscharen von Designern und spart sich die förmliche Freigabe neuer Designs. Anstatt selbst neue Impulse zu setzen, adaptiert die Kreativabteilung blitzschnell aktuelle Trends aus jungen Szenen und Haute Couture. Ein großer Teil der Fertigungsstätten liegt in Europa und ist überdies im Besitz des Unternehmens. Erfolgreiche Artikel werden gegen jede Gepflogenheit nicht nachproduziert und das Angebot alle vierzehn Tage ausgetauscht.

Mit respektvollem Schaudern hat Daniel Piette bereits 2001 Zara als den »weltweit möglicherweise innovativsten und ›verheerendsten‹ Händler« bezeichnet. Der Mann müsste es eigentlich wissen: Daniel Piette ist Fashion Director bei der Luxusmarke Louis Vuitton.

ERFOLGSGRÜNDE IM ÜBERBLICK: ZARA

Unermüdlicher Treiber der Innovationen bei Zara war und ist *Innovator* Amancio Ortega, der Gründer und heutige Präsident des Mutterunternehmens Inditex. Er wollte sowohl die Produktions- als auch die Verkaufsseite der Wertschöpfungskette kontrollieren und revolutionierte die Modebranche durch »Fast Fashion« – die umfassende Innovation von Produktion, Logistik, Vertrieb und Ablauforganisation.

Der Fokus liegt bei Zara auf dem Kunden. Store-Manager und Trendscouts helfen, die Konsumentenwünsche zu ergründen, die mittels »Design-on-Demand« in Rekordzeit umgesetzt werden. Zara bemüht sich, genau die Artikel zu produzieren, die *Kundenbedürfnisse befriedigen*, und das Einkaufserlebnis im Shop für die Kunden so angenehm wie möglich zu gestalten.

Für den Erfolg von Zara ist ein *flexibles Netzwerk* mitentscheidend: Bis zu 400 meist kleinere Nähereien in der Umgebung der Unternehmenszentrale stocken bei Bedarf die Produktionskapazitäten von Inditex auf. Die Zulie-

ferer erhalten keine Verträge, was eine effiziente Kooperation ohne Verwaltungsaufwand und Zeitverlust ermöglicht – und solange Zara weiter stark wächst, profitieren auch die Partner von der recht unbürokratischen Zusammenarbeit.
Obwohl Zara mehr als 250 Designer beschäftigt, ist für den Erfolg der Modemarke *Können wichtiger als Kreativität*: Alles dreht sich um die Bedürfnisse des Kunden, die erkannt und umgesetzt werden müssen. Neue Designs werden bei Zara nicht kreiert, sondern von Haute-Couture-Laufstegen abgeschaut und aus Disko- und Club-Szenen adaptiert.

Zara-Store in Japan.

WHOLE FOODS MARKET

Wie die Edel-Ökokette mit ihrem einstmals innovativen Geschäftsmodell ins Trudeln gerät

Nach mehrjährigem Studium der Philosophie und Theologie verlässt John Mackey 1978 die University of Texas – ohne Abschluss, dafür aber mit einem naiv anmutenden Plan: Gemeinsam mit seiner Lebensgefährtin Rene Lawson leiht sich der damals 25-Jährige von Freunden und Verwandten 45000 US-Dollar. Mit diesem Startkapital eröffnen die beiden in Austin einen Naturkostladen namens SaferWay. Mangels geeigneter Lagerflächen stapeln sie ihre verderbliche Ware im heimischen Apartment – bis der Vermieter die Jungunternehmer mitsamt ihren Müslitüten und Salatköpfen vor die Tür setzt. Ungerührt quartieren sich John Mackey und Freundin daraufhin in ihrem Laden ein.

Zwei Jahre später tun sie sich mit Craig Weller und Mark Skiles zusammen, die in Austin gleichfalls einen Naturkost-Shop betreiben. Noch im selben Jahr eröffnet das Quartett in der texanischen Hauptstadt den Whole Foods Market (WFM) mit fast 1200 Quadratmetern Verkaufsfläche und 19 Angestellten – einen der ersten Supermärkte für Bio-Lebensmittel in den USA. Das innovative Unternehmen floriert auf Anhieb – und scheint anfangs doch unter keinem guten Stern zu stehen: Kaum ein Jahr nach der Eröffnung lässt die schlimmste Flut seit Jahrzehnten den Colorado River über die Ufer treten und verwüstet die City von Austin. Im Whole Foods Market richtet das Hochwasser Schäden in Höhe von 400000 US-Dollar an. Da die vier nicht versichert sind, sehen sie dem Bankrott entgegen – doch Kunden und Nachbarn helfen ihnen, die zertrümmerten Regale zusammenzunageln und unbeschädigte Lebensmittel aus den Fluten zu fischen. Knapp einen Monat nach der Katastrophe kann der Bio-Tempel seine Pforten aufs Neue öffnen.

Das neuartige Konzept hat da bereits zahlreiche Kunden in Austin überzeugt: Im Whole Foods Market werden ausschließlich vollwertige Lebensmittel von höchster Qualität, aus biologischem Anbau und nachhaltiger Landwirtschaft verkauft. Doch John Mackey und seinen Partnern geht es von Anfang an um mehr als gesunde Ernährung: Unter dem Motto »Whole Foods, Whole People, Whole Planet« will das Unternehmen auch seinen Beitrag zu einer gerechteren Welt und sauberen Umwelt leisten. Wer vollwertige Backwaren, Bio-Geflügel oder schadstofffreien Käse von WFM verzehrt, soll mit gutem Gewissen genießen. Denn die doppelte Botschaft der Bio-Templer lautet: Ihre grüne Ware schmeckt nicht nur besser als die schadstoffverseuchten Produkte der Konkurrenz – wer bei Whole Foods Market kauft, unterstützt überdies fairen Handel und ökologisch korrekte Landwirtschaft.

So viel Qualität hat ihren Preis, und der liegt von Anfang an im Premiumsegment der Lebensmittelbranche. Doch immer mehr Konsumenten sind bereit, diesen Preis zu bezahlen, denn in den Achtzigerjahren ergrünen weite Teile der amerikanischen Gesellschaft – und mit dem Anschwellen der Ökowelle beginnt das scheinbar unaufhörliche Wachstum von WFM. Von 1990 bis 2008 explodiert der Markt für Bio-Lebensmittel in den USA von 1 Milliarde US-Dollar auf schätzungsweise 23 Milliarden US-Dollar – und lässt viele Jahre lang vor allem die Kassen in John Mackeys Märkten immer lauter klingeln. 1984 werden die ersten WFM-Filialen in Houston und Dallas eröffnet. 1992 geht das Unternehmen an die Börse. Sieben Jahre später überzieht bereits ein Netz von 100 Bio-Tempeln der Marke Whole Foods Market die USA. Je nach regionalen Gegebenheiten eröffnet das Öko-Imperium neue Niederlassungen oder kauft Wettbewerber auf. Im Durchschnitt wächst das Unternehmen zwischen 2003 und 2007 um 18,8 Prozent. Der Gewinn legt im selben Zeitraum sogar fast doppelt so stark zu – um durchschnittlich 34,8 Prozent. 2007 verfügt Whole Foods Market über 270 Supermärkte in den USA, in Kanada und Großbritannien. 54000 Mitarbeiter sind bei der inzwischen weltgrößten Bio-Supermarktkette beschäftigt, die im Fiskaljahr 2008 einen Umsatz von umgerechnet 7,9 Milliarden US-Dollar erwirtschaftet.

Bei der Produktqualität setzt Whole Foods Market überragend hohe Standards: Angeboten werden nur »natürliche« Lebensmittel ohne »inakzeptable Bestandteile«, also frei von ungesunden Fetten, künstlichen Farbstoffen, Geschmacksverstärkern oder Konservierungsstoffen. Das Unternehmen engagiert sich zudem für die Entwicklung nationaler biologischer Lebensmittelstandards. Zum Image des grünen Musterschülers trägt auch die Zertifizierung der Supermarktkette als erster Bio-Lebensmittelhändler der USA bei.

Zum Erfolgsrezept gehört neben Top-Qualität und exzellentem Kundenservice auch das luxuriöse Flair der Märkte. Statt der muffigen Atmosphäre herkömmlicher Naturkostläden oder dem Fabrikhallen-Charme konventioneller Supermärkte bietet WFM raffiniertes Erlebnis-Shopping. »Wir verwandeln ihren Einkauf von einer lästigen Pflicht in ein Fest für alle Sinne«, verspricht das Unternehmen seinen Kunden. Die hören die Botschaft nur zu gern und kommen in immer größeren Scharen.

Breite Sympathie trägt dem grünen Handelsriesen auch sein für amerikanische Verhältnisse ungewöhnliches Mitarbeiterkonzept ein: Bereits in den Achtzigerjahren führt John Mackey teambasiertes Management nach japanischem Vorbild und die Beteiligung der Mitarbeiter am Unternehmen ein. WFM trägt die gesamten Krankenversicherungskosten seiner Angestellten, lässt Teams über die Gewinnbeteiligung der Gruppenmitglieder und die Festanstellung neuer Mitarbeiter mitentscheiden und räumt seinen Filialen ungewöhnlich große Freiheit bei der Zusammenstellung des Sortiments ein. So viel Liberalität sichert WFM seit mehr als zehn Jahren einen Platz auf der *Fortune's*-Liste der 100 arbeitnehmerfreundlichs-

Ein Fest für alle Sinne erwartet die Kunden in den Wohlfühl-Supermärkten von Whole Foods Market.

Ein üppiges Angebot an Bio-Produkten.

ten Firmen. Doch das Unternehmen folgt nicht nur seinen eigenen ethischen Leitlinien, sondern auch ökonomischem Kalkül: Da erstklassiger Kundenservice zum Geschäftsmodell von Whole Foods Market zählt, muss die Ökokette auch möglichst gute Mitarbeiter durch leistungsorientierte, überdurchschnittliche Vergütung an sich binden.

Durch gesellschafts- und umweltpolitisches Engagement fördert WFM mit eigenen Stiftungen den Tierschutz ebenso wie faire Kooperationen mit Wirtschaftspartnern in Entwicklungsländern. Das Unternehmen stellt überdies Kredite zwischen 1000 und 100000 US-Dollar für amerikanische Farmer zur Verfügung, die nach den Qualitätsstandards von Whole Foods Market Lebensmittel produzieren. Auf der Liste der »Top 25 Green Power Partners« der amerikanischen Umweltschutzbehörde rangiert die Ökokette auf dem fünften Platz und setzt sich regelmäßig mit medienwirksamen Initiativen für fairen Handel oder umweltbewusste Energieerzeugung in Szene. Jedes dieser Projekte hilft nicht zuletzt, das Image des Unternehmens als Inbegriff ethisch-ökologischer Korrektheit zu polieren – und stärkt damit auch die Bereitschaft der Kunden, für Edelkost von WFM kräftige Aufschläge zu bezahlen: Knapp 10 US-Dollar für ein Pfund Bio-Fischstäbchen, fast 6 US-Dollar für eine Ananas aus Costa Rica oder schlappe 10 US-Dollar für ein Pfund geräucherter Bio-Truthahnbrust von freilaufendem Öko-Geflügel.

Dieses Konzept funktioniert mehr als zwei Jahrzehnte lang blendend. Doch das Topmanagement um CEO John Mackey erkennt zu spät, dass die seit 2007 heraufziehende Finanz- und Wirtschaftskrise die Grundvoraussetzung für das WFM-Geschäftsmodell bedroht: steigende, frei verfügbare Einkommen. Umzingelt von Inflation, Überschuldung und drohendem Jobverlust, müssen auch besser verdienende Amerikaner dem Luxus-Shopping entsagen und häufiger bei Discountern wie Aldi oder Safe-a-lot einkaufen. Nach einer Studie des Marktforschungsinstituts TNS hat bereits ein Fünftel der Konsumenten in den USA sein Kaufverhalten den trüben Konjunkturaussichten angepasst. Auch die Bezieher höherer Einkommen meiden die Luxusläden von Whole Foods Market, die schon vor der Krise den Spitznamen »Whole Paycheck« hatten: Nur ein Einkauf, und schon ist der ganze Gehaltsscheck weg. Das Nettoergebnis bei der Ökomarktkette bricht in der Folge dramatisch ein – von 39,9 Millionen US-Dollar im zweiten auf 33,9 Millionen US-Dollar im dritten und nur noch gut 1,5 Millionen US-Dollar im vierten Quartal des Fiskaljahrs 2008.

Immerhin 15 Prozent der amerikanischen Bevölkerung ziehen nach Erkenntnissen der Konsumforscher biologische Lebensmittel herkömmlich hergestellter Nahrung vor. Sogar 70 Prozent aller Konsumenten greifen zumindest teilweise zu Öko-Ware. Doch in Krisenzeiten bescheiden auch sie sich mit preiswerter Bio-Milch vom Discounter.

Mittlerweile hat auch CEO Mackey die Zeichen der Zeit erkannt: »Die derzeitigen wirtschaftlichen Rahmenbedingungen sind herausfordernder als alles, was ich bisher in drei Jahrzehnten im Einzelhandel erlebt habe.« Doch es scheint fraglich, ob das Ge-

schäftsmodell der Edel-Ökomärkte überhaupt noch Wachstumspotenzial in sich birgt. Das Bedürfnis vieler Kunden, sich ethisch und ökologisch korrekt zu ernähren, ist zweifellos weiterhin vorhanden und wird sicherlich noch wachsen. Aber da sich immer mehr Menschen dieses Bedürfnis finanziell nicht mehr leisten können, schlägt es sich auch nicht mehr in konkretem Bedarf nieder. Und überdies bieten mittlerweile auch mausgraue Allerweltssupermärkte Bio-Produkte von akzeptabler Qualität an – zwar ohne Luxusflair und Eine-Welt-Versprechen, dafür aber deutlich billiger als die Hochpreis-Lebensmittel von WFM. Die Ökokette verkenne »die Amerikaner und ihre Essgewohnheiten von Grund auf«, schreibt die *Los Angeles Times*. »Wir glauben erst seit Kurzem daran, dass man ist, was man isst, ganz anders als Franzosen oder Italiener mit ihrer tief verwurzelten Esskultur. Unsere Öko-Begeisterung schwindet schnell, wenn wir deshalb langsamer fahren oder die Klimaanlage herunterdrehen sollen.«

Bio-Hähnchen und Öko-Äpfel sind also für die meisten Amerikaner Schönwetter-Produkte, die man sich in guten Zeiten leistet und in schlechteren als Erstes wieder vom Einkaufszettel streicht. Satt essen kann man sich notfalls auch mit Industrienahrung von Aldi, ergänzt durch ein paar Produkte aus dem Bio-Sortiment des Discounters.

Mittlerweile hat Whole Foods Market seine Geschäftsprognose deutlich nach unten korrigiert: Statt um 25 bis 30 Prozent soll der Umsatz im Fiskaljahr 2009 nur noch um 6 bis 10 Prozent wachsen. Von ursprünglich geplanten 25 bis 30 neuen Märkten sollen vorerst nur 15 eröffnet werden – doch auch diese skeptischere Prognose könnte sich als allzu kühn erweisen. Droht bald gar ein Schrumpfungsprozess? Die drastischen Gewinneinbrüche lassen es befürchten.

Das Unternehmen reagiert, indem es sein so sorgsam aufgebautes Luxus-Image zu verwässern versucht: In Flugblättern werden neuerdings die »Sonderangebote der Woche« herausgestellt. Über Nacht kreierte Niedrigpreis-Eigenmarken sollen Schwellenängste der Konsumenten besänftigen. Zu demselben Zweck führen Angestellte potenzielle Kunden durch die Märkte und preisen Produkte für den kleineren Geldbeutel an. Allerdings erlaubt die Kostenstruktur von WFM mit den großzügig dimensionierten, aufwändig designten Verkaufsflächen, dem erstklassigen Kundenservice und den nach höchsten Qualitätsstandards produzierten Lebensmitteln nur begrenzte Preiskorrekturen nach unten – zu wenig, um mit den Bio-Basisangeboten der Discounterketten mitzuhalten.

Nach dem Hochwasser in Austin waren noch Kunden und Nachbarn herbeigeeilt, um beim Wiederaufbau von WFM zu helfen. Diesmal aber, beim ungleich ärgeren Unwetter der Finanz- und Wirtschaftskrise, bleiben die Kunden der angeschlagenen Ökokette fern. Innovative Geschäftsmodelle sind eben keine Garantie für ewige Success-Storys. Wie es aussieht, muss Whole Foods Market schleunigst wieder innovativ werden, um – neu ausgerichtet am echten Kundenbedarf – in die Erfolgsspur zurückzukehren.

7 MANAGEMENT VON INNOVATIONSPROZESSEN UND SEINE ERFOLGSFAKTOREN

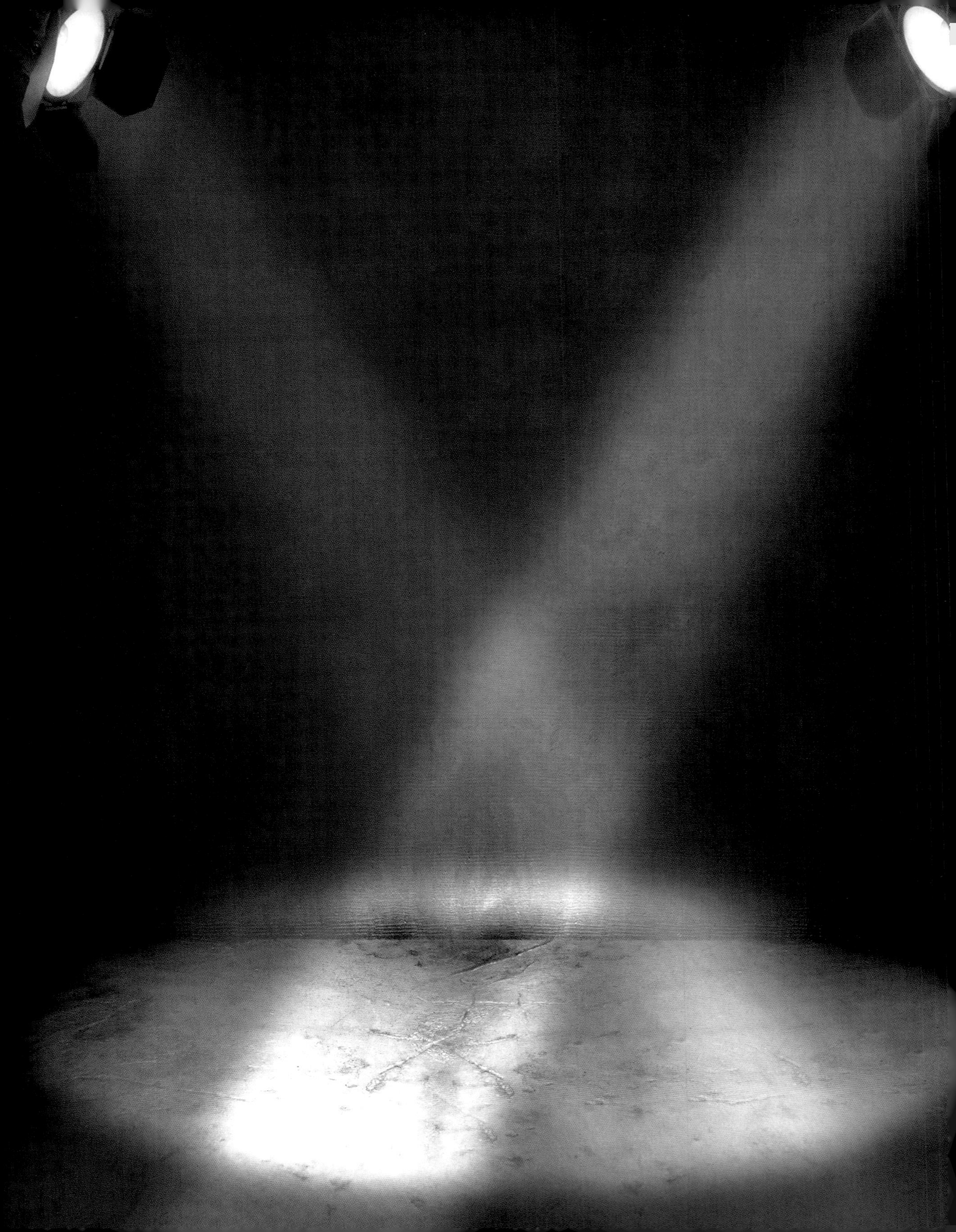

INNOVATIONS-ARTEN

Wie Erfindungen zu Innovationen werden

Oft werden Erfindung und Innovation miteinander verwechselt – im Alltag, aber auch in Unternehmen. Joseph A. Schumpeter hat die bis heute beste Definition bereits 1911 so formuliert: »Innovation is the process of finding economical applications for technical inventions.« Jeder Innovation liegt also eine Erfindung zugrunde. Aber erst wenn die Erfindung erfolgreich vermarktet worden ist, handelt es sich um eine Innovation. Auf eine Formel gebracht: *Innovation = Erfindung plus Markterfolg.* Im Umkehrschluss bedeutet das: Bleibt der Markterfolg aus, so ist eine Idee nichts anderes als eine Lösung, die nach einem Problem sucht.

Eine Erfindung muss heute allerdings keineswegs nur dem klassisch technischen Bereich entstammen – wie Schumpeter es einst sagte –, um zur Innovation werden zu können: Amancio Ortega etwa hat mit der Modekette Zara und einer Vielzahl bahnbrechender Innovationen die gesamte Fashionbranche revolutioniert. Und der Markterfolg von Red Bull beruht nicht etwa auf der Rezeptur des Energy-Drinks, sondern auf innovativem Marketing. In jedem Fall aber liegt Innovationen eine echte Erfindung zugrunde, die einen klaren Abstand zum »Stand der Technik« – verstanden in einem sehr allgemeinen Sinn – in der jeweiligen Branche schafft. Eine solche »Erfindungshöhe« weist beispielsweise die »Limonade aus dem Brautrog« auf, die Braumeister Dieter Leipold in langjähriger Tüftelei erfunden hat: Bionade definiert Softdrinks vollkommen neu – und ist, als am Markt erfolgreiches innovatives Produkt, durch diesen technologischen Vorsprung vor Nachahmern zumindest für eine gewisse Zeit geschützt. Dafür sorgt das Patentrecht, aber auch die technische Hürde, die ein vollkommen neues (Fertigungs-)Verfahren für Imitatoren häufig darstellt. Sehr eindrucksvoll zeigt das ebenfalls die Geschirrkollektion NewWave, mit der Villeroy & Boch Teller und Tassen gleichsam neu erfunden hat – nicht nur durch ein unkonventionelles neues Design, sondern mehr noch durch die zugrundeliegende, vollkommen neue Gusstechnik, deren Produkte potenzielle Nachahmer nur noch mit sehr personalintensiven Verfahren kopieren können.

Bei bloßen Weiterentwicklungen bestehender Produkte handelt es sich nicht um Innovationen. Allerdings kann sich hinter einer neuen Kombination von uralten Erfindungen durchaus eine Innovation verbergen – so ist beispielsweise der Rollkoffer durch die simple Verbindung von Koffer und Rädern entstanden. Dem Hybridantrieb für Automobile dagegen liegt eine hochkarätige Erfindung zugrunde: Diese Mehrsystemtechnologie, eine Kombination aus Elektro- und konventionellem Verbrennungstriebwerk, ist dem Stand der Technik in der Autobranche – dem Antrieb durch bloße Verbrennungsmotoren – um Jahre voraus. Aber was die Markterfolgsseite angeht, tut sich die Hybridtechnik bislang eher schwer. Lange Zeit hat Toyota als einziger großer Autokonzern Serienfahrzeuge mit Hybridtechnik angeboten.

Ebenso wie die Erfindungshöhe gehört der Markterfolg zwingend zu jeder Innovation. Im Markt – dies kann der externe ebenso wie der unternehmensinterne Markt sein – sind neue Ideen dann erfolgreich, wenn sie absolute Margensteigerungen erzielen, also bei Umsatzsteigerungen beziehungsweise Kostensenkungen nach Abzug aller Investitionen die Schwelle zur Profitabilität überschreiten.

Durch Innovationen können sich Unternehmen in besonderem Maße von den Wettbewerbern abheben – das zeigt etwa das Beispiel der Krankenkasse KKH, die ihren Mitgliedern durch innovatives Gesundheitscoaching einen attraktiven Zusatzservice bietet. Der Vorsprung, der Innovationen von herkömmlichen Angeboten der Konkurrenz abhebt, ist durch Patente, Geschmacksmuster, schwer kopierbare Fertigungs- oder sonstige Technologien zumindest für einige Zeit geschützt; während dieser Frist kann das Unternehmen dank der »Innovationsprämie« höhere Margen als der Wettbewerb erzielen. Innovationen ermöglichen dem Unternehmen also internes Wachstum – ohne Zukäufe, aus eigener Kraft. Durch Innovationen schaffen sich Unternehmen zudem eine gewisse Absicherung für Krisenzeiten: Wenn die Verkaufszahlen bei konventionell angetriebenen Fahrzeugen einbrechen, kann Toyota erst recht mit seinen Hybridfahrzeugen punkten. Die nordamerikanische Konkurrenz in Detroit dagegen, die welche die neue Technologie weitgehend verschlafen hat, sieht dem drohenden Bankrott ins Auge.

Toyota Prius Hybrid.

Was können Unternehmen aber tun, um innovativer als bisher zu sein? Ohne Ideen und Erfindungen gibt es keine Innovationen – und gute Ideen lassen sich bekanntlich nicht herbeizwingen. Glücklicherweise ist Deutschland ohnehin das Land der Tüftler und Erfinder. An neuen Ideen mit Innovationspotenzial mangelt es hierzulande sehr viel weniger als an der Bereitschaft und dem Können, diese Erfindungen in erfolgreiche Produkte oder Angebote umzusetzen. Das gilt beispielsweise auch für den gerade erwähnten, von Toyota in Japan produzierten Hybridantrieb: Die zugrundeliegende Technologie wurde in Deutschland erfunden. Die Technische Hochschule Aachen, deren Ingenieure bereits 1973 einen ersten Hybrid-Prototyp entwickelten, bekommt jedoch außer ein paar mageren Lizenzgebühren vom Gewinn, der in Japan mit ihrer Erfindung erwirtschaftet wird, nichts ab – Erfindung und Innovation sind eben zweierlei.

Produktinnovation: Backpulver.

PRODUKTINNOVATIONEN

Produkte bilden die augenfälligste Innovationsart. Der PC oder der MP3-Player, in früheren Jahrzehnten der elektrische Uhrenantrieb, der Fischer-Dübel, die Bosch-Bohrmaschine oder das Backpulver: Alles waren Produktinnovationen, die jede auf ihrem Gebiet kleinere oder größere Revolutionen auslösten. Der Personal Computer stellte gegenüber der elektrischen Schreibmaschine, dem Stand der Technik in den Achtzigerjahren, einen gigantischen Technologiesprung dar; ebenso der MP3-Player gegenüber dem CD-Player oder das Automobil gegenüber der Pferdekutsche.

Produktinnovationen – das sind ökonomisch erfolgreiche neue Designs, Technologien oder Anwendungen neuer oder existierender Produkte. Herausragende Produktinnovationen, von denen in diesem Buch erzählt wird, sind Bionade, die »Fanta ohne Chemie«, eckiges Geschirr von Villeroy & Boch, der selbstzündende Gasmotor von MAN Diesel und der Premiumkraftstoff Aral Ultimate Diesel.

Auch eine Serviceinnovation: das automatisierte Check-in-System miSense.

SERVICEINNOVATIONEN

Auch neue Dienstleistungsangebote können Innovationen sein – das zeigen gleichfalls etliche Erfolggeschichten, von denen in diesem Buch erzählt worden ist: Die Krankenkasse KKH brachte mit dem Health-Coaching eine neuartige Dienstleistung für ihre Versicherten auf den Markt. Auch KarstadtQuelle Versicherungen bietet mit der Zahn-Zusatzversicherung »Dental-Vorsorge +100« ein ebenso innovatives, speziell auf die Generationen 50+ zugeschnittenes Servicekonzept.

Serviceinnovationen sind ökonomisch erfolgreiche neue oder adaptierte Lösungen für Dienstleistungen, welche Kundenbedürfnisse auf vollkommen neue Weise befriedigen oder die Qualität eines bestehenden Services erheblich steigern. Neu können hierbei die Art der Dienstleistung an sich, aber auch deren Komponenten sein, beispielsweise die Tageszeit, zu der die Dienstleistung erbracht wird, der Service-Provider oder das Abrechnungsmodell.

ORGANISATIONSINNOVATIONEN

Von Organisationsinnovationen handeln zwei Erfolgsgeschichten in diesem Buch: Puma hat sich – als eines der ersten Unternehmen weltweit überhaupt – eine »virtuelle Organisation« geschaffen. Das Spezialchemieunternehmen Evonik hat eine innovative Neuorganisation seines Forschungs- und Entwicklungsbereichs realisiert.

Von einer Organisationsinnovation kann man immer dann sprechen, wenn Arbeitsteilung, Verantwortlichkeit und Rollenverteilung in einem Unternehmen geändert oder neu verknüpft werden. Auf diese Weise kann sich das Unternehmen im Markt neu positionieren und seine Flexibilität und internen Arbeitsabläufe verbessern.

PROZESSINNOVATIONEN

Neue Prozesse können die Fertigung eines bereits bestehenden Produkts revolutionieren. Eine der berühmtesten Prozessinnovationen ist die Einführung der Fließbandproduktion für das Ford-Modell »Tin Lizzy« im Jahr 1908. Neuartig an diesem Automobil waren weder Motor noch Getriebe oder Fahrwerk, sondern das Produktionsverfahren: Durch die Fließbandtechnik sanken Produktionszeit und -kosten drastisch – die Geburtsstunde der industriellen Massenfertigung war eingeläutet.

Prozessinnovationen sind ökonomisch erfolgreiche neue oder adaptierte Verfahren, um verschiedene Faktoren und Aktivitäten miteinander zu verbinden. Sie werden eingesetzt, um neue Produkte oder Services zu schaffen oder um bestehende Produkte und Services schneller, hochwertiger oder kostengünstiger herstellen beziehungsweise erbringen zu können.

Ford: Geburtsstunde der industriellen Massenfertigung.

Von Prozessinnovationen erzählen zwei Erfolgsgeschichten in diesem Buch: Die finnische Immigrationsbehörde etwa strukturierte den gesamten Einwanderungsprozess in dem skandinavischen Staat im hohen Norden von Grund auf neu. Die Beispiele machen zugleich deutlich, dass Prozesinnovationen oftmals auch Innovationen der (Aufbau-)Organisation einschließen, da die einen vielfach ohne die anderen überhaupt nicht möglich sind.

GESCHÄFTSMODELLINNOVATIONEN

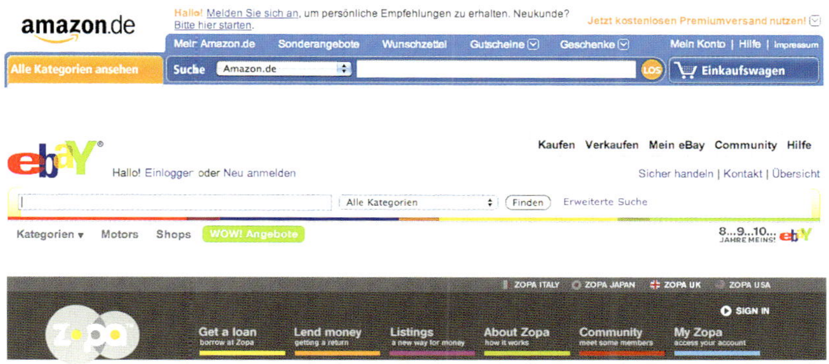

Amazon, Ebay und Zopa im Internet.

Um ein Buch zu kaufen, musste man vor einigen Jahren noch in den nächstgelegenen Buchladen gehen – heute erschließt sich mit nur einem Mausklick vom heimischen PC aus die gesamte Bücherwelt im virtuellen Buch kaufhaus Amazon. Ähnlich war man früher, um Second-Hand-Waren oder Schnäppchen anzubieten oder zu kaufen, auf Kleinanzeigen und lokale Trödelmärkte angewiesen – bis mit Ebay das erste Internet-Auktionshaus seine virtuellen Pforten öffnete. Amazon und Ebay sind zwei Beispiele für innovative Geschäftsmodelle, ein weiteres ist die Online-Plattform Zopa, die in Kapitel 8 vorgestellt wird.

Eine Geschäftsmodellinnovation ist eine neue oder veränderte Kombination von Geschäftsstrategie, -technologie, -struktur und -prozessen. Zusammen ergeben diese Bausteine ein Business-Modell, das sich deutlich vom Wettbewerb abhebt – möglichst mit dem Ziel einer Alleinstellung im Markt. Häufig vergessen wird bei der (Neu-)Erfindung von Geschäftsmodellen, von vornherein auf Arbeitsteilung zu setzen. Gerade diese aber erlaubte dem Internetversandhändler Amazon, sich auf Marketing und Vertrieb zu fokussieren und durch Kooperation mit Logistikunternehmen schnelle Markterfolge zu erzielen.

MARKETINGINNOVATIONEN

Die wohl bekannteste Definition von Marketinginnovationen stammt vom renommierten Zentrum für Europäische Wirtschaftsforschung und greift in zwei entscheidenden Punkten zu kurz. Sie lautet: »Eine Marketinginnovation ist die Einführung einer neuen Marketing- oder Verkaufsmethode, die von dem Unternehmen zuvor noch nicht angewendet wurde. Marketinginnovationen sind Teil eines neuen Marketingkonzepts beziehungsweise einer neuen Marketingstrategie und gehen mit merklichen Veränderungen im Bereich des Produkt-/Dienstleistungsdesigns, der Verpackung, der Werbung, der Vertriebswege, der Präsentation oder der Preispolitik einher.«

Wollte man dieser Logik folgen, so käme es bei einer Marketinginnovation – und damit wohl letztlich bei jeder Innovation – ausgerechnet auf den Neuigkeitsgrad nicht an. Aber ein Unternehmen, das die Innovation eines Konkurrenten kopiert, bringt eben keine Innovation, sondern ein Imitat oder eine

Adaption auf den Markt. Um es an einem Beispiel zu verdeutlichen: Der Markterfolg der KarstadtQuelle Versicherungen beruht auf Service- und Prozessinnovationen – nicht aber auf einer Geschäftsmodellinnovation. Denn das Modell der Direktversicherung – über Telefon, Mailings und Internet anstatt durch Versicherungsvertreter und Agenturnetz – wurde lange vorher von der Hannoverschen Lebensversicherung als erstem deutschen Direktversicherer umgesetzt.

Neben dem Kriterium der Neuheit im Markt fehlt aber in der ZEW-Definition noch ein entscheidender Aspekt: der Markterfolg. Anderenfalls wäre jede unkonventionelle Vermarktungskampagne »innovativ« – auch dann, wenn sich das so originell vermarktete Produkt als Ladenhüter erweist. Ein Beispiel für eine wirkliche Marketinginnovation ist dagegen Red Bull: Was Innovator Dietrich Mateschitz mit überragendem Erfolg weltweit vermarktet, ist das unsichtbare Gut »gesteigerte körperliche und geistige Leistungsfähigkeit« – und nicht eine Mischung aus Wasser und Zucker, Koffein und Taurin. Was den Alchemisten des Mittelalters mit dem Stein der Weisen nicht gelang, schaffte der heutige Milliardär Mateschitz mittels Innovation: die Verwandlung wertloser Substazen in Geld, das Gold des 21. Jahrhunderts. Ähnlich innovativ ist die Vermarktung der Marke Jägermeister: Durch Event- und virales Marketing wird im Zeichen des Hirschs nicht etwa Kräuterlikör verkauft, sondern »die Erlaubnis, Anstandsgrenzen zu dehnen«.

KOMBINATIONEN VERSCHIEDENER INNOVATIONSARTEN

Aus etlichen Erfolgsstorys in diesem Buch lässt sich ein Trend unserer schnelllebigen Zeit ablesen: Innovationen treten immer häufiger in Kombination auf. Der Rettungsdienst Stroke Angel ist ein innovativer Service, der auf einer hochkomplexen Prozessinnovation beruht. Weitere Beispiele lassen sich mühelos finden, etwa der »All-in-one-Chip« für Niedrigpreis-Handys, den Infineon 2007 auf den Markt gebracht hat – ein innovatives Produkt, dem wiederum eine tiefgehende Prozessinnovation zugrundeliegt. Auch wenn es im Alltag nur selten bewusst wird: Unzählige Dinge, die das Leben angenehmer gestalten, sind kombinierte Mehrfachinnovationen. Der Geldautomat etwa war bei seiner Markteinführung eine hochkarätige Produktinnovation – und zugleich ein innovativer Service für alle Bankkunden, die seither nicht mehr am Schalter anstehen müssen, um an Bargeld zu kommen.

Der »All-in-one-Chip« für Handys von Infineon.

Ein Paradebeispiel für kombinierte Innovationsarten ist die Modekette Zara, von der in die-

Von der Erfindung zum Markterfolg

	Ideengenerierung	Planung	Prototyping	Test und Validierung	Kommerzialisierung	Marktdurchdringung
Ergebnis	Idee	Business-Plan	Prototyp	Pilot	Markteintritt	Marktanteil
Beschreibung der Ergebnisse	Ergebnisse aus der Analyse von Markt und Kundenbedürfnissen oder Adressierung latenter Kundenwünsche Sammlung neuer Ideen für Innovationen von Produkten, Services, Prozessen, Organisationsstruktur oder Geschäftsmodell, die Kundenbedürfnisse adressieren oder Nachfrage erzeugen Priorisierte Liste der Ideen mit höchstem Potenzial bezüglich Markterfolg und Machbarkeit	Beschreibung der Idee Kommerzialisierungsstrategie Marktsegment und Zielgruppen Abschätzung des Ressourcenbedarfs Erwartete Finanzergebnisse Schutzmechanismen Risiken und Restriktionen Projektmeilensteine Rollen und Verantwortlichkeiten	Prototyp Erste Vorstudien und Tests Beurteilung und Feedback-Liste Machbarkeitsstudie und Validierung des Konzepts	Testmarkt oder Testeinheit Pilotserie für Testmarkt oder Testeinheit Nutzungs- und Akzeptanztest Erfolgsquote und Abschätzung der Nachfrage Erforderliche Anpassungen von Produkt, Service, Prozess, Organisation, Geschäftsmodell oder Marketing Erste Umsätze oder anderer Erfolgsbeleg	Bereitstellung von Produkt oder Service in ausgewähltem Zielmarkt und Etablierung der Prozesse oder des Geschäftsmodells Umsatzwachstum und Effizienzsteigerung Validierter und angepasster Businessplan	Langfristige Wachstumsstrategie Erweiterungen von Produkt, Service, Prozess, Organisation, Geschäftsmodell oder Marketing (zweite Generation) Anpassung von Produkten, Services, Organisationsstruktur, Geschäftsmodell oder Marketing an spezifische Kundenbedürfnisse Hohe Umsätze, Wachstum des Marktanteils, Anstieg von Effektivität und Effizienz, positiver Cashflow
Fokus	»Be creative«	»Business thinking at its best«	»Technology at its best«	»Make it or break it«	»Point of no return passed«	»Scale fast«

sem Buch ausführlich berichtet wird: Zara kombiniert nahezu alle hier beschriebenen Innovationstypen. Mit großem Recht nannte deshalb Daniel Piette, Fashion Director bei Vuitton, Zara bereits 2001 den »weltweit möglicherweise innovativsten und ›verheerendsten‹ Händler«. Denn Innovationen sind »kreative Zerstörer«, und je umfassender sie angelegt sind, desto größer ist ihre revolutionäre Kraft, wirklich Neues zu erschaffen; Neues, das Probleme lösen hilft, Wünsche erfüllt, Bedarf befriedigt – und den innovativen Unternehmen Umsatz- und Gewinnwachstum beschert. Wie aber ist der Prozess von der Erfindung zum Markterfolg in Unternehmen sinnvollerweise zu führen, um ihn für sich ökonomisch und nachhaltig zu nutzen?

INNOVATIONS-PROZESS

Wie aus einer Idee ein Markterfolg entsteht

SCHRITT 1: IDEENFINDUNG – KREATIV SEIN

Am Anfang eines jeden Innovationsprozesses stehen tragfähige Ideen mit Innovationspotenzial: Bionade-Erfinder Dieter Leipold träumt von einer »Fanta ohne Chemie«. MAN-Vorstand Wolfram Lausch kommt während einer Reise der Einfall, einen selbstzündenden Ottomotor zu entwickeln. Als Grundlage für erfolgreiche Innovationen taugen diese Ideen nur deshalb, weil sie Antworten auf vorhandenen Kundenbedarf darstellen und/oder imstande sind, konkrete Nachfrage zu erzeugen. Aber wie entwickelt man solche Ideen mit Innovationspotenzial?

Gewiss lässt sich Kreativität nicht planen. Doch wie beim berühmten Heureka des großen griechischen Denkers Archimedes kommen neue Ideen manchmal als »Blitzschlag« oder durch scheinbar schicksalhafte Fügung: Dazu passend hat Professor Wolfram Lausch im Flugzeug die Erleuchtung, dass sich ein Gasmotor auch ohne Zündkerze starten lässt. Und der Red-Bull-Gründer Dietrich Mateschitz stößt während einer Asienreise »zufällig« auf die thailändische Urform des Energy-Drinks.

Aber nur wer sucht, kann auch fündig werden. Um die bekannte Redensart abzuwandeln: Die Idee trifft ein, wenn Zufall die Absicht kreuzt. Entsprechend können Unternehmen Einiges tun, um die Chancen zu erhöhen, dass sie auf Ideen mit Innovationspotenzial stoßen. Die einfachste Maßnahme besteht darin, Kundenreaktionen und -wünsche zu sammeln und auszuwerten. So haben die KarstadtQuelle Versicherungen Kundenservice und Vertrieb in seinem KundenServiceCenter zusammengelegt. Dadurch fließen Informationen über Wünsche und Reaktionen von Kunden direkt in das Unternehmen zurück und können zur Entwicklung neuer Ideen ebenso wie zur Verbesserung bestehender Produkte und Services genutzt werden.

Mit Kreativität zu neuen Ideen.

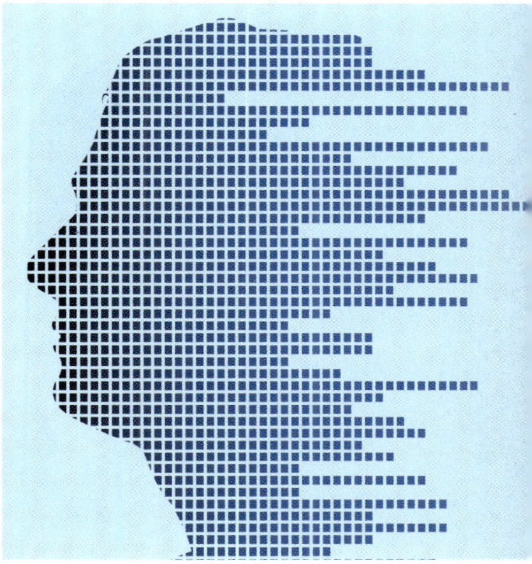

Zudem können Unternehmen »Ideen-Labore« einrichten – Brainstorming-Workshops beispielsweise, bei denen die Teilnehmer versuchen, durch spezielle Kreativitätstechniken erfolgsträchtige neue Ideen zu entwickeln. Hierfür erhalten sie die Aufgabe, Lösungen für ein vorab definiertes Problem zu finden. Außerdem werden eine Reihe bewährter Spielregeln vereinbart, die sicherstellen sollen, dass sich die Kreativität der Gruppenmitglieder entfalten kann, aber zugleich zielorientiert bleibt.

Legendär sind die spontanen Kreativ-Sessions, zu denen Apple-Chef Steve Jobs nach Bedarf Gruppen von Führungskräften und Mitarbeitern mit Ideen versammelt. Regelmäßig finden bei Apple auch sogenannte »Top 100 Meetings« statt. In einem dieser Meetings ist beispielsweise die Idee für den iPod entstanden.

Das sogenannte »House of Quality« ist das wohl nützlichste Werkzeug für die Ideenfindungsphase. Diese Planungsmatrix lässt sich ohne besondere Vorkenntnisse im Team anwenden. Sie ist äußerst hilfreich, um Kundenanforderungen und die Attribute neuer Produkt- oder Serviceideen miteinander abzugleichen. Wenn beispielsweise die Kunden eines Kaffeeproduzenten ökologisch unbedenkliche und ethisch einwandfreie Ware wünschen, lassen sich die erforderlichen Maßnahmen und Produktmerkmale leicht ableiten. Wenn die

The House of Quality

Werkzeug für die Ideenfindungsphase

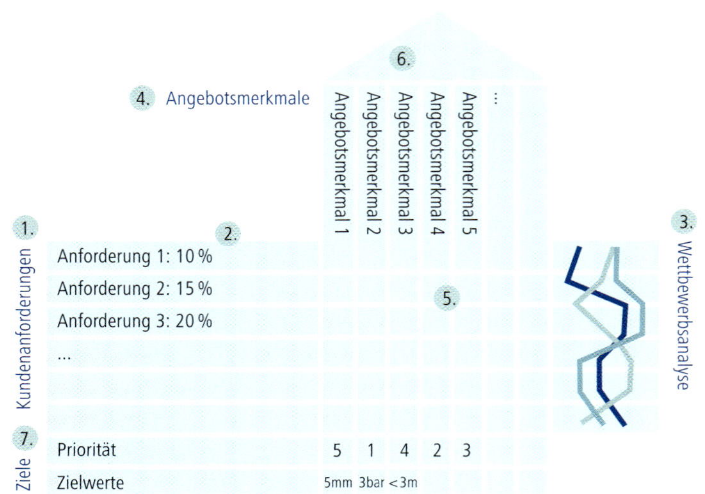

1. Identifikation der Kundenanforderungen.
2. Gewichtung der Kundenanforderungen.
3. Bewertung wettbewerbsrelevanter Produkte oder Dienstleistungen.
4. Übertragung der Kundenanforderungen in Angebotsmerkmale.
5. Erstellen einer Korrelationsmatrix zwischen Kundenanforderungen und Angebotsmerkmalen.
6. Ermittlung der Korrelation zwischen den einzelnen Angebotsmerkmalen.
7. Finale Schlussfolgerung des House of Quality: Bestimmung der relativen Bedeutung und Definition konkreter Zielwerte für die einzelnen Angebotsmerkmale.

Wettbewerber 1
Wettbewerber 2
Betrachtetes Unternehmen

Mit witzigen Bildmotiven und Slogans wie »Dein Alltagsproblem verlangt eine Lösung« oder »Deine Erfindung macht dich berühmt« wirbt Tchibo offensiv um die Kreativschätze seiner Community.

Kunden gleichzeitig niedrige Preise und Verfügbarkeit der Produkte bei den großen Discountern erwarten, dann stehen die Anforderungen jedoch teilweise miteinander in Konflikt. Im House of Quality von Villeroy & Boch werden daher sämtliche Angebotsmerkmale nach ihrer Priorität gewichtet und konkrete Zielwerte festgelegt.

Neben firmeninternen Ressourcen können sich Unternehmen auch externe Quellen für neue Ideen mit innovativem Potenzial erschließen. Hierzu gehören etwa Markt- und Technologieanalysen, öffentliche und private Forschungseinrichtungen, Expertennetzwerke, Datenbanken, Publikationen oder Patentanmeldungen.

Ein gutes Beispiel hierfür ist der Kaffeeröster Tchibo: In seinen Shops bietet das Unternehmen seinen Kunden unter dem Motto »Jede Woche eine neue Welt« in wöchentlichem Wechsel Gebrauchsartikel aus Bereichen wie Mode, Schmuck, Haushaltswaren, Sportartikel oder Unterhaltungselektronik an. Um sicherzustellen, dass die Produkte den Kundenbedürfnissen tatsächlich auch entsprechen, hat Tchibo im Internet eine Community-Plattform installiert: Dort können Kunden ihre Produktwünsche und neue Produktideen hinterlegen, und andere Nutzer haben die Möglichkeit, diese Anregungen zu kommentieren und zu bewerten.

Ein weiteres Beispiel sind innovative Schwimmanzüge, die von einem Badebekleidungshersteller gemeinsam mit Profi-Schwimmern entwickelt wurden. Die Schwimmanzüge verbessern die elastischen Eigenschaften der Muskulatur – die Schwimmer können in Tests 4 Zentimeter höher springen als ohne Anzug –, entlasten das Herz und erhöhen die Körperspannung der Testpersonen. Dadurch können die Schwimmer den Impuls direkter vom Arm auf das

Wasser übertragen, da sich ihr Körper beim Schwimmen deutlich weniger verformt. Möglich wird die Leistungssteigerung auch durch die neuartige Beschichtung des Anzugs, den völligen Verzicht auf Nähte, die zu weniger Wasserverwirbelungen am Körper führten – und nicht zuletzt durch einen Placebo-Effekt.

Je ergiebiger die Quellen für neue Ideen sind, die ein Unternehmen sich erschließt, desto wichtiger ist es, die gesammelten Ideen bereits in dieser Phase zu bewerten und zu gewichten. Manch eine Idee übt auf ihre Entdecker unwiderstehlichen Reiz aus, doch wenn ihr Innovationspotenzial gering ist, sollte man sie frühzeitig begraben. Der Fokus muss von Anfang an auf konkrete Kundenbedürfnisse gerichtet sein, damit die Ressourcen nur den erfolgsträchtigsten Ideen zugutekommen.

Das Ergebnis dieser Prozessphase sollte eine Liste der attraktivsten Ideen sein, abgeleitet aus konkreten Markt- und Kundenbedürfnissen und gewichtet nach dem erwarteten Markterfolg sowie der Machbarkeit der einzelnen Ideen. Die auf diese Weise aufgelisteten Ideen erhalten dann den Status von Innovationsprojekten.

SCHRITT 2: INNOVATIONSPLANUNG – BEST PRACTICE BUSINESS-THINKING

In der Planungsphase geht es vor allem darum, die Ideen in ein Konzept für die erfolgreiche Vermarktung zu überführen. Nach dem kreativen Denken in der ersten Phase stehen jetzt also unternehmerisches Denken und systematische Analyse im Vordergrund.

Bei der Detailanalyse der Ideen und ihrer wirtschaftlichen und technischen Anforderungen gilt es, aufbauend auf einer umfassenden Marktanalyse, eine Reihe grundlegender Fragen zu beantworten, also zum Beispiel: Welcher ist der relevante Markt für das neue Produkt? Am Ende dieser präzisen Analyse sollte die Entscheidung stehen, ob die geprüfte Idee im Licht der Marktrealität wirtschaftlich tatsächlich aussichtsreich erscheint. Nur wenn dann die Antwort ein ganz klares Ja ist, sollte die Planung dieses Projekts weiter vorangetrieben werden.

Die Detailplanung und die darauf aufbauende Erstellung des Business-Plans erfordern einen hohen Zeit- und Arbeitsaufwand. Trotzdem sollte man beides nicht als lästige Pflichtübung ansehen: Der Business-Plan zwingt die Beteiligten zu systematischem Vorgehen und hilft ihnen, sich einen widerspruchsfreien Gesamtüberblick über das Projekt zu verschaffen. Das für den Business-Plan erstellte Zahlengerüst – der sogenannte Business-Case – wird überdies für die spätere Erfolgskontrolle benötigt.

IDEEN-DETAILANALYSE

Das sind die wichtigsten Fragen bei der Ideen-Detailanalyse in der Planungsphase:

— Welcher ist der relevante Markt für das neue Produkt?

— Welche sind die wesentlichen Markttreiber?

— Wie groß ist der relevante Markt, und wie wird sich die Nachfrage entwickeln?

— Welche Marktsegmente beziehungsweise regionalen Märkte sind besonders attraktiv?

— Welche Wettbewerber sind bereits oder möglicherweise bald in diesem Markt präsent, und wie sind sie positioniert?

— Welche Produkte beziehungsweise Dienstleistungen werden bereits angeboten, und wie unterscheiden sie sich voneinander (Produktmerkmale, Abdeckung von Kundenbedürfnissen)?

— Welche Eintrittsbarrieren in den Markt gibt es (Patentrechte, etablierte Monopole, gesetzliche Beschränkungen et cetera)?

— Wie kann die neue Idee am effektivsten geschützt werden (Schutzrechte, Geheimhaltung, Zeitvorsprung und Nutzung von Skalen-, Lern- und Erfahrungseffekten sowie Technologievorsprung)?

— Wie genau passt die Idee in das Marktumfeld beziehungsweise hebt sich das neue Angebot darin ab (Alleinstellungsmerkmal)?

— Welche Fähigkeiten und Ressourcen sind für die erfolgreiche Markteroberung erforderlich (technische Umsetzbarkeit, personelle Ressourcen, Finanzmittel et cetera)?

— Wie kann sich das Unternehmen die sogenannte Innovationsrente aneignen (Verkauf, Lizenzierung, Tausch, Ausschluss Dritter von der Nutzung der Idee, freie Weitergabe)?

— Mit welchen Risiken, Einschränkungen oder Engpässen ist zu rechnen, und wie können diese mit internen Mitteln (zum Beispiel durch Umverteilung von Ressourcen) oder externen Mitteln (beispielsweise durch Allianzen) überwunden werden?

— Wie sicher sind die Annahmen, die getroffen wurden, und was passiert im schlechtesten Fall oder im besten Fall?

SCHRITT 3: PROTOTYP – BEST PRACTICE TECHNOLOGY

Wurde die Innovationsidee bis dahin lediglich theoretisch geprüft und bewertet, so folgt nun die praktische Ausgestaltung. Im Mittelpunkt steht in dieser Phase also die technische Machbarkeit. Um diese zu prüfen, entwickelt man Testversionen des geplanten Angebots – physische Produktmodelle oder digitale Modelle einer neuen Dienstleistung, eines Prozesses oder eines Software-Programms.

Aus Kostengründen begnügt man sich oft auch mit vereinfachten Modellen eines geplanten Produkts oder mit virtuellen Testversionen. Ein Beispiel hierfür ist das »Rapid Prototyping«. Mithilfe von CAD-Programmen (»Computer-aided Design«) kann man dreidimensionale virtuelle Produktmodelle entwickeln, die sich im nächsten Schritt sogar in kostengünstige physische Modelle umwandeln lassen – dank sogenannter 3-D-Printer.

Rapid-Prototyping-System.

Bei der Prototyp-Entwicklung dreht sich alles um die Frage, wie sich die in der Planungsphase definierten Kundenbedürfnisse und allgemeinen Produktmerkmale (technisch) umsetzen lassen. Um sicherzustellen, dass das Resultat die Kundenerwartungen tatsächlich erfüllt, sollte man in dieser Phase auch Alpha- und Betaversionen des Produkts durch Testnutzer prüfen lassen.

Die Informationen, die durch Prototypbildung und erste Tests gewonnen wurden, bilden die Basis für die Entscheidung über das weitere Vorgehen: Soll das Projekt aufgegeben, angepasst oder unverändert weiterverfolgt werden? In der Praxis werden die meisten Projekte in dieser Phase eingestellt.

SCHRITT 4: PILOTIERUNG – PROJEKT AUFGEBEN ODER DURCHSTARTEN

Im letzten Schritt vor der Kommerzialisierung geht es nun darum, in einem vordefinierten Pilotmarkt zu testen, ob das Konzept unternehmensinterne und -externe Anforderungen erfüllt, von Nutzern und Kunden verstanden wird und ob tatsächlich ausreichend Nachfrage für die geplante Innovation vorhanden ist. Hierfür beauftragt man Marktforscher mit einer Konsumentenbefragung und holt ein detailliertes Feedback von Testnutzern beziehungsweise Testkunden ein. Erforderlichenfalls wird das Konzept aufgrund dieser Informationen nochmals angepasst.

Anders als bei Produkt- und Serviceinnovationen befinden sich die »Testmärkte« bei Prozess- und Organisationsinnovationen meist im Unternehmen selbst, dessen Mitarbeiter in der Regel auch die »Testkunden« sind. In der Praxis gestaltet sich das Testen von Prozessinnovationen allgemein schwierig, da die Unternehmen auf die Systeme (Prozesse, Organisation, IT et cetera), die getestet werden, angewiesen sind. Beispiel KKH: Die Krankenkasse führte 2007 ein Gesundheitscoaching auf Basis eines IT-Systems ein, das das Unternehmen für seinen laufenden Betrieb benötigt. Die Testphase musste daher ausfallen, der neue Prozess wurde direkt eingeführt – ein Risiko, dessen sich die Verantwortlichen bei Prozess- und Organisationsinnovationen generell bewusst sein sollten.

Konceptstudie Volvo YCC (Your Concept Car).

Der begrenzte Markt während der Testphase stellt einen Teil des Gesamtmarkts dar, in dem die angestrebte Innovation nach vollem Roll-out verfügbar sein soll. Je nach Entwicklungsstadium des Pilotprojekts kann die Größe des gewählten Testmarkts variieren. Während dieser Phase konzentrieren sich die

Unternehmen meist auf das Feedback der Zielgruppe im Testmarkt sowie auf Rückmeldungen von Experten. In spezialisierten Branchen ist ihr Urteil besonders wertvoll, weshalb zum Beispiel Software-Firmen in dieser Phase oftmals bewusst auf Experten setzen: Sie erkennen Fehler und Unzulänglichkeiten von Testversionen besser und schneller als Mainstream-Nutzer.

Die Test- und Bewertungsphase liefert auch bereits wichtige Anhaltspunkte zum möglichen Erfolg der Innovation. Je nach Innovationsart können dies beispielsweise erste Umsätze, Kosteneinsparungen oder auch positives Feedback von Testnutzern sein. Auf dieser Basis entscheidet das Unternehmen, ob es weiterhin die Einführung der Innovation im geplanten Zielmarkt anstrebt – oder das Konzept an der Schwelle zur breiten Kommerzialisierung doch noch verwirft.

Beispiel Bionade: In Hamburger Szeneclubs und -kneipen wurde der neuartige Öko-Trunk begeistert aufgenommen, und ein hanseatischer Getränkegroßhändler nahm Bionade in sein Sortiment auf. Beides waren erste Hinweise auf den sich anbahnenden bundesweiten Markterfolg.

Bionade startet in Hamburger Szeneclubs durch.

SCHRITT 5: KOMMERZIALISIERUNG – JETZT GIBT ES KEIN ZURÜCK MEHR.

Ist die Test- und Bewertungsphase erfolgreich verlaufen, so erschließt man nun in der Kommerzialisierungsphase einen ausgewählten Markt. Verläuft auch dieser Schritt erfolgreich, so wird damit die Invention zur Innovation. Durch Eintritt in den breiteren Markt vergrößert sich die Zahl der möglichen Konsumenten. Dadurch fließt weiteres Feedback von Nutzern und Verbrauchern in das Unternehmen zurück, das auf dieser Basis sein Konzept kontinuierlich verbessern kann. Allerdings verursachen solche relativ späten Änderungen meist beträchtliche Kosten und nicht selten einen Imageschaden für das Unternehmen. Anders als Start-ups können sich große Unternehmen »Patzer bei der Markteinführung gar nicht leisten«, wie Wolfram Lausch, Erfinder und Innovator des selbstzündenden MAN-Gasmotors, betont. »Die Fehlerrate« muss zum Zeitpunkt der Markteinführung »gegen Null gehen«.

Um eine Idee in einem (internen oder externen) Markt erfolgreich zu kommerzialisieren und später Innovationsrenten zu erzielen, kann das Unternehmen zwischen verschiedenen Wegen wählen. Es kann die Innovation selbst verwenden, Dritte von deren Nutzung ausschließen oder sie an Dritte lizenzieren; ebenso kann es sie gegen Innovationen anderer Unternehmen tauschen oder dem Markt frei zur Verfügung stellen und dann über Komplementärprodukte Umsätze erzielen. Ein Beispiel für die letztgenannte Kommerzialisierungsart ist das Software-Unternehmen Adobe, das seinen Acrobat Reader unent-

Der Fusion-Power-Rasierer von Gillette.

geltlich verbreitet, mit diesem einen allgemein akzeptierten Standard gesetzt hat und seine Umsätze durch Produkterweiterungen generiert.

In der Kommerzialisierungsphase gilt es, das Umsatzwachstum voranzutreiben und erste Maßnahmen zur Effizienzsteigerung einzuleiten. Um den Markterfolg der Innovation zu überwachen, muss das Unternehmen ein strenges Projektmanagement betreiben. Hierfür stellt man in der Regel Umsätze, Kosten und Gewinnspanne den Planzahlen gegenüber; außerdem werden Kundenloyalität und -zufriedenheit dokumentiert sowie das Image der Innovation beziehungsweise die Imagewirkung auf das Gesamtunternehmen im Markt geprüft. Zudem gilt es zu kontrollieren, ob die geplanten Meilensteine erreicht werden und die Entwicklung des Roll-outs der Planung entspricht: In der Kommerzialisierungsphase ist Geschwindigkeit oftmals ein entscheidender Erfolgsfaktor.

Ein Beispiel für die optimale Kommerzialisierung einer Innovation ist Gillette Fusion Power, der erste Nassrasierer mit fünf Klingen, unterstützendem Elektromotor und weiteren neuartigen Features: Bevor Procter & Gamble diese Rasiererserie in den Markt einführte, hatte das Unternehmen die richtigen Verkaufskanäle identifiziert und sodann den Handel mit ausreichend Produkten versorgt, um einen schnellen Markteintritt zu garantieren. Eine intensive Marketingkampagne in Fernsehen und Radio, Printmedien und Internet informierte die Konsumenten über die Innovation. Die Fusion-Rasiererserie wurde vom Fachmagazin Lebensmittel Praxis daraufhin in ihrem Segment als »Best New Product« ausgezeichnet.

SCHRITT 6: UMSETZUNG DER WACHSTUMSSTRATEGIE – RAPIDE WACHSEN

In der letzten Phase des Innovationsprozesses geht es darum, entsprechend der vorher definierten Wachstumsstrategie den Roll-out der Innovation im kompletten Zielmarkt voranzutreiben. Marktanteil und Umsatz müssen in dieser Phase deutlich wachsen. Durch Skalen- und Verbund-Effekte, beispielsweise über weitere Markterschließungen, gilt es zudem, Kosten einzusparen; Nach einer Faustregel lassen sich durch Verdoppelung der Service- und Produktinnovationen die Stückkosten um 20 bis 30 Prozent senken. Produktfehler müssen zugleich laufend reduziert, die Qualität erhöht sowie Prozesse standardisiert werden.

Bei der Erschließung neuer Märkte ist es wichtig, spezifische Kundenbedürfnisse zu identifizieren und zu berücksichtigen. Das Originalprodukt muss unter Umständen angepasst werden, um lokalen Anforderungen besser zu entsprechen. Ebenso kann es erforderlich sein, Prozesse abzuändern – etwa die Wahl der geeignetsten Vertriebskanäle oder Medien, um die Zielgruppe so effizient wie möglich zu erreichen.

Neue Märkte erschließen mit der richtigen Wachstumsstrategie.

Um die Zielgruppe der Produktinnovation zu vergrößern und zusätzliche Umsätze zu erschließen, nimmt man in dieser Phase weitere Kundensegmente ins Visier. Ein gutes Beispiel ist GlaxoSmithKline: Dem Pharmaunternehmen gelang es, sein zunächst verschreibungspflichtiges Kopfschmerzmittel Sumatriptan zu einem frei verkäuflichen Präparat erklären zu lassen. Durch diese Veränderung konnte GlaxoSmithKline seine Vertriebskanalstruktur weiter ausbauen und zahlreiche neue Kunden für Sumatriptan erschließen. Die Umsätze des Schmerzmittels wuchsen, da rezeptfreie Medikamente deutlich mehr Käufer finden als verschreibungspflichtige Arzneimittel.

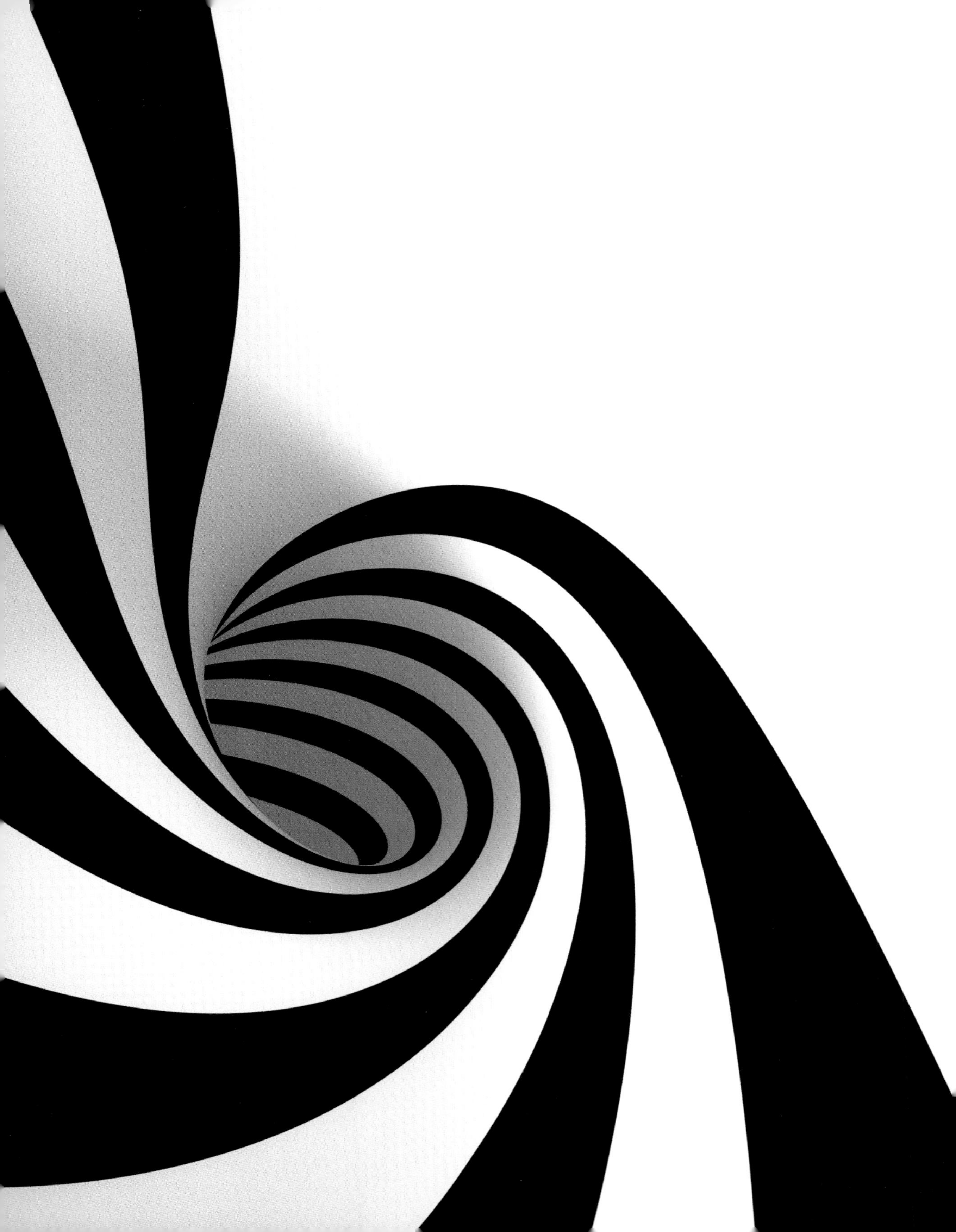

ERFOLGS-FAKTOREN

Wie Innovationen am Markt bestehen

Meine zwanzigjährige Berufserfahrung hat mich gelehrt, was auch durch die hier geschilderten Innovationsgeschichten bestätigt wird: Man kann eine ganze Reihe wichtiger Innovations-Erfolgsfaktoren identifizieren, *doch bedeutender als jede andere ist die Frage, ob die jeweilige Innovation den wahren Kundenbedarf befriedigt.* Neuen Produkten oder Services mögen noch so faszinierende Ideen oder technisch ausgeklügelte Lösungen zugrundeliegen – wenn sie keine echten Kundenwünsche erfüllen, wird ihnen der Markterfolg versagt bleiben.

Drei weitere Faktoren sollten auf einer zweiten Ebene wirksam sein, damit das Unternehmen überhaupt imstande ist, Innovationen zu entwickeln und zu vermarkten. Auf einer dritten Ebene schließlich lassen sich sechs zusätzliche Erfolgsfaktoren identifizieren, die der Optimierung von Aktivitäten, Struktur und Umfeld der Innovationen dienen.

Die zehn Erfolgsfaktoren auf drei Ebenen

Wenn die Neuentwicklung keinen wirklichen Kundenbedarf befriedigen kann, bleibt der Innovationserfolg aus.

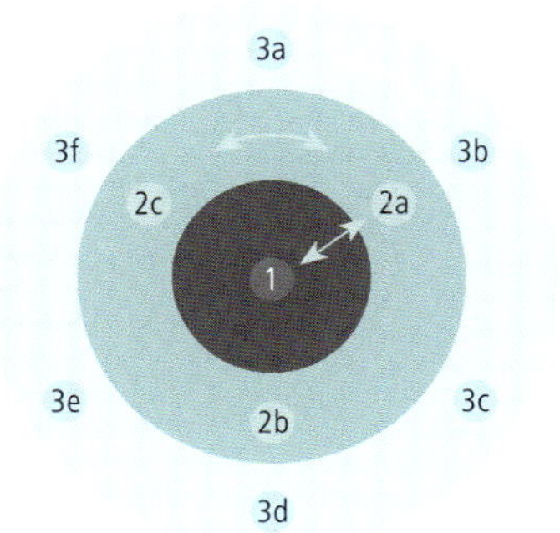

- 1 Befriedigen des »wirklichen« Kundenbedarfs
- 2a Existenz einer Innovatorinstanz
- 2b Rigoroses Management des Business-Cases
- 2c Installierter, strikt durchgängiger Innovationsprozess
- 3a Können und Tun wichtiger als Kreativität und Wissen
- 3b Aktives Managen gesellschaftlicher, politischer und rechtlicher Hindernisse
- 3c Unterhalten von Netzwerken und Allianzen
- 3d Etablierung eines Innovation fordernden und fördernden Umfelds
- 3e Optimierte Innovationseinführungszeit
- 3f Allokation von ausreichend Zeit, Geld und den besten Mitarbeitern

↔ Beispielhafte Wechselwirkung zwischen einzelnen Erfolgsfaktoren

Wenn auf der zweiten oder dritten Ebene einzelne Erfolgsfaktoren fehlen oder schwach ausgeprägt sind, so lässt sich dieser Mangel durch andere Erfolgsfaktoren bis zu einem gewissen Grad kompensieren. Beispiel Bionade: Eine starke Innovatorinstanz, zunächst verkörpert durch Erfinder Dieter Leipold, später durch Macher Peter Kowalsky und Marketingmann Wolfgang Blum, konnte die mangelnde Durchgängigkeit des Innovationsprozesses ausgleichen. Ebenso können etwa Netzwerke und Allianzen mit externen Kooperationspartnern als Innovationsbeschleuniger aushelfen, wenn es zum Beispiel dem Unternehmen selbst an den nötigen Ressourcen für die Produktentwicklung fehlt.

ERFOLGSFAKTOR 1: DEN WAHREN KUNDENBEDARF BEFRIEDIGEN

Whole Foods Market.

Bedürfnis und Bedarf sind bekanntlich nicht dasselbe: Erst wenn die Kunden das Produkt oder die Dienstleistung auch bezahlen können, wird aus einem Bedürfnis ein konkreter Bedarf – und aus einem Angebot eine Innovation.

Beispiel Whole Foods Market: Als Folge der Finanz- und Wirtschaftskrise wandelte sich 2008 der Bedarf ernährungsbewusster Öko-Käufer in den USA zum bloßen Kundenbedürfnis – und nach Jahren scheinbar unaufhaltsamen Wachstums brachen Umsatz und Gewinn der Biomarktkette aus dem Hochpreissegment ein. Umgekehrt kam die Öko-Limo Bionade ursprünglich »zu früh«: Anfang der Neunzigerjahre gab es noch keinen Markt für chemiefreie Bio-Softdrinks – und folglich zeigten sich die führenden Getränkeproduzenten an dem neuartigen Durstlöscher desinteressiert. Doch wenige Jahre später »ergrünte« die Republik – und Bionade konnte perfekt den neu entstandenen Kundenbedarf befriedigen.

Unternehmen müssen indes nicht in jedem Fall warten, bis der erhoffte Kundenbedarf entsteht. Das Beispiel Red Bull zeigt, dass man einen Kundenbedarf durchaus aktiv schaffen kann – wenn man das zugrundeliegende Bedürfnis ebenso wie die Kaufkraft der Zielgruppe richtig identifiziert. *»Es gibt für Red Bull keinen bestehenden Markt«,* erklärte Innovator Dietrich Mateschitz zum Auftakt seiner globalen Markteroberung mit seinem Energy-Drink, »also werden wir ihn machen.«

Die Kunst besteht hier allerdings auch darin, den »wirklichen« Kundenbedarf zu treffen. Beispiel Villeroy & Boch: Aus dem Feedback von potenziellen Kunden schloss das Unternehmen, dass sich ältere Kunden unzerbrechliches Porzellan wünschten. Die Teller mit Kunststoffrand, die Villeroy & Boch daraufhin auf den Testmarkt brachte, wurden von dieser Zielgruppe gleichwohl nicht akzeptiert: Sie wünschten sich zwar unzerbrechliches Geschirr, aber man sollte ihm auf keinen Fall ansehen können, dass es eigens für Senioren konzipiert worden war. Ähnliches erkannte bereits Henry Ford, der Urvater industrieller Prozess- und Produktinnovationen: *»Hätte ich meine Kunden gefragt, so hätten sie sich schnellere Pferdekutschen gewünscht.«* Ford jedoch erspürte den dahinter verborgenen »wirklichen« Bedarf – und brachte die »Tin Lizzy«, das weltweit erste Auto für jedermann, auf den Markt.

Ausführliche Kundenbefragung und detaillierte Interpretation der Kundenbedarfe sind daher vor allem in der Anfangsphase des Innovationsprozesses wichtig – aber das unternehmerische Handeln können sie nicht ersetzen. Auch wenn die Testkunden versichern, dass sie ein neuartiges Produkt oder einen neuartigen Service mit bestimmten Merkmalen kaufen würden – eine »Garantie« für den Markterfolg ist das keineswegs.

Je näher eine Lösung dem wirklichen Kundenbedarf kommt, desto unvermeidlicher ruft der Markterfolg Nachahmer auf den Plan. Je überlegener ein neues Produkt, desto schwerer lässt es sich kopieren. Auch eine beträchtliche Erfindungshöhe ist wichtig, denn diese lässt sich durch Patente für einen gewissen Zeitraum schützen. Weiteren Schutz kann die Fertigungstechnologie bieten, die Kopierer nicht ohne Weiteres nachahmen können. Bei Serviceinnovationen kann wirkungsvoller Schutz durch Markenrechte, Marktführerschaft, optimierten Time-to-Market-Zyklus oder unternehmensinternes Können entstehen, das sich gleichfalls nicht kopieren lässt.

Oder das Beispiel KarstadtQuelle Versicherungen: Das Unternehmen legte Vertrieb und Kunden-Hotline in seinem KundenServiceCenter zusammen und kann dadurch seine Produkte genauer als die Konkurrenz auf Kundenbedarf zuschneiden. Wettbewerber wie die HUK Coburg können die Produkte selbst

Den wahren Kundenbedarf erkennen und befriedigen ist ein entscheidender Erfolgsfaktor.

zwar leicht kopieren, aber KQV behält durch seinen engen Kundenkontakt gleichwohl einen Wettbewerbsvorteil.

Drei weitere Faktoren, die auf der zweiten Wichtigkeitsebene angesiedelt sind, sind von entscheidender Bedeutung, damit Unternehmen die Entwicklung und Vermarktung innovativer Angebote gelingt: Im Unternehmen muss es Hüter und Treiber der Innovation geben, die sich in jeder Prozessphase für das betreffende Projekt einsetzen. Unabdingbar ist außerdem ein rigoros gemanagter Business-Case, und schließlich muss im Unternehmen ein durchgängiger Innovationsprozess (mit den weiter vorn in diesem Kapitel beschriebenen Phasen) installiert sein.

ERFOLGSFAKTOR 2A: INNOVATORINSTANZ ALS HÜTER UND TREIBER DES NEUEN ETABLIEREN

Herausragende Neuerungen ereignen sich selten von selbst. Oft sind es Menschen von besonderer Weitsicht und Durchsetzungskraft, die dem Neuen zum Durchbruch verhelfen. Das gilt auch und gerade für Innovationen: Viele Produkt-, Service- oder Marketinginnovationen, viele Organisations-, Prozess- oder Geschäftsmodellinnovationen hätten niemals das Licht der Welt erblickt, wenn nicht Innovatorpersönlichkeiten sie auf dem ganzen Weg von der Idee bis zum Markterfolg gehütet und vorangetrieben hätten – gegen alle Widerstände, ohne ihr Ziel aus dem Auge zu verlieren oder gar aufzugeben.

Einige dieser »Innovationsstars« und ihre Werke wurden in diesem Buch schon gewürdigt – ob Henry Ford, der die Fließbandproduktion und damit die industrielle Massenfertigung erfand, oder Wendelin von Boch, unter dessen vorantreibender Führung Villeroy & Boch die uralte Kulturtechnik der Porzellanherstellung vollkommen neu konzipierte; ob Sergei Brin und Larry Page, die mit der Suchmaschine Google die globale Wissensgesellschaft revolutionierten, Peter M. Endres, Vorstandsvorsitzender der KarstadtQuelle Versicherungen, der durch eine Kombination aus Service- und Produktinnovationen die Versicherungsbranche das Fürchten lehrt, oder Steve Jobs, Gründer und CEO von Apple, der Innovationsikone schlechthin.

»Auf der wichtigen Apple-Messe Macworld Expo im Januar 2009 wird Jobs nicht auftreten. Er lässt sich durch seinen Vizepräsidenten Philip Schiller vertreten«: Kaum war diese Meldung am 17. Dezember 2008 verbreitet worden, da machten Spekulationen über den Gesundheitszustand von Steve Jobs unter Börsianern die Runde, und die Apple-Aktie stürzte ab – um bis zu 7 Prozent an einem einzigen Tag. Dieser Vorfall erhellt schlaglichtartig, wie wichtig Innovatoren für ein Unternehmen sind beziehungsweise welche überragende Bedeutung der Markt dem Innovator zumisst.

Jedoch ist es nicht erforderlich, dass ein und dieselbe Innovatorpersönlichkeit von der ersten bis zur letzten Prozessphase die Innovation begleitet – das Ganze lässt sich auch wie ein Staffellauf organisieren. Beispiel Bionade: Erfinder Dieter Leipold übergab den Staffelstab an seinen Stiefsohn Peter Kowalsky, der das Produkt auf dem Markt durchsetzte. Oder Beispiel Red Bull: Dietrich Mateschitz erwarb die Lizenz für den innovativen Energy-Drink von der thailändischen Familie Yoovidhya und machte Red Bull zum Welterfolg.

Ebenso kann die Innovatorinstanz aus einem kleinen Team bestehen, das von Anfang bis Ende des Prozesses über den Innovationsfortschritt wacht. Dabei ist es wichtig, dass das Team einerseits Markt und Kundenbedarf, andererseits die Umsetzungsschritte des Innovationsprozesses im Auge hat. Mit den Worten von Zara-Gründer Amancio Ortega: »Bleibe mit der einen Hand in der Fabrik und mit der anderen im Laden. Unternimm alles, damit die eine Hand der anderen helfen kann. Und was auch immer du tust: Behalte das Produkt so lange im Auge, bis es verkauft ist.«

Apple-Chef Steve Jobs.

ERFOLGSFAKTOR 2B: DEN BUSINESS-CASE RIGOROS MANAGEN

Wie bereits im Abschnitt zur Planungsphase des Innovationsprozesses verdeutlicht: Für jedes Innovationsprojekt muss ein detaillierter Business-Case erstellt werden. Ebenso wichtig ist jedoch das durchgängige Management des Business-Cases: Die Daten müssen regelmäßig aktualisiert werden, und die potenzielle Innovation muss in jeder Phase – außer in der Startphase – einen kalkulatorischen Gewinn aufweisen: Ein neues Produkt, das sich nicht profitabel vermarkten lässt, weil die technische Umsetzung zu teuer und/oder die Zielgruppe zu klein ist – ein solches Angebot ist eben keine Innovation, weil es auf dem Markt nicht erfolgreich sein kann.

Am Anfang des Innovationsprozesses geht es also darum, die richtigen Entscheidungen zu treffen – unternehmerisches Handeln ist gefragt, nicht Erbsenzählerei. »Man kann nichts verdienen«, erklärt Red-Bull-Innovator Mateschitz, »wenn man nicht wie wir zuerst seine Hausaufgaben macht und investiert. *Es heißt nicht umsonst ›Return on Investment‹ und nicht ›Opportunity-Hunting‹.«*

In späteren Phasen des Innovationsprozesses steht rechtzeitiges Kostenmanagement im Zentrum. Der Innovationserfolg kann hiervon abhängen, und in jedem Fall steigt die Profitabilität, wenn man die Kostenseite von vornherein strikt im Auge behält. Beispiel KarstadtQuelle Versicherungen: Peter M. Endres geht bei der Kalkulation neuer Angebote von dem erzielbaren Preis des Produktes am Markt aus und berechnet dann, wie hoch die Kosten maximal sein dürfen. Wenn ein Produkt oder Service nur die Summe x einbringen kann, dürfen die Stückkosten folgerichtig nur x minus einen Wert y betragen.

ERFOLGSFAKTOR 2C: EINEN DURCHGÄNGIGEN INNOVATIONSPROZESS INSTITUTIONALISIEREN

Für den Markterfolg ist entscheidend, dass Projekte mit Innovationspotenzial von der ersten bis zur letzten Prozessphase durch das Unternehmen gesteuert werden – von der Ideenfindung bis zum Erfolg im Markt. Im Idealfall wird der Innovationsprozess von einer Innovatorpersönlichkeit oder einem Innovatorenteam vorangetrieben. Peter Edelmann, Vorstand beim Maschinenbaukonzern Voith, erklärt hierzu: »Der Trick ist, den Innovationsprozess nach innen zu integrieren und nach außen zu öffnen.« Im Unternehmen integrieren sollte man den Innovationsprozess sogar in zweifachem Sinn: entlang der Prozessschritte und funktionsübergreifend, also über typischerweise vorhandene »Silos« hinweg. Und die Öffnung nach außen sollte Zulieferer und Kunden ebenso umfassen wie Wissens-Lieferanten und andere Kooperationspartner.

Die Prozess- und Organisationsinnovation bei KarstadtQuelle Versicherungen ist ein Paradebeispiel für gelungene Integration im Innern des Unternehmens. Für vorbildliche Öffnung des Innovationsprozesses nach außen ließe sich das Beispiel Merck anführen: Das Pharmaunternehmen beschäftigt zwölf Scouts in sieben Ländern, deren Aufgabe darin besteht, externes Wissen gezielt für Merck nutzbar zu machen. Allein im Jahr 2006 haben diese Knowledge-Fahnder mehr als fünftausend Biotech-Unternehmen und medizinische Hochschulen gescreent – mit beachtlicher Ausbeute: Merck erwarb fünfzig Lizenzen und brachte die Produkte erfolgreich auf den Markt.

Nur durch einen diszipliniert durchgängigen Innovationsprozess kann man sicherstellen, dass Kinderkrankheiten rechtzeitig vor dem Markteintritt entdeckt und behoben werden. Sonst drohen kostspielige Rückrufaktionen – wie etwa bei der Mercedes-A-Klasse, die beim sogenannten Elchtest schmählich durchfiel. Weltunternehmen können sich – mit den Worten von MAN-Vorstand Professor Wolfram Lausch – »Patzer bei der Markteinführung gar nicht leisten«, da der sonst drohende Image-Schaden unabsehbar ist. Das bedeutet nicht, dass sich Unternehmen in jedem Fall erst mit einer hundertprozentig ausgereiften Lösung an die Öffentlichkeit wagen sollten – der Faktor Time-to-Market spielt gleichfalls eine entscheidende Rolle für den Markterfolg.

Aber genau deshalb sieht der Innovationsprozess eine Test- und Validierungsphase vor. Ein gutes Beispiel ist Google: Um vor Markteinführung wesentliche letzte Probleme aufzudecken und zu lösen, stellt das Internet- und Software-Unternehmen interessierten »Early-Adopter-Nutzern« und »Lead-Usern« Beta-Versionen seiner Produkte zur Verfügung und entwickelt diese mithilfe der erhaltenen Rückmeldungen weiter.

Auf einer dritten Ebene gibt es schließlich sechs weitere Erfolgsfaktoren: Sie sind bedeutsam, um Aktivitäten, Struktur und Umfeld der Innovationen zu optimieren. Sind sie in einem Unternehmen stark ausgeprägt, so können sie unter Umständen sogar Mängel auf der zweiten Ebene – also schwache Ausprägung der Erfolgsfaktoren 2a bis 2c – ausgleichen. Das zeigen beispielhaft die in diesem Buch geschilderten Innovationsgeschichten.

ERFOLGSFAKTOR 3A: KÖNNEN UND TUN SIND WICHTIGER ALS KREATIVITÄT UND WISSEN

Um die berühmte Spruchweisheit von Thomas Edison abzuwandeln: *Innovation besteht zu 1 Prozent aus Inspiration – und zu 99 Prozent aus Transpiration.* Erfindungen von erheblicher Höhe sind zwar eine notwendige Voraussetzung von Innovationen – aber die Praxis zeigt, dass oftmals der Faktor Können für den Markterfolg ausschlaggebend ist.

Ein Beispiel dafür ist eine schwer zu imitierende Fertigungstechnologie von Merck, dem weltweit führenden Hersteller von Flüssigkristallen, die für die Produktion von Displays eingesetzt werden – vom kleinen Display in Mobiltelefonen bis zum LCD-Flachbildschirm im XXL-Format. Die Basis für seinen Wettbewerbsvorsprung legte das Unternehmen bereits in den Sechzigerjahren des letzten Jahrhunderts, als es mit der Entwicklung von Flüssigkristallen begann. Inzwischen verfügt Merck über 2500 Patente allein zum Schutz der Innovation im Bereich der Produktion und Anwendung des Flüssigkristallmaterials. Die beiden japanischen Konkurrenten Chisso und Dainippon Ink & Chemicals waren bislang nicht in der Lage, Merck signifikante Marktanteile abzunehmen.

Oder Beispiel Aral Ultimate: Die ausgeklügelte Fertigungstechnologie und der unternehmensintern standardisierte Markteinführungsprozess (»Launch in

Ein durchgängiger, reibungsloser Innovationsprozess ist ein entscheidender Erfolgsfaktor.

a Box«) sicherten auch den Markterfolg der Ultimate-Produkte der BP-Konzerntochter Aral. Oder Beispiel KarstadtQuelle Versicherungen: Das Können der Service-Mitarbeiter, die langjährige Erfahrung des Unternehmens mit Verkauf und Beratung per Telefon und Mailings schützen KQV vor Nachahmern, auch wenn die Produkte selbst von Rivalen wie HUK Coburg leicht kopiert werden können. Wichtig ist daher, dass die Innovatorinstanz im Unternehmen frühzeitig erkennt, welche Fertigkeiten und Handlungen die Mitarbeiter beherrschen müssen, um den Innovationserfolg zu sichern.

ERFOLGSFAKTOR 3B: GESELLSCHAFTLICHE, POLITISCHE UND RECHTLICHE HINDERNISSE AKTIV MANAGEN

Hürden solcher Art sind immer vorhanden – und in jedem Land sehen sie anders aus. In Deutschland beispielsweise kann seit vielen Jahren kein Kernkraftwerk mehr gebaut werden – in China dagegen entstehen derzeit gleich sechzig und in Indien sogar achtzig neue Atommeiler. Gezwungenermaßen haben sich deutsche Unternehmen, die auf diesem Gebiet noch vor wenigen Jahrzehnten führend waren, aus dem lukrativen Markt für CO_2-freie Stromgewinnung fast vollständig zurückgezogen.

Gesellschaftliche, politische und rechtliche Hindernisse zu ignorieren, wäre für das Unternehmen und sein Innovationsprojekt begreiflicherweise fatal. Aber es genügt auch nicht, sie zu Beginn des Innovationsprozesses einmal zu prüfen und das Thema damit abzuhaken – vielmehr muss man sie ständig beobachten, antizipieren und aktiv managen. Denn Innovationen können nun einmal nur mit der Gesellschaft eingeführt werden – und keinesfalls gegen sie. Etliche Erfolgsgeschichten in diesem Buch handeln von Innovationen, die solchen gesellschaftlichen, politischen und/oder rechtlichen Vorgaben angepasst werden mussten – vom finnischen Immigrationsprozess (EU-Bestimmungen)

Innovationsbranche Solarenergie.

über den Energy-Drink Red Bull (genehmigungspflichtige Inhaltsstoffe) bis hin zum KKH-Gesundheitscoaching (Datenschutz).

Gerade das Beispiel KKH zeigt aber auch, dass die externen Vorgaben und Beschränkungen mithelfen können, den Markterfolg einer Innovation zu sichern – sofern das Unternehmen diese Hindernisse aktiv und vorausschauend berücksichtigt. Dann nämlich stellen sie eine wirksame Markteintrittshürde für Wettbewerber dar, die über keine den lokalen Bedingungen angepasste Lösung verfügen.

ERFOLGSFAKTOR 3C: NETZWERKE UND ALLIANZEN SCHMIEDEN

Heute lassen sich Innovationen nur noch selten ganz ohne Partner, Netzwerke und Allianzen realisieren. Bald schon werden rein »inhouse« bewerkstelligte Innovationen sogar die Ausnahme von der Regel darstellen. Diese Tendenz hat jedoch für die Unternehmen und ihre Innovatoren klare Vorteile: Sie müssen nicht alles alleine machen, sondern können sich auf kompetente Partner und ihr Können stützen.

Auch viele der in diesem Buch dargestellten Innovationen wären ohne Netzwerke und Allianzen wahrscheinlich niemals realisiert worden. Beispiel Bionade: Das Bundesministerium für Wissenschaft und Forschung förderte Braumeister Dieter Leipold in der Forschungs- und Entwicklungsphase. Beim Rollout des marktreifen Produkts schmiedete Ko-Innovator Peter Kowalsky weitsichtig Allianzen mit starken Vertriebs- und Logistikpartnern – nicht zuletzt mit dem Erzrivalen Coca-Cola.

Netzwerke und Allianzen eröffnen Zugänge zu Komplementärgütern. Wichtig ist, dass die Partner faire Allianzen schließen, damit eine Win-win-Situation entsteht. Und eine unternehmensübergreifende Innovation wie das Stroke-Angel-System hätte ohnehin keiner der Partner alleine realisieren können.

ERFOLGSFAKTOR 3D: EIN INNOVATIONEN FORDERNDES UND FÖRDERNDES UMFELD ETABLIEREN

Aus Studien wissen wir, dass Menschen die Chancen und Risiken von Neuerungen deutlich verzerrt bewerten: Erlittener Verlust wird schmerzlicher wahrgenommen als entgangener Gewinn. Nach dem Motto »lieber mehrfach auf die Nase fallen als eine Chance verpassen« sollten Unternehmen deshalb Risikobereitschaft und unternehmerisches Denken und Handeln bei ihren Mitarbeitern fördern – und beides auch von ihnen fordern. Nur wenn die Unternehmensführung Fehler toleriert, kann eine Atmosphäre entstehen, in der neue Ideen und Projekte gedeihen. Wichtig ist auch, den Kreativköpfen des Unternehmens ein Zeitbudget einzuräumen, das sie für ihre Ideen und Projekte verwenden können. Innovative Mitarbeiter sollte das Unternehmen fördern und als Vorbilder herausstellen, denen es nachzueifern gilt.

Wie stark innovative Unternehmen durch ein solches Umfeld werden können, zeigt Villeroy & Boch: 20 Prozent seines Umsatzes im Bereich Tischkultur erzielt das Unternehmen mittlerweile mit NewWave-Produkten, die jünger als zwei Jahre sind.

ERFOLGSFAKTOR 3E: DIE EINFÜHRUNGSZEIT FÜR INNOVATIONEN OPTIMIEREN

Schnelligkeit ist Trumph: *Je kürzer die Zeitspanne von der Idee bis zur Vermarktung, desto höher der absolute Gewinn, der sich mit der Innovation erzielen lässt.* Denn wer als Erster auf dem Markt ist, kann seine Marke als Original etablieren und Nachahmer auf Distanz halten. Das zeigte sich etwa am Beispiel Red Bull: Dutzende von Produktimitaten konnten dem Ur-Energy-Drink bis heute keine entscheidenden Marktanteile abtrotzen.

Deshalb sollten Unternehmen lieber mit einer zu 80 oder 90 Prozent ausgereiften Lösung auf den Markt gehen: Nur durch diesen First-Mover-Vorsprung können sie die maximale Aufmerksamkeit erreichen, die höheren Absatz und frühzeitige Kostensenkung bedeutet. Brillant nutzt Zara diesen Erfolgsfaktor: Die Modekette hat nicht nur Time-to-Market, sondern Time-to-Cash optimiert – die Zeitspanne also von der Idee bis zum positiven Cashflow.

Die Einführungszeit einer Innovation zu optimieren heißt allerdings nicht in jedem Fall, sie so weit wie möglich zu verkürzen. Start-ups können und sollten die Einführungszeit für neue Produkte oder Services minimieren; ebenso Unternehmen, die neue Angebote weitab von ihrem Kerngeschäft und ihrer etablierten Marke launchen. Produkte oder Dienstleistungen aber, die den übrigen Angeboten eines eingeführten Unternehmens nahe sind, müssen zu nahezu 100 Prozent ausgereift sein: Der Image-Schaden für das Unternehmen ist immens, wenn unter einem etablierten Qualitätsnamen ein mangelhaftes neues Produkt auf den Markt kommt. Der mögliche Markterfolg wird durch diese Vorsichtsmaßnahme zwar geschmälert, aber das Risiko eines Imageverlusts verringert.

Unter bestimmten Bedingungen kann »Optimierung der Einführungszeit« aber auch bedeuten, dass man ein neues Angebot noch nicht auf den Markt bringt, obwohl es getestet ist und fehlerfrei funktioniert. *Man kann nämlich auch »zu früh« auf den Markt kommen* – wie es das Beispiel Bionade ge-

Ausgaben für Forschung und Entwicklung von Unternehmen, gemessen am Umsatz (2007)			
Hohe Forschungs- und Entwicklungsintensität		Mittlere Forschungs- und Entwicklungsintensität	
Schering-Plough (Pharma)	23,1 %	Bosch (Automobilzulieferer, Konsum- und Industriegüter)	7,7 %
Merck (Pharma)	20,2 %	EADS (Luftfahrt und Verteidigung)	6,9 %
Alcatel-Lucent (Telekommunikation)	18,7 %	Philips (Elektronik)	6,3 %
Roche (Pharma)	18,0 %	Samsung Electronics (Elektronik)	6,2 %
Pfizer (Pharma)	16,7 %	Boeing (Luftfahrt und Verteidigung)	5,8 %

zeigt hat: Anfang der Neunziger war das Produkt fertig, aber der Markt für Öko-Softdrinks war schlicht noch nicht vorhanden. *Für jede Idee mit wirklichem Innovationspotenzial gibt es also ein »Window of Opportunity«* – eine Zeitspanne, die für die Markteinführung ideal ist. Wer zu früh kommt, findet für sein Angebot noch keine zahlungsbereiten Kunden; Nachzügler aber kommen häufig zu spät: Der Markt ist dann schon von den Angeboten anderer Innovatoren nahezu uneinholbar beherrscht. Bei diesem Erfolgsfaktor geht es also um die Kunst, den richtigen Zeitpunkt zu finden, wenn der Markt »bereit«, aber noch nicht besetzt ist. Beispiel VHS: In den neunziger Jahren gab es zwei konkurrierende Videosysteme. Das technisch bessere der beiden, Video 2000, konnte sich nicht durchsetzen, denn der Rivale VHS eroberte ungleich schneller den Markt und drängte das Konkurrenzsystem ins Aus. Sowohl der Zeitpunkt der Markteinführung als auch die Zeitdauer des Innovationsprozesses sind folglich Hebel, mit denen sich der Markterfolg von Innovationen optimieren lässt.

ERFOLGSFAKTOR 3F: AUSREICHEND ZEIT, GELD UND DIE BESTEN MITARBEITER BEREITSTELLEN

Zu den Ressourcen, die das Unternehmen seinen aussichtsreichsten Innovationsprojekten zur Verfügung stellen muss, zählen nicht nur ausreichend Geld und Zeit. Ebenso kommt es darauf an, dass die jeweils kompetentesten Mitarbeiter darauf angesetzt werden. Unzählige großartige Ideen sind schon daran gescheitert, dass es an für ihre Verwirklichung nötigen Ressourcen mangelte. Egal, wie viel Zeit, Geld, Talent und Führung benötigt wird: Wenn diese Ressourcen erforderlich sind, um der Innovation zum Durchbruch zu verhelfen, müssen sie auch aufgebracht werden. Heute reicht es bei weitem nicht mehr aus, wenn Unternehmen lediglich 1 bis 2 Prozent ihres Umsatzes in Forschung und Entwicklung investieren.

INNOVATIONS-HAUS

Wie Unternehmen dauerhaft innovativ werden

In diesem Buch liegt der Fokus auf Innovationsprozessen und unterstützenden Erfolgsfaktoren. Aber der Innovationsprozess selbst ist bildlich gesprochen nur ein Stockwerk im größeren Ganzen des auf Innovationen ausgerichteten Unternehmens, das in der Abbildung als Haus dargestellt wird. Weitere wichtige Stockwerke und Bestandteile dieses »Innovationshauses« sollen hier kurz skizziert werden. Dabei wird auch deutlich werden, dass die Erfolgsfaktoren bei Innovationsprozessen möglichst weitgehend in der Unternehmensstruktur integriert sein sollten.

Besuchen wir also nacheinander – vom Dachboden bis zum Keller – die einzelnen Stockwerke im Innovationshaus:

— *Innovationsstrategie:* Beginnen wir mit dem Dachgeschoss des Innovationshauses. Nachhaltiges Wachstum durch Innovation kann nur gelingen, wenn die Innovationsstrategie ein integraler Bestandteil der Gesamtstrategie des Un-

Das Innovationshaus

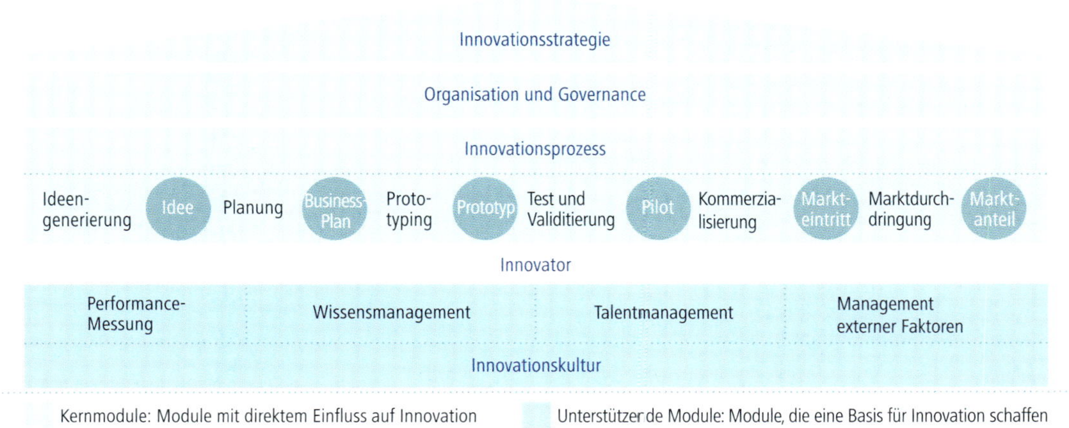

ternehmens ist. Sie dient als Wegweiser für sämtliche Innovationsaktivitäten des Unternehmens und gibt die langfristigen Ziele vor. Bereits bei der Formulierung der Innovationsstrategie gewichtet man die Suchfelder nach ihrer relativen Attraktivität, um so Ressourcen zu bündeln und das Risiko nach dem Portfolio-Ansatz zu streuen. Darüber hinaus definiert die Innovationsstrategie den allgemeinen Rahmen für die innovationsbezogene Marktpositionierung des Unternehmens, die zentralen Innovationsquellen sowie die bevorzugten Ansätze für die letztlich verfolgte Kommerzialisierung der Idee.

— *Organisation und Governance:* Im Stockwerk darunter sind die Organisation und Governance angesiedelt – wie der Innovationsprozess ein Kernmodul des Innovationshauses. Sie geben vor, wie Maßnahmen umgesetzt und Ziele erreicht werden sollen beziehungsweise wie die Aktivitäten in Unternehmen geregelt und gesteuert werden. Sie können das Gedeihen von Innovationen fördern, indem sie klar und transparent Rollen und Verantwortlichkeiten definieren. Von Modellen zur rein internen Organisation unterscheidet man solche, die externe Akteure einbeziehen – wozu es gerade im Innovationsprozess oftmals gar keine Alternative gibt.

— *Innovator:* Unternehmen verfügen oft über viele gute Ideen, sind aber in der Umsetzung und Kommerzialisierung vergleichsweise schwach. Denn Innovationen finden außerhalb betrieblicher Routine statt, erzeugen Widerstände, erfordern interdisziplinäre Zusammenarbeit und bedeuten kreative Zerstörung,

Das Innovationshaus: ein ganz auf Innovation ausgerichtetes Unternehmen.

Unsicherheit und Risiko. Auch die Besonderheiten des – mehrstufigen, interdisziplinären, ungewisse Resultate produzierenden – Innovationsprozesses rufen oft Abwehr hervor. Weitere häufige Innovationshemmnisse in Unternehmen sind die Befürchtung, dass durch Innovationen eigene Portfolioprodukte entwertet werden könnten (Kannibalisierungseffekte), oder Widerstände gegen von außen kommende Ideen (»not invented here«). Eine im Unternehmen institutionalisierte Innovatorinstanz kann und muss das Gedeihen von Innovationen fördern, indem sie ein klares Commitment für Innovation zum Ausdruck bringt, Freiräume für Kreativität schafft, internen und externen Wissensaustausch, Zusammenarbeit und individuelle Stärken von Mitarbeitern fördert.

— *Innovationsprozess:* Der Innovationsprozess – das neuronale Netz dieses Buches mit den erzählten Erfolgsgeschichten und dem Großteil dieses Kapitels – ist auch das Zentrum und Kernstück des Innovationshauses. Jedem Prozessschritt sind spezifische Aktivitäten und Ergebnisse sowie konkrete Entscheidungspunkte zugeordnet, die bei professionellem Innovationsmanagement typischerweise angesteuert werden. Je nach Innovationsprojekt können die einzelnen Prozessschritte unterschiedlich lange dauern, sich überschneiden oder zum Teil sogar parallel verlaufen. Das Grundmuster des Prozessmodells muss also an das jeweilige Innovationsprojekt beziehungsweise die konkrete Unternehmenssituation angepasst werden.

— *Performance-Messung:* Im Untergeschoss des Innovationshauses sind Managementfunktionen angesiedelt, die für den Innovationserfolg gleichfalls von großer Bedeutung sind. Innovation lässt sich mit herkömmlichen Kennzahlen und Parametern kaum messen. Umso wichtiger ist es, neue qualitative und quantitative Innovationskennzahlen zu definieren, die auch in einen Business-Plan Eingang finden. Diese Kennzahlen sind bereits in der Innovationsstrategie festzulegen, damit man im Anschluss die Effizienz des Innovationsprozesses und der innovationsfördernden Maßnahmen messen und bewerten kann.

BEISPIELE FÜR INNOVATIONSKENNZAHLEN

— Aufwendungen für Forschung und Entwicklung im Verhältnis zum Umsatz.
— Anzahl der Innovationsideen von Mitarbeitern beziehungsweise Externen.
— Zahl der Ideen pro Prozessschritt.
— Anzahl der Patente (insgesamt, je Abteilung und je Mitarbeiter).
— Umsatzanteil der Produkte oder Services mit Markteintritt in den letzten drei oder fünf Jahren.
— Anteil der umgesetzten Ideen von Mitarbeitern/Externen.
— Prozentuale Verteilung der Innovationen auf die Innovationsarten.
— Erhöhung des Marktanteils durch Innovationen.
— Absolute und prozentuale Kostenreduktion durch Prozessinnovationen.
— Prozessdauer von der Ideengenerierung bis zur Marktdurchdringung.
— Investitionen und Kosten pro Innovation.

— *Wissensmanagement:* Gleichfalls im wichtigen, weil tragenden Untergeschoss des Hauses angesiedelt ist das Wissensmanagement. Die Menge an explizitem und implizitem Wissen wächst stetig, und entsprechend wird es immer schwieriger, dieses Wissen zu sammeln, aufzuarbeiten und den richtigen Mitarbeitern zum geeigneten Zeitpunkt in ausreichendem Maß zugänglich zu machen. Am wichtigsten beim gesamten Wissensmanagement ist es aber, dass die Nutzer ihr Wissen in das System einbringen, um es anderen zugänglich zu machen. Auch implizites Wissen muss so weit wie möglich erkannt und zur Verfügung gestellt werden. Wenn nötig, sollte das Unternehmen hierfür spezielle Anreizsysteme einführen.

— *Talentmanagement:* Anders als dem bereits viel beachteten Wissensmanagement wird dem Talentmanagement zu wenig Aufmerksamkeit geschenkt. Im Gegensatz zu Wissen ist Können unausweichlich an Personen gebunden. In zwei wichtigen Aspekten wird der Begriff aber hierzulande häufig fehlinterpretiert: Unter Talent ist nicht einfach das vorhandene, sondern das in Können umgewandelte Potenzial zu verstehen, und Talentmanagement bezieht sich nicht nur auf High Potentials, sondern meint das Management von allen Mitarbeitern. Talentmanagement wird hier also im Sinn von Könnensmanagement gebraucht. Der Markterfolg von Innovationen hängt entscheidend vom Können der Mitarbeiter ab. Da die Unternehmen in der multipolaren Welt zunehmend gezwungen sind, ihren Output an Innovationen zu erhöhen, müssen sie insbesondere ihre innovativsten Mitarbeiter motivieren und an die Firma binden. Auch vor diesem Hintergrund sollte bei der Sammlung und Bewertung von Ideen der Fokus von »Resource-Allocation« auf »Resource-Attraction« verschoben werden: Gute Ideen ziehen gute, kenntnisreiche Mitarbeiter – eben Könner – an und sind attraktiv für Investoren. So kann ein unternehmensinterner Markt für Ideen, Talent und Kapital entstehen.

— *Management externer Faktoren:* Extern verursachte Hindernisse und Chancen gibt es überall, und sie variieren von Land zu Land. Innovationen können niemals gegen das gesellschaftliche, politische und rechtliche Umfeld eingeführt werden, daher gilt es, diese externen Bedingungen von Anfang an im Innovationsprozess vorausschauend zu berücksichtigen. Von der Kernkraft bis zur Gentechnologie ließen sich etliche Beispiele für Ideen mit Innovationspotenzial nennen, die hierzulande an externen Faktoren – beziehungsweise deren mangelhafter Berücksichtigung im Verlauf des Innovationsprozesses – gescheitert sind.

— *Innovationskultur:* Sie ist das Fundament des Innovationshauses. Nur auf der Basis einer Innovationen fordernden und fördernden Unternehmenskultur können Strategie und Organisation, Prozessschritte und unterstützende Faktoren ihre volle Wirkung entfalten. Unter der Unternehmenskultur versteht man die Gesamtheit von Ansichten und Werten, die die Mitarbeiter teilen. Sie beeinflusst somit auch die Art und Weise, wie die Mitarbeiter die Realität wahrnehmen und interpretieren. Durch eine klar definierte Vision, Kernwerte und Geschäftsprinzipien sowie durch vorbildliches Verhalten von Führungspersonen kann eine geeignete Innovationskultur im Unternehmen verbreitet werden. Sie animiert Mitarbeiter, unternehmerisch zu handeln, kalkulierte Risiken einzugehen und »lieber einen Fehler zu machen, als eine Chance auszulassen«. Inspiration, »Intrapreneurship«, Teamarbeit, eine positive Einstellung und ein Bekenntnis zur offenen Kommunikation sind Elemente einer innovationsfreundlichen Kultur.

Unternehmen sollten alle hier vorgestellten Stockwerke »ihres« Innovationshauses kennen und aktiv »bewohnen«. Nur dann gelingt es ihnen, nachhaltig innovativ und damit erfolgreich zu sein.

Unternehmen, die nachhaltig innovativ sind, haben Grund zu feiern – wie ihre Kunden

8 INNOVATION DER ZUKUNFT – ZUKUNFT DER INNOVATION

IDEEN MIT ZUKUNFT

Wie in wenigen Jahren Innovationsprojekte die Welt verändern

Unzählige Ideen mit großem, ja magischem Innovationspotenzial warten nur auf ihre Verwirklichung. Schon in wenigen Jahren könnten die folgenden zehn Ideen zu Innovationen geworden sein:

- bunter Beton,
- sicheres Fliegen ohne Wartezeit,
- Bankgeschäfte ohne Bank,
- Busse, die ihre Reparatur selbst anfordern,
- Weinberge, die Spitzentrauben von allein produzieren,
- leichter Stahl,
- Strom ohne Kabel und Steckdosen,
- Elektroautos,
- Magenroboter zum Einnehmen,
- leuchtende Tapeten.

Das Schöne an diesen Ideen: Es sind bereits – wenn auch unterschiedlich weit fortgeschrittene – Innovationsprojekte, Erfindungen also auf dem Weg zum möglichen Markterfolg.

BUNTER BETON

Farbiger Beton – schillernd bunt oder einfarbig brillant – ist nicht nur wesentlich dekorativer und ästhetisch ansprechender als die üblichen grauen, eher tristen Sichtbetonflächen. Durch das sogenannte Coating-Verfahren, die farbige Ummantelung von Glasgranulaten, werden die Außenflächen von Beton überdies säure- und laugenfest, was ihre Lebensdauer deutlich verlängert und damit langfristig sogar Kosten spart.

Bunter Beton von Fabrino.

Bunter Beton ist mittlerweile auf dem Markt erhältlich. Ende 2005 erhielt die Firma Verano aus Viersen für ihren Business-Plan zur Herstellung eines spezialverkapselten und kolorierten Glasgranulats, das beispielsweise schillernd bunten Beton ermöglicht, den ersten Preis im Wettbewerb »Werkstoffe« des Initiativkreises Ruhrgebiet. Die bunten Glasgranulate lassen sich unter anderem als Vorsatz für Betonwerksteinplatten und Betonpflaster oder für farbige Asphaltschichten verwenden.

SICHERES FLIEGEN OHNE WARTEZEIT

Wachsende Passagierströme und immer aufwändigere Sicherheitskontrollen: Der Check-in am Flughafen ist längst zur Geduldsprobe für Reisende geworden. Wie kann man (fast) ohne Wartezeiten und Passagierschlangen sicherstellen, dass die Person, die an Bord eines Flugzeugs geht, auch tatsächlich dieselbe ist, die das Flugticket gekauft und am Airline-Schalter eingecheckt hat? Und wie lässt sich dieses – im Zeitalter des globalen Terrorismus notwendige – Mehr an Sicherheit ohne unzumutbar lange Wartezeiten und Passagierschlangen erreichen?

Die passagierfreundliche Antwort, die ein Konsortium – bestehend aus dem Flughafenbetreiber BAA, der britischen Einwanderungsbehörde und fünf Technologieunternehmen – entwickelt hat, heißt miSense. Das innovative Check-in-System basiert auf der automatisierten Erkennung von Personen anhand biometrischer Charakteristika wie Fingerabdruck oder Iris. Die Daten werden hierbei mithilfe von Sensoren gemessen und mit dem gespeicherten Referenzmuster verglichen. Bei genügender Übereinstimmung gilt die Person als identifiziert und darf den Kontrollpunkt passieren.

Die Prozess- und Serviceinnovation miSense wurde von Oktober 2006 bis Januar 2007 am Londoner Flughafen Heathrow getestet. In dieser Pilotphase sollte überprüft werden, ob sich durch eine einheitliche, international gültige Traveller-Card, auf der biometrische Daten der Karteninhaber gespeichert sind, die eindeutige Identität der Reisenden feststellen lässt. Zudem galt es zu testen, ob das automatisierte Erkennungsverfahren in der Praxis schnell, sicher und störungsfrei funktioniert.

In der Pilotphase hatte miSense die beiden vorher gesteckten Ziele erreicht: Die Fehlerquote bei der Identifizierung der Passagiere sank drastisch, die Sicherheit verbesserte sich somit, und die Passagiere kamen gleichwohl schneller und komfortabler durch die Check-in-Prozedur.

Boarding mit miSense: Der Passagier identifiziert sich per Fingerabdruck, der durch einen Scanner erfasst wird.

BANKGESCHÄFTE OHNE BANK

Stellen Sie sich vor, Sie könnten bei einer Online-Plattform einen Kredit aufnehmen oder umgekehrt Ihr Geld gewinnbringend verleihen – einfach von Privatperson zu Privatperson, ohne zu einer Bank zu gehen oder auf sie angewiesen zu sein. Als Kreditnehmer würden Sie weniger Zinsen und Gebühren zahlen – und als Geldgeber mehr Gewinn machen als bei jeder herkömmlichen Bank. Trotzdem würde auch die Online-Plattform ordentlich an den Geschäften ihrer Kunden verdienen – unmöglich? Keineswegs: Zopa, der erste professionelle Internet-Marktplatz für private Kreditvergabe ohne Bank, ist in Großbritannien bereit seit 2005 online.

Das Geschäftsmodell von Zopa (Akronym aus »zone of possible agreement«) ist im Grunde sehr einfach, wie der folgende Vergleich zeigt. Er basiert auf einem Anlagebetrag beziehungsweise Kredit über jeweils 5000 Pfund bei 36 Monaten Laufzeit zu durchschnittlichen Konditionen; zugrundegelegt wurden die Konditionen von dreißig britischen Banken mit Ausnahme der schlechtesten Bonitätsklasse, da Kreditkunden mit einem intern vergebenen D-Rating von Zopa nicht bedient werden. Im Dezember 2008 bekommen Bankkunden in Großbritannien für ihre Einlagen durchschnittlich 3,7 Prozent. Kunden, die einen Bankkredit aufnehmen, müssen dagegen im Durchschnitt 11,4 Prozent Zinsen bezahlen – demnach bleiben der Bank stattliche 7,7 Prozent zur Deckung ihrer Kosten und als Gewinn. Zopa teilt genau diese 7,7 Prozent zwischen dem Geldgeber, dem Kreditnehmer und sich selbst auf: Der Geldgeber bekommt für seine Einlage bei der Online-Plattform im Durchschnitt traumhafte 5,3 Prozent mehr als bei der herkömmlichen Bank, übernimmt dafür allerdings auch ein Ausfallrisiko. Der Zopa-Kreditnehmer zahlt mit 10,6 Prozent immerhin 0,8 Prozent weniger Zinsen. Und für Zopa selbst bleiben 1,6 Prozent übrig, um die eigenen Kosten zu decken und einen Gewinn zu erwirtschaften.

Das Geschäftsmodell ist speziell auf Privatpersonen zugeschnitten, die ihre Ersparnisse gewinnbringend investieren möchten beziehungsweise nach günstigeren Kreditbedingungen für ihre überschaubaren Investitionswünsche suchen – etwa den Kauf eines Autos oder einer neuen Waschmaschine. Diese Privatpersonen kommen über die Internet-Plattform direkt miteinander ins Geschäft. Mithilfe eigener Finanzexperten analysiert Zopa die Bonität der Kreditnehmer, kalkuliert das Ausfallrisiko für den Investor und verlangt für diesen Service lediglich einen Bruchteil der üblichen Bankgebühren. Das funktioniert offenbar ausgezeichnet: Die Ausfallquote liegt bisher unter 0,5 Prozent. Denn Zopa teilt potenzielle Kreditnehmer in die Bonitätsklassen A*, A, B, C und D ein – und schließt Kreditsuchende der Kategorie D von vornherein aus. Der Zinssatz für Kreditnehmer ist umso günstiger, je höher ihre Bonität eingestuft wird: A*-Kunden zahlen 1 bis 3 Prozentpunkte weniger Zinsen als die deutlich riskanteren C-Kreditnehmer.

Zinsmodellrechnung Zopa (Zone of Possible Agreement)

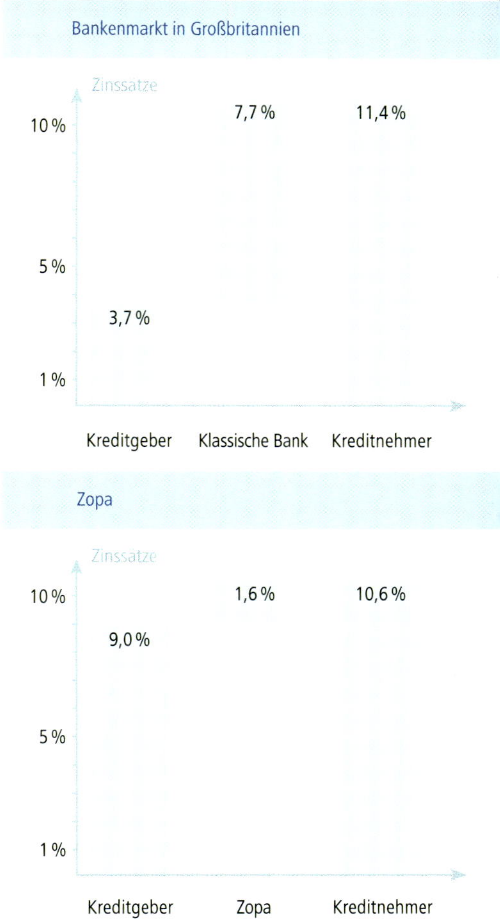

Mit einem solchen sogenannten Social-Lending-Konzept stellt Zopa nicht Bankprodukte, sondern seine Kunden ins Zentrum. Bei diesen handelt es sich überwiegend um selbstbestimmte Konsumenten wie Freiberufler, Unternehmer oder selbstständige Berater ohne regelmäßiges stabiles Einkommen – die wachsende Gruppe der sogenannten »Freeformers«, die von herkömmlichen Banken vernachlässigt werden. Die Geldgeber können auf der Online-Plattform direkt verfolgen, was mit ihrem Geld geschieht, und die Kreditnehmer können unter verschiedenen Angeboten das für sie beste wählen. Eine klare Win-win-win-Situation, die CEO Douglas Dolton als eine »Demokratisierung des Finanzwesens« rühmt.

Mit lediglich 25 Mitarbeitern in Großbritannien und Filialen in Italien, Japan und den USA ist der Online-Marktplatz Zopa kurz davor, die Break-even-Schwelle zu erreichen. Nach Prognosen des Forschungsinstituts Gartner Research werden Online-Plattformen mit Social-Lending-Charakter schon bald einen Anteil von stattlichen 10 Prozent am Weltmarkt für Verbraucherkredite erobert haben. Angesichts der internationalen Finanzkrise, die ja nicht zuletzt eine Vertrauenskrise der herkömmlichen Banken ist, dürfte die Attraktivität von Zopa sogar noch steigen.

Offensichtlich entspricht das neuartige Angebot einem wirklichen Kundenbedarf: Die Zahl der Zopa-Mitglieder stieg von 72000 im ersten Jahr steil an auf 175000 Ende 2007. Das vermittelte Kreditvolumen betrug zu diesem Zeitpunkt etwa 20 Millionen Euro. »Unsere Kunden sind die eigentlichen Innovatoren«, sagt CEO Douglas Dolton, »wir haben nur umgesetzt, was die Verbraucher wünschen.«

BUSSE, DIE IHRE REPARATUR SELBST ANFORDERN

Wegweisend: Metro St. Louis.

Das öffentliche Nahverkehrssystem von St. Louis – kurz »Metro St. Louis« – gilt als das beste städtische Transportnetz in den USA. In der quirligen Stadt am Mississippi fahren Busse und Straßenbahnen pünktlicher als irgendwo sonst in den Vereinigten Staaten. Die Ausfallraten sind geringer, und der Anteil der Bürger, die lieber mit öffentlichen Verkehrsmitteln als mit dem eigenen Auto zur Arbeit oder zum Shoppen fahren, ist höher als im gesamten Rest der USA. Auf der Suche nach Optimierungspotenzialen nahm das Management von Metro St. Louis vor allem das unternehmenseigene Wartungssystem ins Visier.

Generell sind die Instandhaltungskosten nach den Betriebskosten der größte Ausgabenfaktor im öffentlichen Nahverkehr. Busse und Bahnen werden dabei üblicherweise in starren Intervallen gewartet – mit der Folge, dass Verschleißteile oftmals früher als tatsächlich nötig, andere dagegen zu spät ausgewechselt werden. Durch individuelle Instandhaltungspläne für jedes einzelne Fahrzeug lassen sich also Kosten und Ausfallzeiten erheblich reduzieren. Aber dafür benötigt man eine Messtechnik, die Motor und Getriebe der Fahrzeuge überwacht und aus den gewonnenen Daten wirklich zuverlässige Vorhersagen ableitet.

Zusammen mit Technologiepartnern hat Metro St. Louis deshalb das Predictive-Maintenance-System zu einem zukunftsweisenden Flottenwartungssystem weiterentwickelt, das in Echtzeit den Zustand der Fahrzeuge überwacht und notwendige Wartungen vorhersagen kann. Das System erfasst mittels Sensoren in Motoren und Getrieben kontinuierlich Daten, aus denen es ableiten kann, ob und wann welcher Teil eines Fahrzeugs gewartet oder ausgetauscht werden muss.

Die Ergebnisse der Pilotphase mit zwanzig Bussen wurden auf die gesamte Flotte von Metro St. Louis hochgerechnet. Daraus ergaben sich mögliche Einsparungen von jährlich etwa 10000 US-Dollar pro Bus – bei einigen hundert Bussen ein insgesamt bedeutender Betrag. Überdies fallen die Fahrzeuge dank »Predictive Maintenance« deutlich seltener aus als vorher, und die Kunden sind folglich noch zufriedener mit »ihrem« Verkehrssystem Metro St. Louis.

Wird die Idee indes später wirklich zur breit wirkenden Innovation, so dürfte sie Metro St. Louis – und danach vermutlich weltweit vielen anderen Nahverkehrsunternehmen – erhebliche Serviceverbesserungen und Effizienzgewinne einbringen.

WEINBERGE, DIE SPITZENTRAUBEN VON ALLEIN PRODUZIEREN

Ein telemetrisches Messsystem lässt Trauben zur Spitzenklasse reifen.

Andere Sensoren, dieselbe Sensortechnik – und in der Landwirtschaft können Wunder bewirkt werden. Das Unternehmen Pickberry in Kalifornien produziert für Premium-Weinanbieter Trauben im Spitzenpreissegment. Die Qualität von Weintrauben – und damit der erzielbare Preis – hängt von Einflüssen wie Feuchtigkeit, Temperatur und Bodenqualität ab. In großflächigen Weingütern werden daher bei herkömmlicher Anbautechnik Früchte von höchst unterschiedlicher Güte geerntet – je nachdem, in welchem Teil des Weinbergs die Trauben gereift sind.

In einem Pilotprojekt entwickelte Pickberry im Jahr 2003 zusammen mit einem Technologiepartner ein telemetrisches Messsystem. Auf einem Gebiet von rund 13 Hektar maßen mehr als hundert kabellose Sensoren kontinuierlich die Umgebungs- und Bodenbedingungen und sandten die Daten an eine Basisstation. Beispielsweise wurden die Rebstöcke mit Schädlingssensoren ausgestattet, die so spezifisch und empfindlich sind, dass sie die Spezies und sogar das Geschlecht eines Schädlings bestimmen können. Das System aktualisierte selbstständig die gewonnenen Informationen und verglich sie mit gespeicherten Soll-Daten. Sobald Abweichungen bei bestimmten Parametern einen vordefinierten Wert überschritten, schlug das System geeignete Maßnahmen vor. Auf diese Weise konnte Pickberry deutlich größere Mengen Trauben von erstklassiger Qualität produzieren. Für Premiumtrauben zahlen die Weinproduzenten Höchstpreise von rund 10000 US-Dollar pro Tonne – das Zehnfache des Preises für Trauben mittlerer Qualität.

Das Innovations- und damit auch das Gewinnpotenzial von sogenanntem »Predictive Monitoring« – ob bei Metro St. Louis oder Pickberry, im Kraftwerk oder auf Ölplattformen – ist offenkundig erheblich, denn die neue Technologie lässt sich vielfältig einsetzen.

LEICHTER STAHL

Die Herstellung von Stahl ist eine Jahrtausende alte Technik – und dennoch lässt sich auch dieser wichtigste Werkstoff des Industriezeitalters noch immer durch Innovationen verbessern. Die Grundidee hierbei ist eine neue »Familie« von Stahlarten, die leichter, aber gleichzeitig stabiler und elastischer sind als herkömmlicher Stahl.

Leichter Stahl.

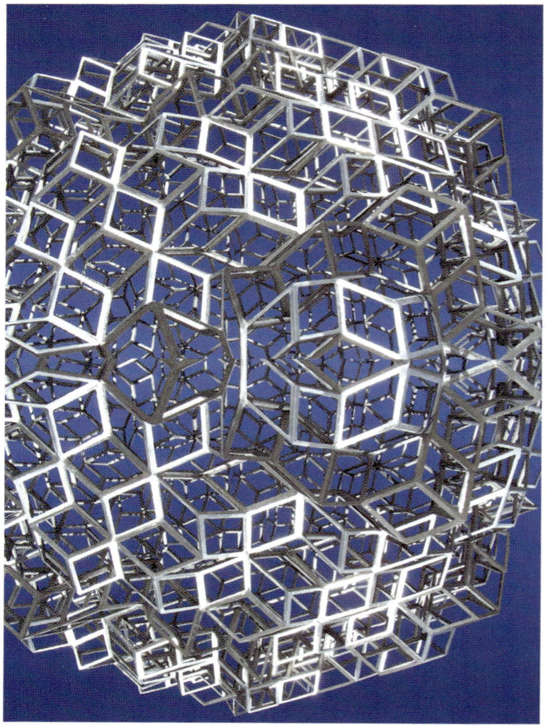

Zur Entwicklung neuer Leichtbaustähle wird derzeit vor allem an Legierungen aus Eisen, Mangan, Silizium und Aluminium geforscht. Der Stahl der neuen Generation soll über 15 Prozent leichter als herkömmlicher Spitzenstahl sein – und wäre damit lediglich etwa 5 Prozent schwerer als das Leichtmetall Aluminium. Aus diesem außerordentlich gut form- und dehnbaren neuartigen Stahl kann man künftig unter anderem stabilere und sicherere Autos mit besserem Crash-Verhalten bauen, die leichter als heutige Fahrzeuge sind, weniger Kraftstoff verbrauchen und entsprechend die Umwelt weniger belasten.

Der Werkstoff der Zukunft hat bereits einen Namen: X-IP-Stahl. Das Kürzel steht für »Xtremely formable + Xtremely high strength-steel with Induced Plasticity« und ist ein eingetragener Markenname der beiden Stahlkonzerne ThyssenKrupp Stahl und ArcelorMittal.

Noch haben die neuen Stahlsorten den Massenmarkt nicht erobert. Auch die Erklärung des Max-Planck-Instituts aus dem Jahr 2004, die Stahlunternehmen erwarteten, »dass die Legierungen bei den neuen Fahrzeuggenerationen ab 2009 oder 2010 zum Einsatz kommen«, könnte sich als etwas zu kühn erweisen. Doch klar ist bereits heute: Leichter Stahl wird in nur wenigen Jahren zum Massenprodukt werden – und er wird insbesondere den Fahrzeugbau revolutionieren.

STROM OHNE KABEL UND STECKDOSE

Bald schon soll es möglich sein, Strom auch ohne Kabel zu übertragen – das verspricht zumindest Chiphersteller Intel. In San Francisco zeigte das Unternehmen Ende 2008, wie man künftig Handys, Digitalkameras und Laptops ohne Verbindung zur Steckdose aufladen könnte. Die Pläne von Intel beruhen auf Forschungen, die das Massachusetts Institute of Technology (MIT) bereits 2007 vorgestellt tat. Der 34-jährige Professor Marin Soljacic vom MIT hat mittlerweile einen Prototyp entwickelt, der auf Basis des Induktionsprinzips die drahtlose Übertragung von Strom erlaubt. Das Konzept soll nach Angaben von Soljacic Mitte 2010 marktreif sein.

Der Stromempfänger wird im Gerät integriert – und nimmt drahtlos Energie auf, sobald ein Generator in der Nähe ist. Der Energieverlust bei der Übertragung beträgt mittlerweile nur noch 25 Prozent – ein Wert, der allerdings für den Alltagsbetrieb noch deutlich verbessert werden muss. Je nach Strombedarf des Empfängers kann die Energie bereits über eine Entfernung von mehreren Metern übertragen werden.

Funktionsweise der drahtlosen Stromübertragung

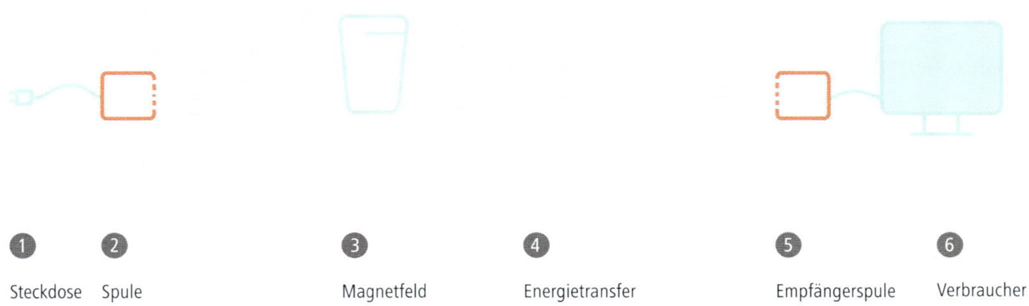

Quelle

Strom fließt durch eine Spule und erzeugt ein Magnetfeld, das mit einer genau festgelegten Frequenz schwingt.

Magnetfeld

Das Magnetfeld überwindet auch Hindernisse.

Energietransfer

Der Empfänger ist auf dieselbe Frequenz eingestellt wie die Quelle. Dadurch springt das Magnetfeld der Quelle auf den Empfänger über.

Empfänger

Das Magnetfeld erzeugt in der Empfängerspule ein elektrisches Feld: Strom.

ELEKTROAUTOS

Der Mindset: Elektroauto für umweltbewusste Ästheten.

Bisher galten Elektroautos als Vehikel für selbsternannte Weltverbesserer: spaßfrei, teuer und kaum alltagstauglich. Doch mit diesem Vorurteil dürfte in Kürze der Mindset aufräumen: Das innovative Elektroauto wurde in der Schweiz entwickelt und hat bereits die Pilotphase erreicht.

Der Mindset ist ein voll alltagstauglicher Viersitzer. 95 PS beschleunigen den nur 900 Kilogramm schweren Wagen in sieben Sekunden auf 100 Stundenkilometer; die Höchstgeschwindigkeit ist auf 140 Stundenkilometer begrenzt. Versorgt wird der Motor durch Lithium-Ionen-Akkus, die in zwei Stunden aufgeladen sind und für Fahrten bis maximal 100 Kilometer reichen.

Innovatoren des zukunftsweisenden Projekts sind Murat Günak, ehemals Volkswagen-Chefdesigner, Investor Lorenzo Schmid, ein selbstständiger Banker, und Professor Paolo Tumminelli von der Köln International School of Design. Gebaut wird der Mindset beim Zulieferer Heuliez in Frankreich. Die Innovatoren rechnen damit, bereits in einigen Jahren zehntausend Exemplare jährlich zu verkaufen zu können. Der hochwertig ausgestattete Wagen soll nicht nur den Verstand, sondern auch das Gefühl und das Stilbewusstsein ansprechen und dadurch zum Kultobjekt für ebenso status- wie umweltbewusste Autofahrer werden.

MAGENROBOTER ZUM EINNEHMEN

Patienten wünschen sich seit Langem nicht-invasive Methoden, mit denen sich der menschliche Körper von innen untersuchen lässt, ohne dass man dafür unters Messer muss. Für den medizinischen Einsatz verfügbar sind bereits Kameras, die kaum größer als eine normale Medikamentenpille sind. Der Patient verschluckt das Miniaturgerät, das auf seinem Weg durch Magen und Darm Bilder aufnimmt – ein Verfahren, das Endoskopien und operative Diagnosen schon in naher Zukunft ersetzen könnte.

Doch nun geht ein Konsortium aus europäischen Forschern noch einen Schritt weiter. Die Lösung klingt nach Science-Fiction, aber das ARES-Projekt befindet sich immerhin bereits in der Prototyp-Phase: Die Forscher testen einen chirurgischen Roboter, der sich im Magen aus mehreren Teilen zusammensetzt, die der Patient zuvor geschluckt hat. »Bevor wir über solche komplexen Magenroboter reden können, müssen wir allerdings erst einmal das fundamentale Problem des automatischen Zusammenbaus lösen«, erklärt Zoltan Nagy, Forscher an der ETH in Zürich und Mitglied des ARES-Projekts. »Unsere Studie zeigt einen Weg, wie sich das robust durchführen lässt« – durch Magnetmodule, die sich derzeit bereits mit neunzigprozentiger Erfolgsquote automatisch miteinander verbinden.

Der schluckbare Chirurg: Modell für einen Magenroboter zum Einnehmen.

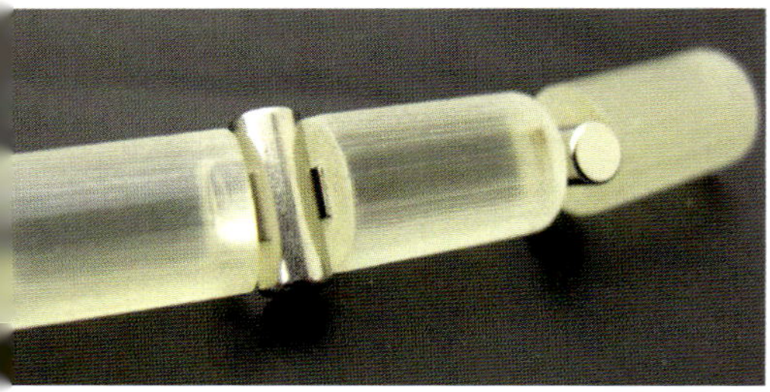

Noch harren indes weitere prinzipielle Probleme der Lösung: Milan Dodig, Gastroenterologe an der Cleveland Clinic, verwendet eine solche Miniaturkamera zur Untersuchung seiner Patienten. Die Batterie, mit der die »verschluckbaren bildgebenden Kapseln« angetrieben werden, kritisiert er, »benötigen fast 60 Prozent des Kapselvolumens.« Es bleibt also noch viel zu tun, bis die ersten Patienten, statt sich auf den Operationstisch zu legen, einen Miniaturroboter verschlucken können.

LEUCHTENDE TAPETEN

Tapeten, die Licht spenden, ihre Farbe ändern und als Bildschirm verwendet werden können: Auch dieses besonders magisch klingende Innovationsprojekt ist erfreulicherweise keine ferne Zukunftsmusik mehr. Leuchtende Tapeten basieren auf organischen Leuchtdioden, sogenannten OLEDs (»Organic Light Emitting Devices«), ultradünnen organischen Schichten, die etwa tausendmal feiner als ein menschliches Haar sind. »Bereits in etwa fünfzehn Jahren könnte es leuchtende Tapeten, Rollos und Vorhänge geben«, erklärte im Jahr 2006 Dietrich Bertram, der bei Philips in Aachen für die Entwicklung der neuen Dioden zuständig ist. Sie erzeugen keine Hitze, lassen sich energieeffizient produzieren und sind auch beim Stromverbrauch besonders sparsam. Durch OLEDs ergeben sich folglich auch innenarchitektonisch ganz neue Möglichkeiten. »Zukünftig können OLEDs auch als flexible oder transparente Flächenstrahler eingesetzt werden. Ein transparentes OLED als Dachfenster kann tagsüber das natürliche Licht durchlassen und nachts den Raum faszinierend beleuchten«, erklärt Dr. Bernhard Stapp, der Leiter Solid State Lighting bei Osram Opto Semiconductors.

Organische Leuchtdioden: hocheffizienter LIchtspender.

Doch bis es soweit ist, müssen noch einige technische Probleme gelöst werden. Die Leuchtstärke der Farben ist gegenwärtig noch zu schwach, und die Produktionskosten sind zu hoch. Die werden allerdings rasch sinken, sobald eine entsprechende Prozessinnovation die Massenproduktion ermöglicht. Überdies ist die Lebensdauer der OLEDs derzeit noch gering, da sie sehr empfindlich auf Sauerstoff und Feuchtigkeit reagieren. Immerhin lassen sich aber heute bereits OLEDs herstellen, deren Lebensdauer 10000 Stunden beträgt und deren Energieeffizienz die Werte derzeitiger Standard-Energielampen um 50 Prozent übertrifft. Analysten rechnen breits ab dem Jahr 2015 mit einem Milliardenmarkt für OLEDs.

AUSBLICK

Wie die Zukunft der Innovation aussieht

Lassen Sie uns nach diesem kurzen Blick auf einige besonders verheißungsvolle Innovationsprojekte der nahen Zukunft schließlich den Fokus noch einmal weiten – auf das gesamte Unternehmen.

Innovationen werden westliche, also auch deutsche Unternehmen künftig noch sehr viel stärker prägen müssen als bisher. Denn für Unternehmen aus energie- und rohstoffarmen Hochlohnländern stellen sie mehr denn je den einzigen Schlüssel zum Markterfolg dar. Innovationen sind überdies der Königsweg zu internem Unternehmenswachstum aus eigener Kraft. An Ideen, die wirklichen Kundenbedarf decken, besteht kein Mangel – die »Wunschliste« in diesem Kapitel ist ja nur ein winziger Ausschnitt aus dem Pool solcher attraktiver Ideen.

Allerdings sind selbst Unternehmen mit funktionierendem Innovationsprozess meist noch weit davon entfernt, als Ganzes innovativ zu sein. Wie die Praxis zeigt, steht der Innovationsprozess fast immer »quer im Stall«, geht also nicht mit der Unternehmensstrategie konform, der Aufbau- und Ablauforganisation und den Kennzahlen der Controller. Wenn Innovationen künftig für den Markterfolg und damit letztlich für das Überleben von Unternehmen immer bedeutsamer werden, dann kann die Konsequenz nur lauten: *Das gesamte Unternehmen muss vollständig auf Innovation ausgerichtet werden.*

Das bedeutet: Innovationen dürfen nicht nur die Angelegenheit eines einzelnen Innovationsmanagers sein, sondern müssen zur Chefsache werden. Das Unternehmen insgesamt muss sich zu einem Portfolio von Innovationsprojekten in unterschiedlichen Stadien wandeln – anstatt wie bisher in den meisten Fällen als eine Summe von Funktionen oder von Geschäftseinheiten organisiert zu sein. In wahrhaft innovativen Unternehmen wird die Innovationsstrategie zur Unternehmensstrategie, werden die Innovationsprozesse zu den Unternehmensprozessen und die Innovationskultur zur Unternehmenskultur. Die wichtigsten Vorteile einer solchen vollständigen Neuausrichtung:

— *Optimales Portfolio-Management:* Vollständig auf Innovation ausgerichteten Unternehmen verfügen (nach einer gewissen Anlaufzeit) über eine Reihe von Innovationen, die bereits am Markt erfolgreich sind, also Erlöse in die Unternehmenskasse spülen und somit wiederum Investitionen in eine Reihe von

Innovationsprojekten finanzieren können, die noch Geld kosten, künftig aber Cashflow generieren.

— *»Brutkästen« integriert:* Inkubatoren erzielen ihre Erfolge in der frühen Phase eines Start-ups und/oder eines Innovationsprojekts, von der Pilotierung bis zum Markteintritt. All diese Funktionen übernimmt ein auf Innovation ausgerichtetes Unternehmen entschlossen selbst und kann dann auch den Erfolg allein einfahren.

Denn Start-ups investieren relativ gesehen sehr viele Ressourcen in ihr Kerngeschäft und in ihre künftigen Produkte und Services – im Gegensatz zu etablierten Unternehmen: Diese binden meist einen erheblichen Teil ihrer Ressourcen in Funktionen außerhalb ihres Kerngeschäfts. Dagegen kann ein auf Innovation ausgerichtetes Unternehmen, das die »Brutkasten-Funktion« selbst übernimmt, seine Innovationen sogar deutlich besser als ein Start-up zum Markterfolg steuern. Denn neu gegründeten Unternehmen mangelt es zwangsläufig an Ressourcen und Geschäftserfahrung, über die das etablierte und zugleich auf Innovationen ausgerichtete Unternehmen jedoch verfügt. Ein solches Unternehmen könnte zu Beginn jedes Innovationsprojekts wie ein Wagniskapitalgeber und beim Maximieren des Markterfolgs wie Berkshire Hathaway agieren, die Beteiligungsfirma von Warren Buffet – was den Schluss nahelegt, dass es die einen wie die anderen nur deshalb gibt, weil etablierte Unternehmen schlicht ihren Job nicht richtig machen.

Das klingt Ihnen zu theoretisch? Die Praxis lehrt jedoch nichts anderes, wie ja auch die Erfolgsgeschichten in diesem Buch gezeigt haben. Bei Villeroy & Boch beispielsweise konnten die revolutionäre Druckgusstechnik und die innovative Geschirrkollektion NewWave nur deshalb realisiert werden, weil der Unternehmenschef Wendelin von Boch zugleich die Rolle des Innovators übernahm. In dieser Doppelfunktion trieb er ein Innovationsprojekt nach dem anderen voran: Auf NewWave folgten The House of Villeroy & Boch und zahlreiche innovative Produkte – von der geruchsfreien Toilette beispielsweise bis hin zu antibakteriellen Fliesen.

Auch die KKH-Story hat deutlich gemacht, dass Innovationen unternehmerisches Handeln erfordern. Innovation »ist ganz klar ein Vorstandsthema«, erklärte KKH-Vorstand Ingo Kailuweit. »Das Risiko kann sonst auch niemand tragen, denn es ist eine unternehmerische Frage und deshalb auch von Unternehmern zu entscheiden.« Und auch bei KQV ist es der Vorstandsvorsitzende Peter M. Endres selbst, der ein Innovationsprojekt nach dem anderen durch das Unternehmen treibt. Die Liste ließe sich mühelos verlängern – von dem Innovatorenteam bei Bionade, das sein neuartiges Produkt zum Markterfolg steuerte, bis hin zu Red-Bull-Gründer Dietrich Mateschitz, der mit Red Bull Cola bereits die dritte (Marketing-)Innovation zu globalem Markterfolg treibt – nicht zuletzt im Heimatland von Erzrivale Coca-Cola.

Meine Empfehlung für alle Start-up- und Familien-Unternehmer, für Topmanager, die für Forschung und Entwicklung sowie für Innovation zuständigen Teams und im Grunde für jeden einzelnen verantwortlichen Mitarbeiter lautet daher: Machen Sie Innovationen zu Ihrem ureigenen Anliegen. Sorgen Sie dafür, dass Ihr Unternehmen vom Fundament bis zum Dach, von der Unternehmenskultur bis zur Unternehmensstrategie, vollständig auf Innovationen – den Universalschlüssel zu nachhaltigem Erfolg in der multipolaren Welt – ausgerichtet ist. Das Buch konnte hoffentlich die Motivation hierfür schaffen – handeln müssen Sie jetzt selbst.

DANKSAGUNG

Dieses Buch ist inhaltlich und gestalterisch innovativ. Innovation ist aber auch diesmal keine One-Man-Show, sondern stellt das Ergebnis einer großen, gemeinsamen Anstrengung vieler dar.

Mein besonderer Dank geht an die Top-Verantwortlichen in Unternehmen und Institutionen, mit denen ich Interview-Gespräche führen durfte und ohne deren inspirierenden Innenansichten und detailreiche Unterstützung dieses Buch nicht hätte werden können, wie es ist: Peter Kowalsky, Geschäftsführer der Bionade GmbH, und Bionade-Erfinder Dieter Leipold; Ingo Kailuweit, Vorstandsvorsitzender der Kaufmännischen Krankenkasse (KKH); Peter M. Endres, Vorstandsvorsitzender, und Frank Roth, Leiter Unternehmenskommunikation von KarstadtQuelle Versicherungen (KQV); Prof. Dr.-Ing. Wolfram Lausch, Senior Vice President von MAN Diesel SE; Prof. Dr. med. Bernd Griewing, Rhön-Klinikum AG (Bad Neustadt/Saale), für das Projekt Stroke Angel; Wendelin von Boch, Mitglied des Aufsichtsrats, und Dr. Peter M. Delwing, Leiter Innovationsmanagement, von Villeroy & Boch AG; Douglas H. Dolton, Chief Executive Officer von Zopa Ltd.

Für vielfältige inhaltliche und organisatorische Hilfe danke ich außerdem ganz herzlich: Philip New, Jackie Fionda, Patrick Wendeler, Ewald Beinhardt und Wolfgang Dörmer (Aral AG und BP p. l. c.); Dr. Alfred Oberholz, Prof. Dr. Michael Dröscher, Ruben Thiel, Christiane Hög (Evonik Industries AG); Jorma Vuorio und seinem Team (Finnish Immigration Agency); Editha Poppe (KKH); Dr. Claudia Brasse (Li-Tec Battery GmbH); Manuel Hiermeyer (MAN Diesel SE); Murat Günak und Lorenzo R. Schmid (Mindset AG); Lars Unnebrink (VDI Technologiezentrum GmbH) und Juliane Braun (Osram Opto Semiconductors).

Mein spezieller Dank gilt ferner meinen Accenture-Kollegen, bei denen alle Research-, Interview-, organisatorischen und inhaltlichen Fäden zusammenliefen und die mit großer Einsatzbereitschaft halfen, dieses Buch Wirklichkeit werden zu lassen: Dr. Matthias Feistel, der das Buch inhaltlich bereicherte, Sonja Fink, die auch diesmal wieder das Buchprojekt maßgeblich begleitete, Karin Klinkenberg, die unermüdlich vor- und nachrecherchierte und Dr. Christian Seidenabel, der verantwortlich für das interne Projektmanagement zeichnete. Für detaillierte Hintergrundinformationen, Recherche und kritische Lektüre geht mein Dank zudem an folgende Kollegen: Cyrille Bataller, Reinhard Blasi, Boris Eichhorn, Svenja Falk, Felix Hessel, Niklas Kürten, Reinhard Langer, Hans

Langthaler, Gaëlle Le Roux, Julia Oppermann, Lennart Parke, Wolfgang Popp, Erik Schumb, Sebastian Schweitzer, Tobias Tag und Michael E. VanVooren.

Abschließend danke ich in besonderem Maße Herrn Michael Schickerling, Programmleiter des Verlags mi-Wirtschaftsbuch. Den nicht nur inhaltlichen, sondern auch gestalterisch herausfordernden innovativen Anspruch des Buches haben er und sein Team verlegerisch professionell, mutig und auf höchstem Niveau umgesetzt.

REGISTER

ABBILDUNGEN

AUTOREN-INFORMATION

Dr. Stephan Scholtissek.

Dr. Stephan Scholtissek, Jahrgang 1959, wollte eigentlich Forscher werden: Die Möglichkeiten der modernen Wissenschaft, durch neuartige Technologien Menschheitsgeißeln wie Hunger und Krebs wirksam zu bekämpfen, faszinierten den promovierten Biochemiker. Aber der fortschrittsfeindliche Zeitgeist im Westdeutschland der Achtzigerjahre ließ nicht zu, dass deutsche Erfindungen auf Gebieten wie Gentechnik oder Molekularbiologie hierzulande auch zu ökonomisch erfolgreichen Produkten und Technologien umgesetzt wurden. Also ging Scholtissek in die »Wirtschaft«, zum Medizintechnologieunternehmen Dräger. Dort erfand er ein Formaldehyd-Messmittel auf biochemischer Basis, doch sein Wunsch, Produktentwicklung und Markteinführung maßgeblich mitgestalten zu dürfen, blieb wiederum unerfüllt.

Scholtissek, der nicht im Elfenbeinturm forschen wollte, zog neuerlich die Konsequenzen – und wurde Unternehmensberater. Aus zahlreichen Gesprächen hatte er eine ernüchternde Erkenntnis gewonnen: In keinem der großen deutschen Medizin-, Chemie- oder Pharmaunternehmen gab es einen durchgängigen Prozess, der dafür sorgte, dass Erfindungen schnell und effizient in Produkte umgesetzt wurden, die den Verbrauchern den größtmöglichen Nutzen und dem Unternehmen entsprechende Gewinne brachten.

Das Thema Innovationen ließ ihn nicht mehr los. Auch in der Beraterbranche stieß er damit zunächst auf wenig Verständnis – doch als früherer Triathlet und passionierter Radsportler war und ist Scholtissek darin geübt, auf schwierigem Gelände beharrlich ein Ziel zu verfolgen. Nach zweimaligem Wechsel des Arbeitgebers kam er 1997 zu dem internationalen Managementberatungs-, Technologie- und Outsourcing-Dienstleister Accenture. Hier endlich fand er den erforderlichen Rahmen, um Innovationen gesamthaft zu begleiten, durchgängige Innovationsprozesse zu definieren und in der Praxis umzusetzen – von der Erfindung bis zum Markterfolg.

Scholtissek, seit 2006 Vorsitzender der Geschäftsführung der Accenture-Ländergruppe Deutschland, Österreich, Schweiz, ist heute ein gefragter Experte für Innovationen und große Transformationen. Auch als Buchautor sorgt er immer wieder für Aufsehen – etwa mit dem *Financial-Times*-Bestseller *New Outsourcing* (2004), dem Deutschland-Roman *Stromland* (2006) oder mit *Multipolare Welt* (2008), einem viel zitierten Standardwerk zur Zukunft der Globalisierung.

Die Bildung der Jugend liegt Scholtissek, der mit seiner Familie in München lebt, ganz besonders am Herzen: »Bildung ist für die meisten das Einzige, was sie später im globalen Wettbewerb anzubieten haben – also sollten sie viel Wert darauf legen.« Für begabte Schüler aus sozial benachteiligten Familien engagiert er sich als Sprecher der Accenture-Stiftung in der Initiative Studienkompass, die Schülern in einer dreijährigen Orientierungsphase unter anderem durch Workshops und Mentorprogramme die Entscheidung für die Hochschule erleichtern soll. Zudem nimmt er am »Dialog mit der Jugend« teil, einem Programm des von Accenture getragenen Initiativkreises Ruhrgebiet: Durch Diskussionsrunden an Schulen soll Wirtschaft für den Nachwuchs erlebbar gemacht werden. »Ich gehe seit Jahren an Schulen«, sagt Scholtissek: »Erschreckend ist die Unwissenheit über wirtschaftliche Zusammenhänge, erfreulich dagegen, dass die Schüler bei entsprechender Anleitung gute Fortschritte machen.«

Stephan Scholtissek freut sich auf Feedback seiner Leser und lädt ein zum Besuch der Internetseite www.accenture.de/innovation.

